高职高专“工学结合”特色教材

U0890483

VB.NET 项目开发教程

主　编　于瑞琴

副主编　朱春晖　沈润泉

江苏大学出版社
JIANGSU UNIVERSITY PRESS
镇　江

图书在版编目(CIP)数据

VB.NET 项目开发教程 / 于瑞琴主编. —镇江：江苏大学出版社，2014.12(2022.8 重印)
ISBN 978-7-81130-901-0

Ⅰ.①V… Ⅱ.①于… Ⅲ.①BASIC 语言－程序设计－高等职业教育－教材 Ⅳ.①TP312

中国版本图书馆 CIP 数据核字(2014)第 310669 号

VB.NET 项目开发教程
VB.NET XIANGMU KAIFA JIAOCHENG

主　　编/于瑞琴
责任编辑/徐　婷
出版发行/江苏大学出版社
地　　址/江苏省镇江市京口区学府路 301 号(邮编：212013)
电　　话/0511-84446464(传真)
网　　址/http://press.ujs.edu.cn
排　　版/镇江文苑制版印刷有限责任公司
印　　刷/广东虎彩云印刷有限公司
开　　本/787 mm×1 092 mm　1/16
印　　张/21.25
字　　数/508 千字
版　　次/2014 年 12 月第 1 版
印　　次/2022 年 8 月第 4 次印刷
书　　号/ISBN 978-7-81130-901-0
定　　价/55.00 元

如有印装质量问题请与本社营销部联系(电话:0511-84440882)

前言

Preface

VB.NET 属于计算机软件领域，是计算机中实现网络功能的编程语言，是微软开发的基于.NET 平台的编程语言，其在调试时是以解释型语言方式运作，而输出的 EXE 程序是以编译型语言方式运作。VB.NET 是在 VB 基础上改进的语言，但却与 VB 有着天壤之别，从基础的数据类型到事件和方法的引用都有了很大的改进，在学习时应作为一种新的语言来看待，而不是 VB 的增强版。VB.NET 是一种完全面向对象的语言，它不但继承了 VB 的语言基础，而且还增加了.NET 框架的特性，能够运用.NET 特性实现程序开发。VB.NET 的应用范围包括 Windows 桌面、Web 以及移动平台 Windows Phone。

由于高职教育有别于本科教育，原来基于学科知识的教材并不适合高职教育的需要，而目前高职院校的教学中合适的 VB.NET 教材并不多，大部分教材在内容选取上还是沿用了本科教材编写的模式，即学科性强，但应用性不够，这不符合高职教育的培养目标。为此，编者根据高职教育的特点编写了本书，以培养学生职业岗位技能为目标，侧重技能应用，内容的选取本着“实用、适用、够用”的原则，通过一个完整的应用项目，系统地介绍了 VB.NET 程序开发技术。

本教材按照“工学结合”课程思路和创新模式来编写，针对学生，合理设置课程项目模块，依据“项目——模块——任务”的形式，使课程的知识结构模块化，采用“任务驱动”，在确定“模块目标”的前提下，带着“工作任务”进行“知识准备”，按照“任务实施”步骤进行讲解，让学生掌握 VB.NET 的基本原理与技术，培养学生的相应技能，具有可操作性强的特点。

本教材的教学项目选用协同报价管理系统，包括登录模块、系统主模块、供应商管理模块、物料管理模块、报价管理模块、报表以及协同报价管理模块等，课内实训项目选用书店图书管理系统。

在体系架构方面，本教材每章开头均介绍了该章学习要点、技能目标，章后设置了课内实训题、工作实践常见问题解析与练习题，用于加强对所学知识的理解和综合应用。

本教材由于瑞琴老师担任主编，朱春晖工程师和沈润泉老师担任副主编，翟云峰和江卫星老师参编，在此向对本书出版给予支持帮助的单位和个人表示诚挚的感谢！

随着 VB.NET 的发展，书中难免存在不妥之处，真诚希望得到广大专家、读者的批评和指正。

编　者

2014 年 11 月

目 录

Contents

第1章 .NET概述

本章要点

1. VB.NET 概述;
2. .NET 体系结构;
3. .NET 编译和执行;
4. VB.NET 开发环境的配置和安装。

技能目标

1. 掌握.NET 和 VB.NET 的特点;
2. 了解.NET 版本的发展历程;
3. 掌握公共语言运行时 CLR 和.NET 框架类库;
4. 了解.NET 的编译和执行;
5. 掌握 VB.NET 开发环境的配置和安装。

1.1 VB.NET 概述

VB.NET 属于计算机软件领域,是计算机中实现网络功能的编程语言,是微软最新平台技术,是.NET Framework SDK 的一种语言。VB.NET 和 VC#.NET 在功能上没有区别。编译以后生成的可执行文件被称为 Assembly,即程序集。

什么是 VB.NET? VB.NET 是新一代的 Visual Basic,但并不是简单的在 Visual Basic 6.0 上再添加一些新特性而已,微软重新设计了产品以便使开发者能够更加容易地开发分布式应用,例如基于 Web 的程序以及多层系统。

VB.NET 中有两种窗体包: Windows 窗体和 Web 窗体。一个新版的 ADO 用于接受离线数据源;新的语言移走了原来的关键字,提高了 Type 数据的安全性,提供了低级别结构,以满足高级别开发者的需求。

这些新的特性为 VB.NET 开发者提供了新的开发窗口:通过 Web 窗体以及 ADO.NET,可以快速开发可扩展的 Web 站点;通过继承,该语言实现了真正的支持面向对象编程;Windows 窗体本身支持可视继承;现在展开程序就像拷贝可执行文件和控件到另一个目录那样简单。

VB.NET 现在完全集成在其他的 Microsoft Visual Studio .NET 语言中，不仅可以使用不同的语言开发组件，而且通过交叉语言继承，可以从一种语言编写的类中派生另一种语言编写的类。

1.1.1 VB.NET 的特点

（1）.NET 的特点

① 真正成为面向对象以及支持继承性的语言。

② 窗体设计器支持可视化继承，并且包含了许多新的特性，比如自动改变窗体大小、资源本地化支持、数据类工具内在支持 XML 数据。

③ 直接建立在.NET 的框架结构上，因此开发人员可以充分利用所有.NET 平台特性，也可以与其他的.NET 语言交互。

④ 为 Windows 应用程序提供了 xcopy 部署，开发者不再需要为 DLL 的版本问题担忧。

（2）VB.NET 的特点

① 代码托管。被托管的代码享受.NET Framework 提供的安全保障和垃圾回收机制，但这也同时表明程序被框在 Framework 里面了，API 变得不太方便。

② 强大的面向对象特性。VB.NET 已经是一个完全的面向对象程序。举个例子：

VB 6：

```
Form2.Show()
```

VB.NET：

```
Dim frm As New Form2
frm.Show()
```

现在 VB 7 已经支持类的各种特性，如继承、函数的覆盖、重载、虚拟、隐藏等。

③ 功能强大，程序界面更标准。

④ 程序代码结构化更强，开发环境舒适。

1.1.2 VB.NET 版本的演变

（1）VB.NET 2002

2002 年 VB.NET 2002 问世，此后 Visual Basic 包含在 Visual Studio 套装中。该版本又被称为 VB 7.0，是随 VC#.NET 和 ASP.NET 一起在 2002 年发布的最初始的 VB.NET 版本。VC#.NET 被大力宣传为微软对付 Java 的王牌，受到媒体极力关注，然而 VB.NET（有时被称为 VB 7）影响面不广，这导致 VB 社区之外很少人关注它。那些试用过此版 VB.NET 的人在层层幕布下发现一个强大却艰深的语言，而且还有不少弱点，比如它与 VB 6 相比有一个大了十倍的进行时（RunTime），内存 footprint 也大大增加。

（2）VB.NET 2003

该版本又被称为 VB 7.1，是和.NET Framework 1.1 一起发布的。新功能包括对.NET Compact Framework 的支持和更好的 VB 升迁向导，并改进了运行状况、IDE 稳定性（尤其是后台编译器）以及运行时（RunTime）稳定性。另外，VB.NET 2003 还有一个学院版

Visual Studio.NET 2003 Academic Edition（VS03AE），它是分发给各国某些学者免费使用的版本。

（3）Visual Basic 2005

该版本又被称为 VB 8.0，是 VB.NET 的重大转变，微软决意在其软件名称中去掉.NET部分，但这个版本的 Visual Studio 仍然是面向.NET 框架的（版本 2.0）。它同时也能开发跨平台的应用程序，如开发使用微软操作系统的手机的程序等。总体来说，它是一个非常庞大的软件，甚至包含代码测试功能。

（4）Visual Basic 2008

Visual Basic 2008 即 VB 9.0，于2008 年发布。通过几年的发展，它已成为一种专业化的开发语言和环境。用户可用 Visual Basic 快速创建 Windows 程序，现在还可以编写企业水平的客户/服务器程序及强大的数据库应用程序。

（5）Visual Studio 2010

Visual Studio 2010 于 2010 年上市，其中包含 Visual Basic 版本 10（有时称为 VB 2010 或 VB 10）。Visual Studio 是微软公司推出的开发环境，是目前最流行的Windows平台应用程序开发环境。Visual Studio 2010 集成开发环境（IDE）的界面被重新设计和组织，变得更加简单明了。Visual Studio 2010 同时带来了.NET Framework 4.0 和Microsoft Visual Studio 2010 CTP（Community Technology Preview），并且支持开发面向 Windows 7 的应用程序。除了 Microsoft SQL Server 外，它还支持 IBM DB2 和 Oracle 数据库。

1.1.3 VB.NET 和 VB 的关系

VB.NET 是否该被看作 VB 的新版本或者是另一种完全不同的语言尚在争议中。虽然并非显而易见，但只要某个方法被弃用，它就可能会被自动转换，这说明该语言的句法并没有出现很多突破性的变化，只是增加了对新功能的支持，比如结构化意外处理机制和短循环表达式。有一种变化会让旧用户迷惑：Integer 和 Long 数据类型在长度上分别倍增。16 位的 Integer 在VB.NET中被认为是 Short，而 Integer 和 Long 分别是 32 位和 64 位。同样，Windows Forms GUI 编辑器和 VB Form 编辑器在外观和功能上非常相似。

出现巨大变化的是语意，从运行于基于 COM 的 deterministic 和 reference-counted 的引擎之上的编程环境，转变为全面面向对象的基于.NET Framework 的语言。.NET Framework 包括了 CLR（使用通用垃圾收集机制和 JIT 编译引擎的虚拟机）和大量的类库。VB 开发者进入 VB.NET 要面对新增大量类库的问题。

上述变化表明了许多在运行及维护相关优化事宜下面的假定，一些 VB 6 函数和库不再存在而其他的仍然可用，但是不如.NET 语言中自带的可替换的函数和库来得高效。即使它们可被编译，但大多从 VB 6 转换而来的应用将需要一定程度上的重构（refactoring），以全面利用新语言的优点。在句法、应用调试、部署和术语等方面的变化，已有大量的文档可以参考。

1.2 .NET 体系结构

.NET 体系结构包括了有助于创建和运行具有强大生命力、高扩展性和分布式应用程序的所有技术，其体系结构的核心是.NET Framework，它是服务和类的集合，在.NET 应用程序和操作系统之间以层的方式存在。

.NET 框架(.NET Framework)是一个多语言组件开发和执行环境，它提供了一个跨语言的统一编程环境。.NET 框架的目的是便于开发人员更容易地建立 Web 应用程序和 Web 服务，使得 Internet 上的各应用程序之间可以使用 Web 服务进行沟通。从层次结构来看，.NET 框架又包括三个主要组成部分：公共语言运行时(Common Language Runtime，CLR)、服务框架(Services Framework)和上层的两类应用模板——传统的 Windows 应用程序模板(WinForms)和基于 ASP.NET 的面向 Web 的网络应用程序模板(WebForms 和 WebServices)。

CLR 是一种运行时环境，管理代码的执行使开发过程变得更加简单。同时，CLR 也是一种受控的执行环境，其功能通过编译器与其他工具共同展现。

在 CLR 之上的是服务框架，它提供了一套开发人员希望在标准语言库中存在的基类库，包括集合、输入/输出、字符串及数据类。

那么，在 Windows DNA(分布式集成网络应用体系结构)之后，微软提出新的.NET 框架(新托管代码编程模型)的主要原因是什么?

其一，将采用多种技术开发的一个应用程序的若干子系统进行整合。例如，一个制造企业有不同的系统，如库存管理系统、物料清单系统、财务总账系统，使用可用于应用程序开发的各种技术实现。这些系统需要集成在一起，从而形成一个更高级别的企业信息系统的组织。要做到这一点，应用程序开发人员必须使用如微软的分布式组件对象模型(DCOM)、通用对象请求代理体系结构(CORBA)、Java 远程方法调用(RMI)等技术，通过将这些技术已开发的应用程序编程语言非常紧密地耦合在一起。

其二，具有跨语言的互操作性。在早期的技术中，真正的代码的可重用性是受限的，因此开发人员不得不学习被用于应用程序的开发组织用到的所有语言。例如，如果在 Visual C++类已经被创建，那么不可能在 Visual Basic 中开发新的类并将其扩展到 Visual C++，因此开发者将不得不用每一种项目中用到的语言重新编写同样逻辑的类。.NET 框架具有跨语言的互操作性，使代码复用得到了支持。

其三，.NET 组件和 COM 组件之间的互操作性。COM 组件注册后才可以在目标机器上使用，应用程序必须查找 Windows 注册表并加载 COM 组件。.NET 框架中，既可以在.NET组件中调用 COM 组件，也可以在 COM 组件中调用.NET 组件。

1.2.1 .NET Framework 版本发展历程

. NET Famework 版本发展历程如表 1.1 所示。

表1.1 .NET Framwork版本发展历程

版本	完整版本号	发行日期	Visual Studio	Windows 默认安装
1.0	1.0.3705.0	2002－02－13	Visual Studio.NET 2002	Windows XP Media Center Edition Windows XP Tablet PC Edition
1.1	1.1.4322.573	2003－04－24	Visual Studio.NET 2003	Windows Server 2003
2.0	2.0.50727.42	2005－11－07	Visual Studio 2005	
3.0	3.0.4506.30	2006－11－06		Windows Vista Windows Server 2008
3.5	3.5.21022.8	2007－11－19	Visual Studio 2008	Windows 7 Windows Server 2008 R2
4.0	4.0.30319.1	2010－04－12	Visual Studio 2010	
4.5	4.5.40805	2012－02－20	Visual Studio 2012 RC	Windows 8 RP Windows Server 8 RC

（1）.NET 1.0

这是最初的.NET框架，发行于2002年。它可以以一个独立的可重新分发的包的形式或在一个软件发展工具包集中被获得。它是第一个微软Visual Studio.NET发行版的一部分。

（2）.NET 1.1

这是首个主要的.NET框架升级版本，发行于2003年。它可以以一个独立的可重新分发的包的形式或在一个软件发展工具包集中被获得。它是第二个微软Visual Studio .NET版本的一部分（也被称作Visual Studio.NET 2003），也是首个被Windows操作系统——Windows Server 2003所内置的.NET框架版本。

自1.0版本以来的改进：

① 内置了对Mobil ASP.NET控件的支持。这在1.0版本是以附加功能方式实现的，现在已经集成到框架的内部。

② 安全方面的变更使得Windows窗体代码以可靠的行为运行，从而可以在Internet环境内安全运行，并且加入了ASP.NET应用程序的代码安全访问功能。

③ 内置了对ODBC和Oracle数据库的支持。这在1.0版本是以附加功能方式实现的，现在已经集成到框架的内部。

④ .NET Compact Framework是一个用于智能设备的.NET框架的子集。

⑤ 对IPv6的支持。

⑥ 大量的API变更。

（3）.NET 2.0

.NET框架2.0的组件都包含在Visual Studio 2005和SQL Server 2005中。通过MSDN Universe版可以免费下载RTM版本。

自1.1版本以来的改进：

① 大量的API变更。

② 新的API使得需要管理.NET运行库实例的非.NET的应用程序可以做到这点。这个新的API对.NET运行库的各种功能（如多线程、存储器分配和代码加载等）提供了很好

的控制。它最初是为 Microsoft SQL Server 能够有效率地使用.NET 运行库而设计的,因为 Microsoft SQL Server 拥有它自己的日程管理器和存储器管理器。

(4) .NET 2.0 SP1

随.NET 框架 3.5 同时发行。

(5) .NET 2.0 SP2

随.NET 框架 3.5 SP1 同时发行。

(6) .NET 3.0

曾用名"WinFX"。依然使用.NET 框架 2.0 版本的公共语言运行库(CLR),并加入了下列适应未来软件发展方向的 4 个框架。

① Windows Presentation Foundation(WPF):提供更佳的用户体验,用来开发 Windows Forms 程序以及浏览器应用程序(参见 WPF/E)。

② Windows Communication Foundation(WCF):提供面向服务的软件构架(SOA)支持的安全的网络服务(Web Service)框架。

③ Windows Workflow Foundation(WF):提供一个设计与发展工作流程导向应用程序基础支持的应用程序接口。

④ Windows CardSpace:提供一个单点登录(SSO)的解决方案,每个用户都有各自的 CardSpace。

(7) .NET 3.0 SP1

随.NET 框架 3.5 同时发行, Microsoft .NET Framework 3.0 Service Pack 1 针对 Microsoft .NET Framework 3.0发布后客户报告的问题提供了累积的汇总更新。此外,该更新还可帮助改进安全性,且提供了用于 Microsoft .NET Framework 3.5 的系统必备功能支持。

(8) .NET 3.0 SP2

随.NET 框架 3.5 SP1 同时发行。

(9) .NET 3.5

这个版本将包含一个支持 C#和 VB.NET 中心的语言特性的编译器,以及对语言集成查询(Language-Integrated Query,LINQ)的支持。该版本随 Visual Studio 2008 一起发布。

同时,.NET 框架 3.5 自动包含.NET 框架 2.0 SP1 以及.NET 框架 3.0 SP1,用于为这两个版本提供安全性修复和少量新增的类库。此版本提供的新功能有以下几种:

① 扩展方法(Extension Method)属性(Attribute),用于为扩展方法提供支持。

② LINQ 支持,包括 LINQ to Object,LINQ to ADO.NET,LINQ to XML。

③ 表达式目录树(Expression Tree),用于为 Lambda 表达式提供支持。

④ 与语言集成查询(LINQ)和数据感知紧密集成。借助这个新功能,可以使用相同的语法,在任何支持 LINQ 的语言中编写相关代码,以筛选和枚举多种类型的 SQL 数据、集合、XML 和数据集,以及创建它们的投影。

⑤ 利用 ASP.NET AJAX 可以创建更有效、更具交互性、高度个性化的 Web 体验,这些体验在所有最流行的浏览器上都能实现。

⑥ 用于生成 WCF 服务的全新 Web 协议支持,包括 AJAX、JSON、REST、POX、RSS、ATOM 和若干新的 WS-* 标准。

⑦ Visual Studio 2008 中面向 WF,WCF,WPF 的完整工具支持,其中包括支持工作流的服务这一新技术。

⑧.NET 框架 3.5 基类库 (BCL)中的新类可满足许多常见的客户请求。

(10) .NET 3.5 SP1

.NET 框架 3.5 SP1 自动包含.NET 框架 2.0 SP2 以及.NET 框架 3.0 SP2。该版本随 Visual Studio 2008 SP1 发布,此版本提供了下列新功能:

① 新增的 ASP.NET 功能,包括 ASP.NET 动态数据和 ASP.NET AJAX 附加功能,前者提供了无须编写代码就可实现数据驱动的快速开发的丰富支架框架,后者为管理浏览器历史记录提供了支持(后退按钮支持)。

② ADO.NET Entity Framework。

③ 对 SQL Server 2008 的数据提供程序支持。

④ .NET 框架客户端配置文档是完整版.NET 框架的子集,面向客户端应用程序。这改善了尚未安装.NET 框架的计算机上的安装体验。

⑤ 改进 Windows Presentation Foundation 的性能,其中包括启动速度的位图效果性能的提高。为 Windows Presentation Foundation 增加的功能包括对业务线应用程序的更好支持、本机闪屏支持、DirectX 像素着色器支持以及新的 WebBrowser 控件。

⑥ ClickOnce 应用程序发布者可以根据具体情况决定是否取消签名和散列,开发人员可以以编程方式安装显示自定义署名的 ClickOnce 应用程序,ClickOnce 错误对话框支持指向网络上特定于应用程序的支持站点的链接。

⑦ 用于 SQL Server 的.NET 框架数据提供程序 (System. Data. SqlClient)完全支持 SQL Server 2008 数据库引擎的所有新功能。有关.NET 框架对 SQL Server 2008 支持的更多信息,请参见 SQL Server 中的新功能(ADO.NET)。ADO.NET 数据平台是一种多版本策略,它使开发人员能够针对概念性实体数据模型进行编程,从而减轻他们的编码和维护工作。此平台提供了 ADO.NET Entity Framework、实体数据模型 (EDM)、对象服务、LINQ toEntities、Entity SQL、EntityClient、ADO.NET 数据服务及实体数据模型工具。

⑧ Windows Communication Foundation 现在提供了改进的互操作性支持,增强了部分信任方案中的调试体验,并扩展了集成协议支持以更广泛地应用于 Web 2.0 应用程序,从而使 DataContract 串行化程序更易于使用。

⑨ Microsoft Visual Basic PowerPacks 命名空间引入了新的 DataRepeater 控件,该控件以可自定义的列表格式显示数据。此命名空间还包含新的矢量形状。

(11) .NET 4.0

.NET 框架 4.0 主要增加了并行支持,英文版于 2010 年 4 月 12 日推出。企业基础.NET提供开发软件的独立平台,内置高度安全的网络系统,相当倚重软件组件以及组件导向程序。在这方面它完全取代了 COM。

(12) .NET 4.5

.NET 框架 4.5 修复了工作可靠性、兼容性、稳定性和性能方面的问题,同时修复了公共语言运行时的 Windows Presentation Foundation、Windows 窗体、XML、网络类库、ASP、实体框架、Windows 工作流基金会的 Windows Communication Foundation。

1.2.2 .NET Framework 各版本之间的关系

. NET Framework 各版本之间的关系如图 1.1 所示。

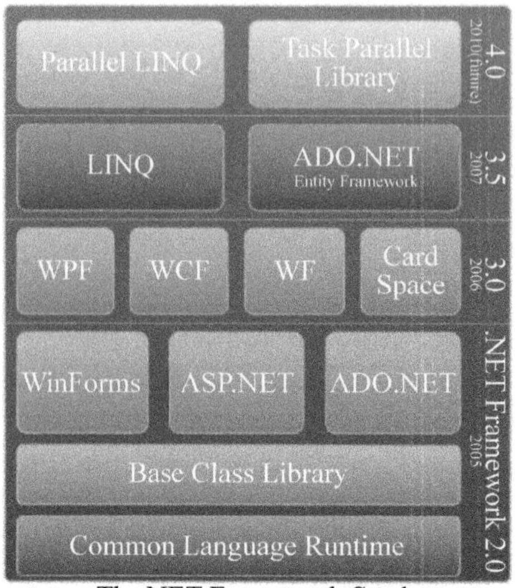

The.NET Framework Stack

图 1.1 .NET Framework 各版本之间的关系

1.2.3 .NET 框架组件

(1) 公共语言运行时(CLR)

公共语言运行时(CLR)是所有.NET 应用程序运行时环境,是所有.NET 应用程序都使用的编程基础,它如同一个支持.NET Framework,运行一个.NET 程序也必须安装。CLR 也可以看作一个在执行时管理代码的代理,管理代码是 CLR 的基本原则,能够被管理的代码成为托管代码,反之称为非托管代码。CLR 包含两个组成部分:CLS(公共语言规范)和 CTS(通用类型系统)。可以通过理解.NET 的编程技术具体了解这两个组件的功能。

① CLS

编程语言的区别不仅仅在于类型,语法或者说语言规范也都有很大的区别。因此,.NET通过定义公共语言规范(Common Language Specification,CLS),限制了由这些不同点引发的互操作性问题。CLS 是一种最低的语言标准,制定了一种以.NET 平台为目标的语言所必须支持的最小特征,以及该语言与其他.NET 语言之间实现互操作性所需要的完备特征。凡是遵守这个标准的语言在.NET 框架下都可以实现互相调用。例如,在 C#中命名是区分大小写的,而 VB.NET 不区分大小写,这样 CLS 就规定,编译后的中间代码必须除了大小写之外有其他的不同之处。

② CTS

C#和 VB.NET 都是公共语言运行时的托管代码,它们的语法和数据类型各不相同。CLR 如何对这两种不同的语言进行托管呢? 通用类型系统(Common Type System,CTS)用于解决不同语言的数据类型不同的问题,如 C#中的整型是 Int,而 VB.NET 中是Integer,通过 CTS 可把它们两个编译成通用的类型 Int32。所有的.NET 语言共享这一类型系统,在它们之间实现无缝互操作。

③ .NET 编译技术

为了实现跨语言开发和跨平台的战略目标,.NET 所有编写的应用都不是编译为本地代码,而是编译成微软中间代码(Microsoft Intermediate Language,MSIL)。它将由实时(Just-In-Time,JIT)编译器转换成机器代码。C#和 VB.NET 代码通过它们各自的编译器编译成 MSIL,MSIL 遵守通用的语法,CPU 不需要了解它,再通过 JIT 编译器编译成相应的平台专用代码,这里所说的平台是指操作系统。这种编译方式实现了代码托管,还能够提高程序的运行效率。

(2) .NET Framework 类库

.NET Framework 包括可加快和优化开发过程并提供对系统功能的访问的类、接口和值类型。为了便于语言之间进行交互操作,大多数.NET Framework 类型都符合 CLS,因而可在编译器符合 CLS 的任何编程语言中使用。

.NET Framework 类型是生成.NET 应用程序、组件和控件的基础。.NET Framework 包括的类型可执行下列功能:① 表示基础数据类型和异常。② 封装数据结构。③ 执行 I/O。④ 访问关于加载类型的信息。⑤ 调用.NET Framework 安全检查。⑥ 提供数据访问、多客户端 GUI 和服务器控制的客户端 GUI。⑦ 提供了一组丰富的接口以及抽象类和具体(非抽象)类。开发者可以按原样使用这些具体的类,或者在多数情况下从这些类派生用户自己的类。若要使用接口的功能,既可以创建实现接口的类,也可以从某个实现接口的.NET Framework 类中派生类。

命名约定:.NET Framework 类型使用点语法命名方案,该方案隐含了层次结构的意思。此技术将相关类型分为不同的命名空间组,以便更容易地搜索和引用它们。全名的第一部分(最右边的点之前的内容)是命名空间名,全名的最后一部分是类型名。例如,System. Collections. ArrayList 表示 ArrayList 类型,该类型属于 System. Collections 命名空间。System. Collections 中的类型可用于操作对象集合。

此命名方案使扩展.NET Framework 的库开发人员可以轻松创建分层类型组,并用一致的、带有提示性的方式对其进行命名。它还允许用全名(即命名空间和类型名称)明确地标识类型,这样可以防止类型名称发生冲突。库开发人员在创建命名空间的名称时应使用以下原则:公司名称. 技术名称。例如,用 Microsoft. Word 命名空间就符合此原则。

利用命名模式将相关类型分组为命名空间是生成和记录类库的一种非常有用的方式。但是,此命名方案对可见性、成员访问、继承、安全性或绑定无效。一个命名空间可以被划分在多个程序集中,而单个程序集可以包含来自多个命名空间的类型。程序集为公共语言运行时中的版本控制、部署、安全性、加载和可见性提供外形结构。

1.3 .NET 应用程序的编译和执行

当编译.NET 应用程序时,编译器不是将源代码编译成机器语言,而是将源代码编译成一种中间语言——MSIL 或 IL(Intermediate Language)。

MSIL 是类似 Java 字节码的语言，也是为了能在不同平台移植所生成的中间代码。MSIL 是将.NET 源代码转化为机器语言的一个中间过程，它是一种介于高级语言和基于 Intel 的汇编语言的伪汇编语言。

当用户编译一个.NET 应用程序时，编译器将源代码翻译成一组可以有效地转换为本机代码且独立于 CPU 的指令，即中间语言。当执行这些指令时，实时（JIT）编译器将它们转化为 CPU 特定的代码。由于公共语言运行时支持多种实时编译器，因此同一段 MSIL 代码可以被不同的编译器实时编译并运行在不同的结构上，如图 1.2 所示。从理论上来说，MSIL 将消除多年以来业界中不同语言之间的纷争。在.NET 的世界中可能出现下面的情况：一部分代码用 EFFIL 实现，另一部分代码使用 C#或 VB.NET 完成，但是最后这些代码都将被转换为中间语言。这给程序员提供了极大的灵活性，程序员可以选择自己熟悉的语言，并且再也不用为学习不断推出的新语言而烦恼了。

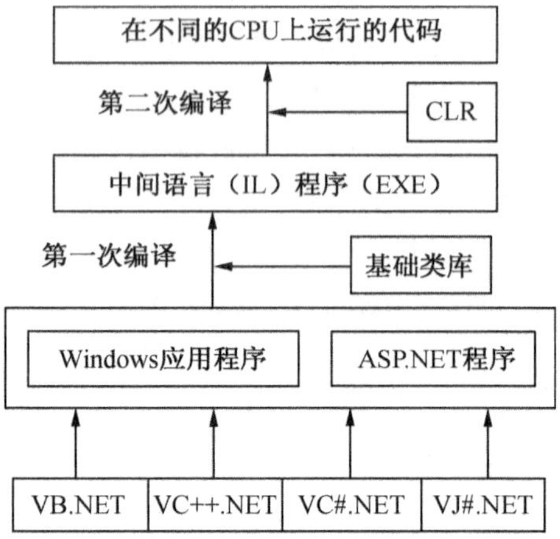

图 1.2　编译和执行一个.NET 应用程序

编译为托管代码时，编译器将源代码翻译为 MSIL，这是一组可以有效地转换为本机代码且独立于 CPU 的指令。MSIL 包括用于加载、存储和初始化对象以及对对象调用方法的指令，还包括用于算术和逻辑运算、控制流、直接内存访问、异常处理和其他操作的指令。要使代码可运行，必须先将 MSIL 转换为特定于 CPU 的代码，这通常是通过实时（JIT）编译器来完成的。由于公共语言运行库为它支持的每种计算机结构都提供了一种或多种 JIT 编译器，因此同一组 MSIL 可以在所支持的任何结构上 JIT 编译和运行。

当编译器产生 MSIL 时，它也产生元数据。元数据描述代码中的类型，包括每种类型的定义、每种类型的成员的签名、代码引用的成员和运行库在执行时使用的其他数据。MSIL 和元数据包含在一个可移植可执行（PE）文件中，此文件基于并扩展过去用于可执行内容的已公布的 Microsoft PE 和公共对象文件格式（COFF）。这种文件格式包含 MSIL 或本机代码以及元数据，使得操作系统能够识别公共语言运行库映像。文件中的元数据以及 MSIL 的存在使代码能够描述自身，这意味着不再需要类型库或接口定义语言（IDL）。运行库在执行过程中根据需要从该文件中查找并提取元数据。

1.4　VB.NET 开发环境的配置及安装

Visual Basic 2008 具体的安装步骤如下：

（1）双击安装盘根目录下的 setup. exe，打开如图 1.3 所示的界面。

图 1.3 Visual Basic 2008 安装程序

(2) 单击【安装 Visual Studio 2008】,进入如图 1.4 所示的安装向导界面。

图 1.4 安装向导

(3) 当安装程序完成安装组件的加载后,单击【下一步】按钮,进入如图 1.5 所示的安装界面。界面左侧显示预安装的组件列表,右侧显示用户许可协议。

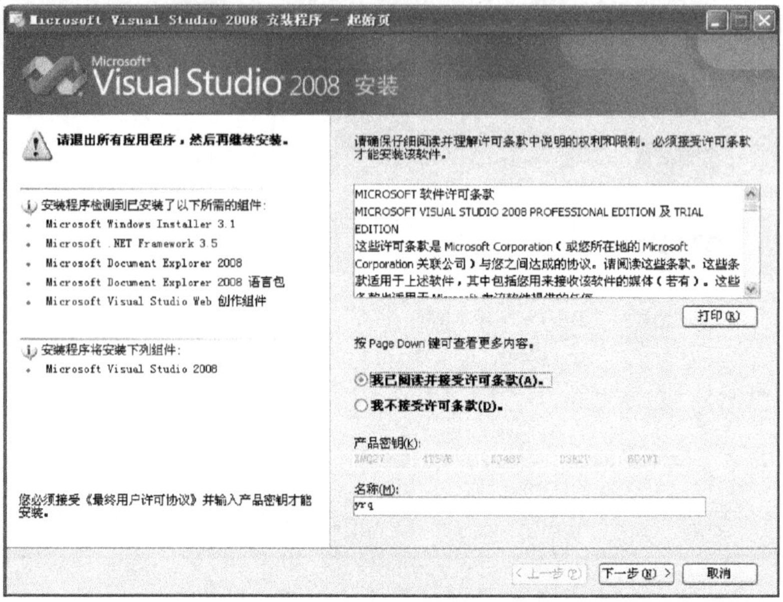

图 1.5 安装协议

(4) 选择【我已阅读并接受许可条款】,然后单击【下一步】按钮,进入如图 1.6 所示的安装界面。在左侧可以选择"默认值"、"完全"、"自定义"三种安装模式之一。单击右侧的【浏览】按钮,可以指定程序的安装路径。

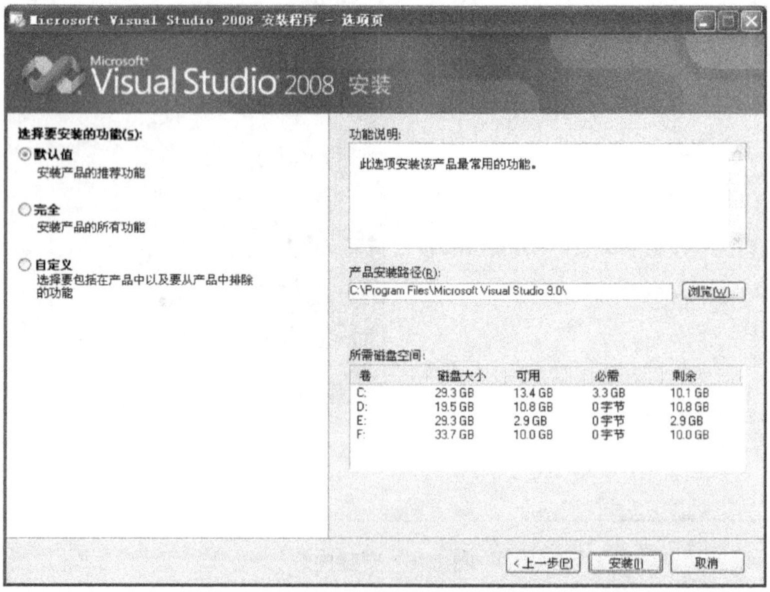

图 1.6 选择安装路径和安装模式

(5) 选择“自定义”安装模式，确定安装路径后，单击【安装】按钮，进入如图1.7所示的选择安装功能界面，勾选需要安装的组件。

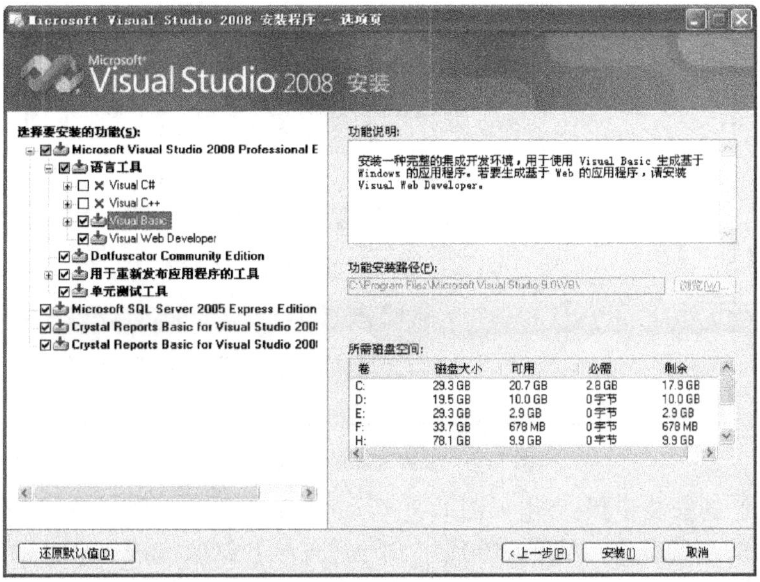

图1.7 选择安装功能

(6) 单击【安装】按钮，进入如图1.8所示的组件安装界面。所选组件安装完成后，进入如图1.9所示界面，单击【完成】按钮，安装成功。安装完成后，在“开始”菜单的“程序”选项卡中将出现安装的程序项。

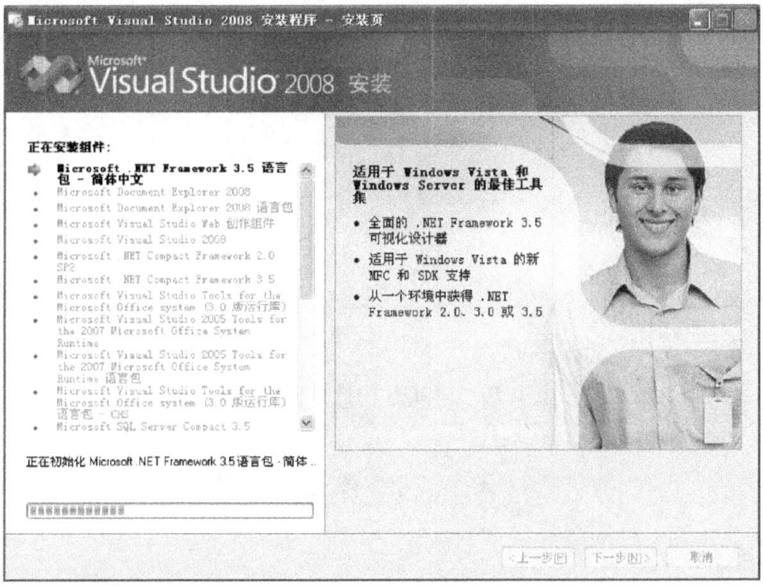

图1.8 安装组件

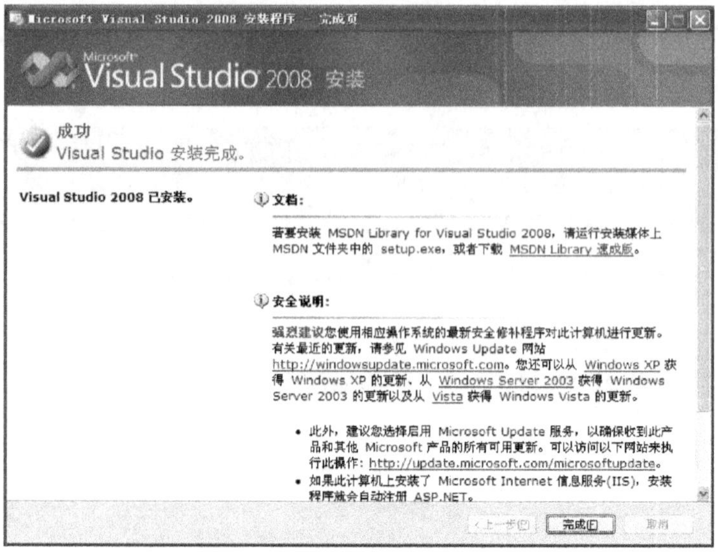

图 1.9　安装成功的提示界面

（7）MSDN 的安装步骤:单击如图 1.3 所示的【安装产品文档】,选择“自定义”安装,然后选择需要安装的程序,如图 1.10 所示,单击【安装】按钮,完成 MSDN 的安装。

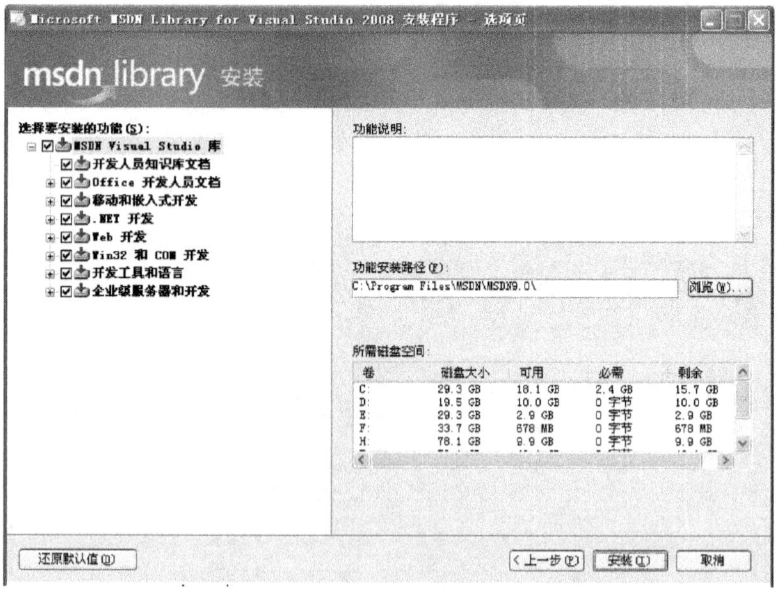

图 1.10　MSDN 的选择安装功能

1.5　工作实训营

训练实例

（1）训练内容

在计算机上配置和安装 Visual Basic 2008 软件开发环境。

（2）训练目的

① 掌握 Visual Basic 2008 开发环境的配置和安装。

② 熟悉 Visual Basic 2008 开发环境。

工作实践常见问题解析

【常见问题1】安装 Visual Studio 2008 的注意事项?

【答】Visual Studio 2008 有多种版本,应选择合适的版本安装。每种语言版本的Visual Studio 都需要相应语言版本的 Service Pack,安装语言版本不匹配的 Visual Studio 2008 RTM 和 Visual Studio 2008 SP1,会导致功能被破坏或用户界面采用混合语言。解决办法是先卸载 Visual Studio 2008 SP1,然后执行 Visual Studio 2008 RTM 的维护模式修复,再重新安装 Visual Studio 2008 SP1 的匹配语言版本。另外要注意,Windows XP 及 Vista SP1 以下的系统安装 Visual Studio 2008 都需要安装 VS2008s1.iso,Windows 7 及以上系统已经自带.NET 3.5 SP1。

【常见问题2】Windows 7 IIS 如何安装及启动?

【答】控制面板→程序→程序和功能→打开或关闭 Windows 功能,在打开的对话框中选中 Internet 信息服务及万维网服务相关的项,如图 1.11 所示,单击【确定】按钮完成安装。启动 IE 浏览器,在地址栏中输入 http://localhost/测试 IIS 是否启动。

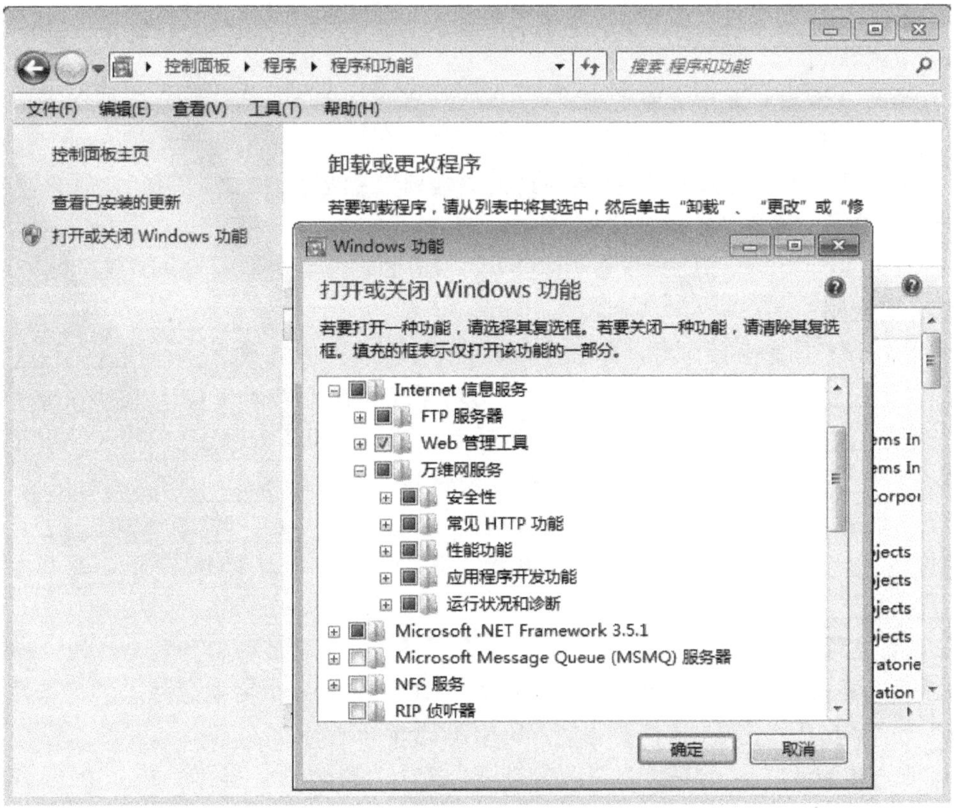

图 1.11 Windows 7 IIS 安装及启动

习 题

一、选择题

1. 在 Visual Studio.NET 的集成开发的环境中，下面不属于该环境编程语言的是(　　)。

A. VB　　B. C++　　C. Pascal　　D. J#

2. 在集成开发环境中有两类窗口，浮动窗口和固定窗口，下面不属于浮动窗口的是(　　)。

A. 工具箱窗口　　B. 属性窗口　　C. 立即窗口　　D. 窗体窗口

3. 在 VB.NET 集成环境中创建 VB.NET 应用程序时，除了工具箱窗口、窗体窗口和属性窗口外，必不可少的窗口是(　　)。

A. 窗体布局窗口　　B. 立即窗口　　C. 代码窗口　　D. 监视窗口

4. 将调试通过后生成的.exe 可执行文件放到其他机器上不能运行的主要原因是(　　)。

A. 运行的机器上面无 VB.NET　　B. 缺少.frm 窗体文件

C. 该可执行文件有病毒　　D. 以上原因都不对

5. 对初学者而言，调试程序方便、有效的手段是(　　)。

A. 在可疑的代码处设置断点，逐语句跟踪

B. 查看资料

C. 通过立即窗口显示变量的值

D. 找老师问原因

6. 当需要上下文帮助时，选择要帮助的“难题”，然后按住(　　)键，就可出现MSDN窗口及显示所需“难题”的帮助信息。

A. Help　　B. F10　　C. Esc　　D. F1

二、填空题

1. VB.NET 是完全面向对象的程序设计语言，其最大的特点是________________。

2. ____________技术能让编程人员不必编写代码就可以创建 GUI(图形用户界面)。

3. ________________是由一个或几个项目组成 VB.NET 程序。

4. 当________________特性设置后，浮动窗口将自动隐藏。

5. 当进入 VB.NET 集成环境，发现没有显示“工具箱”窗口时，应选择____________菜单的________________选项，使“工具箱”窗口显示，并最好将其窗口的属性设置为________________。

三、简述题

1. 请简要描述应用程序体系结构和构成.NET 框架的三个主要组件。

2. 与 VB 6.0 相比较，请简要描述 VB.NET 的新功能特点。

3. 在 VB.NET 中，“解决方案资源管理器”窗口、“窗体设计器”窗口与“代码编辑器”窗口的作用是什么？请简述它们的使用方法。

4. 请解释项目及解决方案的概念。

第2章 系统分析与说明

本章要点

1. 系统说明与开发背景；
2. 系统概要说明书；
3. 系统需求分析；
4. 系统可行性分析；
5. 系统详细说明书。

技能目标

1. 学会设计系统说明与开发背景；
2. 学会设计系统概要说明书；
3. 学会设计系统需求分析；
4. 学会设计系统可行性分析；
5. 学会设计系统详细说明书。

2.1 系统说明与开发背景

（1）项目背景

随着企业销售业务的扩张和销售业务的多样性越来越突出，企业也在不断思考如何在销售上控制好产品销售的成本，尤其是在产品报价方面如何快速提供相应产品报价清单给客户，做到报价有依据，供应商材料价格及时准确，结构清晰，报价规范准确，鉴于以上的业务需求，"协同报价管理系统"在功能上贴合企业的实际需求，有效地解决了上述问题。

"协同报价管理系统"是企业日常管理必不可少的工具，随着企业的高速发展，系统将始终贴合企业日益增长的管理需求，不断为企业提供高效的管理思路和流程。

（2）系统开发目的

"协同报价管理系统"的设计和开发，是为了解决销售、采购、供应商和生产等部门各自为政，信息标准化差，信息不能共享，报价不规范、不合理等问题，帮助企业改变目前不合理的以及制约工作效率的工作方式，精确规范报价，加强各部门的相互协作。

(3) 系统适用范围

本系统是特别定制开发的一套协同报价管理系统,将供应商、销售、采购等系统的数据共享,独立分析,通过独立设计流程的方式来实现系统的运作。

本系统适合销售、采购、供应商等部门专职人员在产品报价时使用。

2.2 系统概要说明书

(1) 系统架构

① 概述。从本阶段开始正式进入软件的实际开发,本阶段完成系统的大致设计并明确系统的数据结构与软件结构。在软件设计阶段主要是把一个软件需求转化为软件表示的过程,这种表示只是描绘出软件的总体概貌。本概要设计说明书的目的就是进一步细化软件设计阶段得出的软件总体概貌,把它加工成在程序细节上非常接近于源程序的软件表示。

② 系统结构图(见图 2.1)。

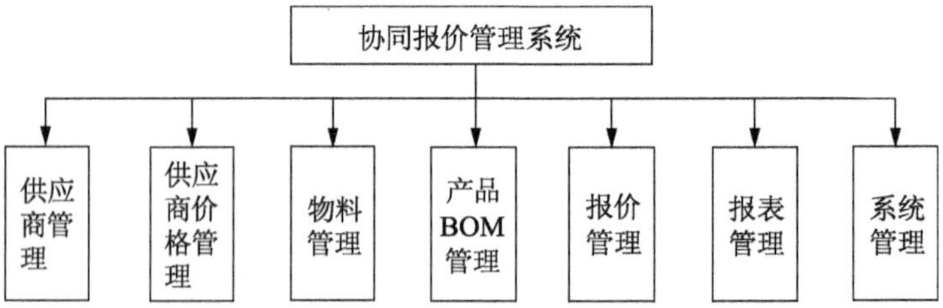

图 2.1 系统结构图

③ 系统逻辑图(见图 2.2)。

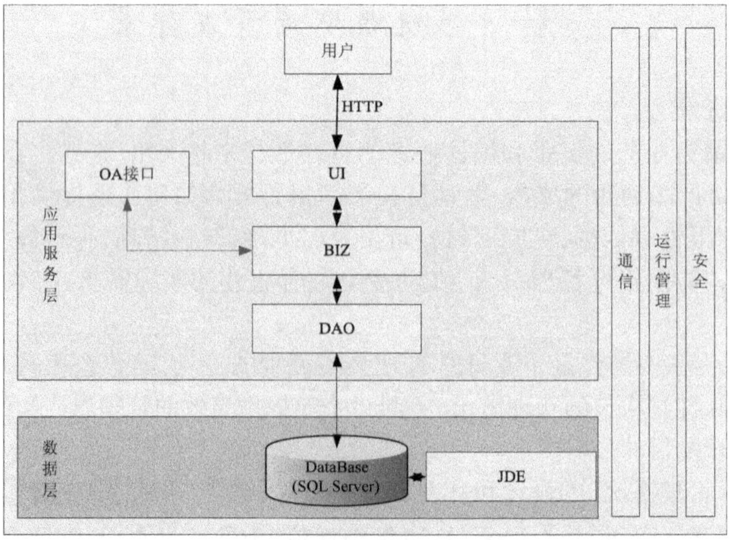

图 2.2 系统逻辑图

④ 层次描述(见表2.1)。

表2.1 层次描述

层名称1

层名称	视图层	
功能描述	与用户交互	
输入	来源层	说明
输出	目标层	说明
	视图	根据代码的编译现实与用户进行交互的画面

层名称2

层名称	逻辑层	
功能描述	主要是根据客户输入的信息进行逻辑上的处理	
输入	来源层	说明
	视图层	将用户输入的信息传递到逻辑层
输出	目标层	说明
	模型层	将逻辑层处理过的数据更新到数据库中去

层名称3

层名称	模型层	
功能描述	对数据库进行更新操作	
输入	来源层	说明
	逻辑层	对要更新到数据库中的数据进行逻辑处理
输出	目标层	说明
	视图	将经过处理的数据再从数据库中取出显示到画面上

(2) 运行及开发环境

① 运行环境配置(见表2.2)。

表2.2 运行环境配置

客户机	主机型号	AS628 - KQ001		
	CPU	SM5964	主板	AS628 - KQ001
	存储	SST39SF040 * 3(512KB * 3)		
	系统运行环境设置	MDAC 2.5 Microsoft.NET Framework1.1 VBA		
其他				

② 开发环境配置(见表2.3)。

表2.3 开发环境配置

<table>
<tr><td rowspan="4">服务器</td><td>主机型号</td><td>品牌机</td><td>内存</td><td>2G</td></tr>
<tr><td>CPU</td><td>Intel 双核 2.0GHz</td><td>主板</td><td>品牌主板</td></tr>
<tr><td>硬盘</td><td>250G</td><td>操作系统</td><td>Window XP/2003</td></tr>
<tr><td>系统运行环境设置</td><td colspan="3">操作系统 WIN XP2,对操作系统运行环境没有特殊要求,标准安装即可</td></tr>
<tr><td rowspan="2">客户机</td><td>硬件</td><td colspan="3">Intel P4 2.66GHz 主频/内存512M/80G 硬盘</td></tr>
<tr><td>系统运行环境设置</td><td colspan="3">客户机操作系统 WIN XP2,对操作系统运行环境没有特殊要求,标准安装即可</td></tr>
</table>

③ 开发平台(见表2.4)。

表2.4 开发平台

操作系统	Windows 7	部署服务器软件	CVS
开发工具	VS 2008		
数据库	SQL 2005		

(3) 接口定义

系统工具如表2.5所示。

表2.5 系统工具

接口	功能描述	数据流向
基础数据引入引出	导入导出基础数据	无
供应链数据引入引出	导入导出供应链单据	无

(4) 异常处理机制

① 异常分类。

② 出错信息(见表2.6)。

表2.6 出错信息

<table>
<tr><th>异常类别</th><th>异常</th><th>提示信息</th></tr>
<tr><td rowspan="2">软件检测异常</td><td>客户端登录异常一</td><td>拒绝的权限“70”</td></tr>
<tr><td>客户端登录异常二</td><td>无法注册中间层</td></tr>
<tr><td>软件操作异常</td><td>软件操作时间等待异常</td><td>当期操作与其他用户冲突</td></tr>
</table>

③ 补救措施。出现软件检测异常的前两项时,有可能是安装配置问题,应由专业人员处理。出现软件操作时间等待异常需要检查是否同一 ID 重复登录。

(5) 备选方案以及未选择理由

① 备选方案:采用数据和图形并存的预警方式。

② 未选择理由:实现比较复杂,成本也相应地有所增加,系统展现运行速度也会有所

下降,对实现技术的熟悉程度较高。

2.3 系统需求分析

(1)用户当前的操作模式

① 客户联系方式:

手机:135××××429

邮箱:XYZ@gmail.com

② 客户需求的获取方式:现场调查;E-Mail;电话。

(2)用户需求

① 用户对功能的要求:

高——软件必须实现的功能,用户有明确的功能定义和要求。

中——软件应该实现的功能,用户的功能定义和要求可能是模糊的、不具体的或低约束的,但是这类功能的缺少会导致用户不满意,因此这类功能的具体需求应当由需求分析人员诱导用户产生并明确。

低——软件尽量实现的功能,并可根据开发进度取舍,但这类功能的实现将会增加用户满意度。

② 可用表2.7说明功能需求。

表2.7 功能需求

编号	功能名称	功能描述	难易度	优先级
1	供应商管理	采购人员对单据的操作: ① 录入供应商信息 采购员登录后进行供应商的录入操作 ② 查询供应商 采购员登录后进行供应商的查询操作 ③ 供应商的修改删除 采购员登录后进行供应商的修改删除操作	高	高
2	供应商价格管理	对供应商提供的物料进行价格维护管理	高	高
3	物料管理	库管员对物料进行及时添加、修改、删除	高	高
4	产品BOM管理	技术人员对产品结构清单维护操作。主要是技术人员对产品组成的物料清单进行维护操作,通过维护,可以了解产品的物料组成信息。这样方便了销售报价人员查看产品物料使用情况,了解产品的基本信息	高	高
5	报价管理	采购人员对物料价格管理的操作	高	高
6	报表管理	生成报价明细表	高	高
7	系统管理	管理员登录后,可以对用户、角色、权限信息进行管理,为角色添加用户,给角色授权	中	中

(3) 用户对质量属性的要求

用户对质量属性的要求如表2.8所示。

表2.8 用户对质量属性的要求

编号	场景描述	类别	优先级
1	机器运行稳定,数据安全可靠	安全性	高
2	操作功能完善,简单明了	易用性	高
3	显示布局合理,清晰	美观性	高

① 用户对交付项的要求(见表2.9)。

表2.9 用户对交付项的要求

序号	文档名称	主要内容	形式 (打印、电子)	备注
1	《协同报价系统使用说明书》	详细说明软件的安装、调试和使用方法,以及部分出错处理方法	电子	/
2	《用户需求说明书》	所有用户需求的整理,包括功能性需求与非功能性需求	电子	/
3	《软件需求说明书》	从技术角度来分析用户所提出的需求	电子	/
4	《项目计划》	项目简介,组织架构图,项目中各个子计划的整合	电子	/

② 用户对服务与支持的要求。客户要求对本项目进行维护工作,要求通过网络通信进行维护、通过电话进行维护或到现场实时维护。

③ 用户对培训的要求。要求参加CMMI三级的所有过程域的培训,提高项目中PPQA的职责,以帮助提高项目阶段性工作成果。

④ 用户对界面的需求。用户界面显示当前使用公司名称、系统中文名称和英文缩略语,以及当前系统软件的版本号。

(4) 制约因素

① 技术制约:要求对数据库的安全性和稳定性符合要求;要求用SQL Server建立数据库;要求程序能在IE 6.0或更高版本的浏览器上面运行;要求程序要用VB.NET编写。

② 业务制约。

(5) 其他需求

如果本项目成功,用户还希望可以在这个系统上增加一些功能,因此要求该系统具备良好的可扩展性。

2.4 系统可行性分析

2.4.1 技术可行性分析的前提

技术可行性分析的前提:系统布置在 Windows 系统中,开发环境不受限制;系统以C/S结构为主,提供大量的数据操作;主要用 VB.NET 开发,提高安全性和访问效率。

(1) 基本要求

客户端 GUI 界面浏览。

(2) 主要目标

① 按时、按要求完成客户要求(对技术要求不是很严格)。

② 网络安全性。

③ 界面要大方、明亮。

(3) 假定和限制

如果必须运行在 Windows 环境中,考虑到环境的配置和现有的技术力量,系统只有用 VB.NET 和 Java。

(4) 进行技术可行性分析的方法

① VB.NET 完全基于标准

比如,数据用 SQL 数据管理的格式通过进程边界,而这个数据有一个到 XSD 的链接,所以任何客户端都可以正确地转化数据。协同报价基于 SQL 数据存储。集成协同报价以后,不管客户端运行的是不是微软的操作系统,都可以实现简单的可编程访问。

② 简化应用

COM 所面临的一个问题就是应用。COM 利用 Windows 注册表来定位机器上的组件,每个注册的组件只有一个实例,所有的应用程序都使用相同的版本。COM 具有向后兼容性,也就是说新版本兼容老版本,但是开发人员可能会破坏这种兼容性。

.NET 则采用了不同的方法:它根本就没有使用注册表。相反,微软的建议是每个应用程序使用自己局部的组件(在.NET 中称为 Assembly)。利用这种方法,用于应用程序的 Assembly X如果发生变化,Assembly X 的 Application Bar 不会受到任何影响。这种方法类似于以前一台机器上同一个 DLL 的多个拷贝,但用户不会遇到应用程序查找 Windows\System32 目录的问题。

由于.NET 不使用注册表,很多应用都可以用简单的拷贝命令来完成,通常没有必要开发安装程序。此外,应用程序不会锁定 Assembly,所以升级 DLL 的时候不必关闭应用程序。

③ Web 服务支持

在流行的 Web 服务方面,微软发挥着重要的作用,而.NET 为开发 Web 服务带来了前所未有的便利。用 Notepad 就可以建立简单的 Web 服务,甚至不必利用编译器,只要对它们进行简单的调用即可,因为.NET 会对它们进行编译,甚至提供一个测试页供用户检验其功能。.NET 拥有所有必需的渠道,可以生成用户所需的所有文件,比如 WSDL 文件。

.NET 也是一个聪明的 Web 服务使用者:只要设置了指向某个 Web 服务的索引,就可以把它当作本地的 Assembly,可以获得完整的 Intel 许可和功能实现帮助。

Web 服务对于发送数据是非常重要的,ADO.NET 中 Web 服务可以利用简单或复杂的数据,并以 XML 格式把它们发送到任何客户端,最后设置一个链接,指回到一个描述数据模式的 XSD。

④ 用于所有.NET 语言的标准工具集

最终,用户会拥有一个统一的 IDE、调试工具以及其他类似的工具。因此,其他公司可以把他们的语言嵌入 IDE 环境,并获得.NET工具所有的支持。比如富士通开发了 NetCOBOL.NET,它已经直接集成到 IDE 中,因此可以用 COBOL 编写 Web 服务和 Windows 应用,并获得微软提供的调试和 Profiling(监管)工具。

.NET 是个开放的架构,所以其他厂商也可以提供自己的工具。比如 Borland 公司已经宣布其下一版 Delphi 将具有建立.NET 应用的功能,同时它也保证 Delphi 会拥有自己的 IDE,不会嵌入 Visual Studio.NET。

⑤ 对移动设备的支持

Visual Studio.NET 发布不久,微软就推出了移动 Internet 工具包(Microsoft Mobile Internet Toolkit,MMIT),以便用.NET 构建移动应用。该工具包提供了可视化功能,用户可以直观地拖动和下拉面向移动设备的窗体和控件。该工具包有利于正确书写标记语言(如 WML,WAP 等)。

.NET 简化架构(.NET Compact Framework)是.NET 架构的缩略版,设计用于 Pocket PC 设备。有了这个架构,开发人员就可以开发出丰富的 Pocket PC 计算机应用。用户可以编写一个运行于小型设备上的应用程序,比如用于 Pocket PC 设备或者具有 Web 功能的手机。事实上,MMIT 包含了很多仿真程序,它们使用了真正为这类设备编写的 ROM 代码,所以在应用程序投入使用之前,可以首先测试其用于此类设备时的性能。

⑥ 代码管理

.NET 管理用户的代码,从很多方面看,这一点都是很重要的,比如减少 Bug 以及构建更多可扩展的应用。.NET 可以处理以下操作:内存分配和回收,进程、线程的创建和终止,以及运行代码的访问许可。

VB 开发人员先前面临的问题(比如内存管理、线程和进程创建)现在都可以由.NET 来处理。而 C++程序员可以转向 .NET, .NET 代替他们处理这些操作后,内存泄漏和其他 Bug 出现的可能性将大大减少。

⑦ 平台独立性

虽然.NET 是为微软的操作系统创建的,但是微软的确为 ECMA 标准委员会发布了一部分框架和 C#。比如,Mono Project 实现了 Linux 的.NET,包括架构和 C#编译器。这意味着很多应用(特别是基于 Web 的应用)一次编写完成后就可以运行于多种平台上。

(5) 评价准则

客户建议要求;现有人员技术储备;易维护性;工期。

2.4.2　对现有系统的分析

（1）现状分析

客户熟悉使用 Windows。

（2）局限性

客户无软件系统。

2.4.3　可选择的系统方案

（1）可选择的系统方案 1

采用 VB.NET 开发。

（2）可选择的系统方案 2

采用 Java 开发。

分析方式：首先进行集体讨论，然后针对系统方案选择的五个标准进行打分表决，以该标准衡量选择最符合的方案，每人写上分数，取其中分数最高的，直接产生结果。

分析结果：采用方案 1。

2.5　系统详细说明书

2.5.1　界面设计要求

根据客户要求软件界面尽可能简洁易上手操作。

2.5.2　系统模块设计要求

【模块 1】　供应商管理

（1）模块描述

供应商管理模块描述如表 2.10 所示。

表 2.10　模块描述（供应商管理）

项目	描述	备注
目的	管理供应商信息	
功能	通过添加和修改供应商信息	
性能	快速提交相应的供应商信息	

（2）类和接口

① 类列表（见表 2.11）。

表 2.11 类列表(供应商管理)

类名称	定义	描述
Sqlconn. vb	数据库连接;执行 T-SQL 语句,返回影响的行数; 返回 SQL 执行的第一行第一列; 执行 T-SQL 语句,返回 SqlDataReader; 返回 DataSet 记录集; 执行 SQL 返回 DataTable; 执行存储过程	数据库常用操作类
FrmSupply. vb	供应商信息操作	

② 接口列表(见表 2.12)。

表 2.12 接口列表(供应商管理)

接口名称	定义	描述
DgvSupply_Click	获取系统中已有供应商信息	
TlsBtnSplyAdd_Click	添加供应商信息	
TlsBtnSplyModify_Click	修改供应商信息	
TlsBtnSplyDelete_Click	删除供应商信息	

【模块 2】 供应商价格管理

(1) 模块描述

供应商价格管理模块描述如表 2.13 所示。

表 2.13 模块管理(供应商价格管理)

项目	描述	备注
目的	管理供应商价格信息	
功能	供应商价格信息维护	
性能	快速提交相应的价格信息	

(2) 类和接口

① 类列表(见表 2.14)。

表 2.14 类列表(供应商价格管理)

类名称	定义	描述
Sqlconn. vb	数据库连接;执行 T-SQL 语句,返回影响的行数; 返回 SQL 执行的第一行第一列; 执行 T-SQL 语句,返回 SqlDataReader; 返回 DataSet 记录集; 执行 SQL 返回 DataTable; 执行存储过程	数据库常用操作类
FrmSupplyPrice. vb	供应商价格查询、维护	
FrmSupplyPriceAM. vb	供应商价格新增、修改	

② 接口列表(见表2.15)。

表2.15　接口列表(供应商价格管理)

接口名称	定义	描述
TlsBtnSplypriceDelete_Click	删除供应商价格	
CMnuSupplypriceModify_Click	修改供应商价格	
CMnuSupplypriceAdd_Click	新增供应商价格	

【模块3】　物料管理

(1) 模块描述

物料管理模块描述如表2.16所示。

表2.16　模块描述(物料管理)

项目	描述	备注
目的	维护管理物料信息	
功能	新增、修改、删除物料信息	
性能	通过数据库的插入、修改、删除等操作实现	

(2) 类和接口

① 类列表(见表2.17)。

表2.17　类列表(物料管理)

类名称	定义	描述
Sqlconn. vb	数据库连接;执行T-SQL语句,返回影响的行数;返回SQL执行的第一行第一列;执行T-SQL语句,返回SqlDataReader;返回DataSet记录集;执行SQL返回DataTable;执行存储过程	数据库常用操作类
FrmICItem. vb	物料信息维护	

② 接口列表(见表2.18)。

表2.18　接口列表(物料管理)

接口名称	定义	描述
TlsBtnItemAdd_Click	新增物料信息	
TlsBtnItemModify_Click	修改物料信息	
TlsBtnItemDelete_Click	删除物料信息	

【模块4】　产品BOM管理

(1) 模块描述

产品BOM管理模块描述如表2.19所示。

表 2.19 模块描述(产品 BOM 管理)

项目	描述	备注
目的	产品 BOM 结构维护	
功能	新增、修改、删除 BOM 结构信息	
性能	通过数据库中的字段进行控制	

(2) 类和接口

① 类列表(见表 2.20)。

表 2.20 类列表(产品 BOM 管理)

类名称	定义	描述
Sqlconn. vb	数据库连接;执行 T-SQL 语句,返回影响的行数;返回 SQL 执行的第一行第一列;执行 T-SQL 语句,返回 SqlDataReader;返回 DataSet 记录集;执行 SQL 返回 DataTable;执行存储过程	数据库常用操作类
FrmICItemBOM. vb	产品 BOM 信息维护	

② 接口列表(见表 2.21)。

表 2.21 接口列表(产品 BOM 管理)

接口名称	定义	描述
TlsBtnItemBOMAdd_Click	产品 BOM 信息新增	
TlsBtnItemBOMDelete_Click	产品 BOM 信息删除	

【模块 5】 报价管理

(1) 模块描述

报价管理模块描述如表 2.22 所示。

表 2.22 模块描述(报价管理)

项目	描述	备注
目的	供应商物料报价,销售报价	
功能	供应商针对物料报价,销售针对客户进行报价	
性能	按照数据库中数据提交	

(2) 类和接口

① 类列表(见表 2.23)。

表 2.23 类列表(报价管理)

类名称	定义	描述
Sqlconn. vb	数据库连接;执行 T-SQL 语句,返回影响的行数;返回 SQL 执行的第一行第一列;执行 T-SQL 语句,返回 SqlDataReader;返回 DataSet 记录集;执行 SQL 返回 DataTable;执行存储过程	数据库常用操作类
FrmCoQuote. vb	供应商物料报价信息	
FrmQuote. vb	销售报价信息	
FrmQuoteAdd. vb	销售报价信息维护	

② 接口列表(见表 2.24)。

表 2.24 接口列表(报价管理)

接口名称	定义	描述
DgvSPLYPriceEntry_CellContentClick	供应商价格维护	
TlsBtnQuoteAdd_Click	新增客户报价信息	
TlsBtnQuoteClear_Click	清除客户报价信息	
TlsBtnQuoteCheck_Click	客户报价信息审核	

【模块 6】 报表管理

(1) 模块描述

报表管理模块描述见表 2.25。

表 2.25 模块描述(报表管理)

项目	描述	备注
目的	查询物料信息,查询报价明细	
功能	查询物料信息、报价明细	
性能	通过数据库的查询操作实现	

(2) 类和接口

① 类列表(见表 2.26)。

表 2.26 类列表(报表管理)

类名称	定义	描述
Sqlconn. vb	数据库连接;执行 T-SQL 语句,返回影响的行数;返回 SQL 执行的第一行第一列;执行 T-SQL 语句,返回 SqlDataReader;返回 DataSet 记录集;执行 SQL 返回 DataTable;执行存储过程	数据库常用操作类
FrmICItemReport. vb	查询物料信息	
FrmQuoteReport. vb	查询报价明细	

② 接口列表(见表 2.27)。

表 2.27 接口列表(报表管理)

接口名称	定义	描述
FrmICItemReport_Load	查询物料信息	
FrmQuoteReport_Load	查询报价明细	

【模块 7】 系统管理

(1) 模块描述

系统管理模块描述如表 2.28 所示。

表 2.28 模块表述(系统管理)

项目	描述	备注
目的	维护系统用户权限等信息	
功能	维护用户权限信息	
性能	按照数据库中的用户信息选择提交	

(2) 类和接口

① 类列表(表 2.29)。

表 2.29 类列表(系统管理)

类名称	定义	描述
Sqlconn. vb	数据库连接;执行 T-SQL 语句,返回影响的行数;返回 SQL 执行的第一行第一列;执行 T-SQL 语句,返回 SqlDataReader;返回 DataSet 记录集;执行 SQL 返回 DataTable;执行存储过程	数据库常用操作类
FrmUserList. vb	用户信息维护	
FrmUserRight. vb	用户添加及权限设置	

② 接口列表(见表 2.30)。

表 2.30 接口列表(系统管理)

接口名称	定义	描述
TlsBtnUserAdd_Click	添加用户信息	
TlsBtnUserDelete_Click	删除用户信息	
TlsBtnUserUpdate_Click	修改用户信息	

2.6 工作实训营

训练实例

（1）训练内容

① 设计书店图书管理系统的说明与开发背景。

② 设计书店图书管理系统的概要说明书。

③ 设计书店图书管理系统的需求分析。

④ 设计书店图书管理系统的可行性分析。

⑤ 设计书店图书管理系统的详细设计说明书。

（2）训练目的

① 学会系统说明与开发背景的描述方法。

② 学会系统概要说明书的设计。

③ 学会系统需求分析的设计。

④ 学会系统可行性分析的设计。

⑤ 学会系统详细说明书的设计。

（3）训练过程

提示:仿照教学项目设计。

习 题

简述题

1. 如何设计系统说明与开发背景？
2. 如何设计系统概要说明书？
3. 如何进行系统需求分析？
4. 如何进行系统可行性分析？
5. 如何设计系统详细说明书？

第3章 系统设计

本章要点

1. 系统架构设计目标；
2. 程序运行环境及编码设计；
3. 项目文档架构设计；
4. 系统业务功能结构设计；
5. 系统业务流程图设计；
6. 数据库设计。

技能目标

1. 掌握系统架构设计目标；
2. 掌握系统编码设计；
3. 掌握项目文档架构设计；
4. 掌握系统业务功能结构设计；
5. 掌握系统业务流程图设计；
6. 掌握系统数据库设计。

3.1 系统架构设计目标与准则

本系统属于小型的数据库系统,可以对中小型企业协同报价进行有效的管理。通过本系统可以达到以下目标:

(1) 系统界面友好,信息查询灵活、方便。

(2) 实现供应商信息管理、供应商信息查询和供应商报价管理。

(3) 实现物料信息管理、物料 BOM 管理。

(4) 实现报价管理、与供应商协同报价管理。

(5) 实现物料清单报表、报价明细表制作功能。

(6) 实现用户管理功能。

3.2 程序运行环境及编码规范

3.2.1 文档说明

（1）主要目的

编写该文档的主要目的是规范系统开发中的命名方式、系统中的相似模块的处理方式以及程序编写的风格，便于进度的控制和系统开发质量的控制，增强系统的维护性，便于模块的扩充和统一处理。

（2）适用范围

本文档主要描述了系统开发中一些类（文件）、变量等的命名规则以及编码实现中的一些约定，适合系统设计人员和编码人员使用。

（3）参考

本文参考内容如下：

①《DCIS－00－QS－PS－73.04.01－09 软件开发编程规范（V1 0.0）.doc》。

②《Java 语言编码规范（Java Code Conventions）》。

3.2.2 .NET 命名与编码标准

（1）命名标准

① 用 Pascal 规则来命名方法和类型，每个组成单词的第一个字母大写。

```
Public Sub DataBind()
End Sub
```

② 用 Camel 规则来命名局部变量和方法的参数，除第一个单词的第一个字母为小写外，其他单词的开头字母均为大写。

```
Dim userName as String
Public Function addUser(stringuserId, byte[] password);
```

③ 所有的成员变量前加前缀，不允许有 Public 成员变量。

```
Private _connectionString as String
```

④ 接口的名称加前缀 I。

```
Public Sub ICommand
   boolExcute();
End Sub
```

⑤ 方法的命名一般将其命名为动宾短语，即采用动词-对象名的命名方法。

```
ShowDialog()
CreateFile()
GetPath()
```

⑥ 变量的名称要有意义，采用描述性的变量名，避免采用单字母的变量名（除用于 For 循环外）。

```
Dim userName as String
```

允许使用缩写的单词，如 ID，NO，但是不论何种情况下，这些缩写词都必须大写。定义允许缩写的单词。尽量不要使用类型名称的缩写作为前缀。例如：

```
Dim strUserName as String'错误的做法
```

⑦ 所有的成员变量声明在类的顶端或尾端。

⑧ 用有意义的名字命名 NameSpace，如产品名、公司名。

⑨ 窗体类名(或者 Web 系统中的 WebPage)，前面加 Frm。

系统建议窗体的名称格式：

```
Frm + 操控的表单名称 + 动作
```

建议的动作有：

- List：功能入口界面(带有简单查询)。
- Edit：新增/编辑/删除界面/查看。
- Customer Query：自定义查询界面。

⑩ 常量名一律大写，单词中间用"_"分隔，如 NUM_DAYS_IN_WEEK。

⑪ 控件名及部分变量命名(不同的项目，可以据此做一些额外的规定，但是缩写前缀尽量保持 3 个字母)，如表 3.1 所示。

表 3.1 控件名及部分变量命名规则

类型	前缀	示例
DataSet	ds	dsListData
DataAdapter	da	daListDataAdapter
DbConnection	dc	dcConnTable
DbCommand	dcm	dcmCmdLine
DataView	dv	dvListView
DataCommandBuilder	dcb	dcbAll
Label	lbl	lblName
TextBox	txt	txtInputName
Button，LinkButton，ImageButton	btn	btnClickHere
ListBox	lbx	lbxUser
DropDownList	drp	drpSelectOne
DataGrid	grd	grdListAll
GridView	grv	grvListAll
CheckBox	chk	chkSelectOne
RadioButton	rdo	rdoSelectOne
image	img	imgFirstPage
ComboBox	cbx	cbxType
panel	pal	palCommand
MenuItem	mui	muiName
C1FlexGrid	cfg	cfgError
TabControl	tab	tabName
HyperLink	hlk	hlkName

(2) 注释标准

① 类、接口注释

在文件内部,代码的最上层,写入如下注释:

```
'========================================
'类名
'----------------------------------------
'创建人:
'日期:
'描述:
'----------------------------------------
'修改人1:
'日期:
'描述:
'----------------------------------------
'修改人2:
'日期:
'描述:
'========================================
```

② 类、方法、属性注释

自定义的类、共有方法、属性均采用标准 XML 方式注释,如下:

```
'<summary>
'Page_Load 的说明
'</summary>
'<param name="sender">参数 sender 的说明</param>
'<param name="e">参数 e 的说明</param>
```

对于重要的方法,需要加入示例代码:

```
'<sample>示例代码</sample>
```

属性注释:

```
'<summary>
'分隔符
'</summary>

Private Function _separatorChar as string
End function
```

③ 代码内注释

变量定义、算法、标志判断等关键的代码也必须写上注释,注释缩进和其注释的代码在同一层次,可位于上一行或同一行的结尾。多行同时在行结尾注释时,尽量用 Tab 进行对齐。

```
上一行:'注释内容
同一行:User.Name="XXX" '注释内容
```

(3) 其他标准

① 代码的缩进:要用 Tab,而不要用 Space。

② 建议局部变量在最接近使用它时再声明。

③ 文件名要能反映类的内容,最好是和类同名,一个文件中只有一个类或一组关联类。

④ 目录结构中要反映出 NameSpace 的层次。

⑤ 定义与属性相关联的私有变量时,应在属性相近的地方定义。

⑥ 一行不要超过 120 个字符。

⑦ 尽量不要手工更改机器生成的代码,若必须更改,一定要改成与机器生成的代码相同的风格。

⑧ 关键的语句(包括声明关键的变量)必须要写注释。

⑨ 文字常量和数字常量不要硬编码,应该用常量类或枚举代替。

⑩ 除非在 switch 语句中跳转,否则不要使用 goto 语句。

⑪ 不要声明 public 和 protected 的成员变量,应用 property。

⑫ 不要声明 public 的 event,应用事件访问器。

⑬ 类型转换的使用规则:避免显式类型转换。使用 as 算法防护性地转换类型。

```
Animal animal = new Dog();
Dog dog = animal as Dog;
if (dog != null)
```

⑭ 生成和构建一个长的字符串时,一定要使用 StringBuilder,而不用 String。

⑮ switch 语句一定要有 default 来处理意外情况。

⑯ 尽量少使用三目运算符(?:),而要使用 if 语句。

⑰ 对任何假设采用断言 assert。

⑱ 避免对枚举提供明确的值,避免对枚举指定类型。

⑲ 避免在界面类中直接写查询语句。

⑳ 解决方案命名。解决方案名称为[companyName].[systemName].[subSystemName],其中[companyName]为公司名称简称,[systemName]为系统名称简称,[subSystemName]为子系统名称简称。以银企互联系统为例,解决方案名称为 CZ.EPToBank.PaymentApproval,其中 CZ 是公司的英文简称,EPToBank 是业务系统简称,PaymentApproval 是付款审批子系统的简称。

㉑ 解决方案下的项目。解决方案由两个项目组成:一个是服务层项目,另一个是表现层项目。服务层项目名称为[companyName].[systemName].[subSystemName].server,表现层项目名称为[companyName].[systemName].[subSystemName].web。以加贸联网管理(商务、海关)子系统为例,服务层项目名称为 CZ.EPToBank.PaymentApproval.server,表现层项目名称为 CZ.EPToBank.PaymentApproval.web。

㉒ 服务层项目。服务层项目包含 DAL,BLL,Model,BO,Constant 等目录。每个目录意义如下:

- DAL:数据访问层,包含数据访问层的接口定义和实现,如有必要,可以再细分为

IDAL,SQLServerDAL,OracleDAL,DALFactory,DBUtility。

- ➢ IDAL:数据访问接口。
- ➢ SQLServerDAL:SQLServer 数据访问层。
- ➢ OracleDAL:Oracle 数据访问层。
- ➢ DALFactory:数据层的抽象工厂。
- ➢ DBUtility:数据库访问组件基础类。

- BLL:业务逻辑层,包含业务逻辑层的接口定义和实现。
- Model:业务实体。
- BO:业务对象。
- Constant:常量定义。

㉓ 表现层项目

表现层项目包含 UserControl 和 Web 目录。每个目录意义如下:

- UserControl:用户控件。
- Web:网页,可以根据需要再细分成目录,如 MasterFile 等。

3.2.3 数据库命名标准

(1) 实体表表名是名词或名词短语,采用大小写混合的方式,每个单词的首字母大写,尽量使表名简洁而富于描述,如 Student,StudentExamination。

(2) 关系类表名是两个实体表名的组合,中间用"_"连接,如 Student_Subject。

(3) 字段名也是名词或名词短语,只是第一个单词的首字母小写,其他要求与表名相同。

(4) 实体表主键的命名采用表名加 ID,如 studentID。

(5) 关系表主键的命名采用表名缩写加 ID,如 Student_Subject 表的关键字命名为 SSID。

(6) 每个表只有一个主键,主键可以由多个字段组合而成。

(7) 视图的命名采用大小写混合的方式,每个单词的首字母大写。尽量使表名简洁而富于描述。

(8) 存储过程、函数、触发器、索引等的命名采用大小写混合的方式,每个单词的首字母大写。建议以业务模块简写加下划线作为前缀,如果是系统管理模块的存储过程,命名统一以"sys_"开头。

3.2.4 界面设计标准

(1) 基本理念

界面设计以及交互设计,传统上是基于可交付的形式来执行的。框架、网站地图、流程图、内容清单、分类系统、原型和规范文档(又称 The Spec),帮助定义网站在其起步阶段的执行。这些结果构成了一个系统的用户体验的衡量标准。

随着时间的推移,这个注重交付成果的设计过程却将用户体验设计师放在了交付业务上,用来衡量和补充他们设计成果的深度和宽度,而不是所设计的用户体验的质量和成果。设计师已经变成了以文档为目标的专家，他们了解所创建的文档的质量而不是设计开发最终的用户体验。

当与一系列瀑布式开发方式相结合时，这些花费大量时间和金钱的设计成果最终只是一件废物。废物即指那些对最终产品开发不具任何作用的东西。

界面设计应遵循如下几点理念：

① 把自己想象成一个迟钝、挑剔、易怒的傻瓜来使用应用平台。

② 抓主要矛盾，重点关注最常使用的交互点。

③ 交互设计经理有前台和后台技术背景，有助于设计的判断和平衡。

④ 擅长体会和学习银行系统以及互联网行业优秀交互案例。

⑤ 视觉关注和决策行动，决定准确和快一秒。

⑥ 键盘少敲一下，鼠标易于点选，鼠标少移一段，操作形成定势。

⑦ 照顾用户习惯。

⑧ 如何把新功能平滑引入，扩展性强。

(2) 不好的设计体验

① 超长的页面下载时间。

② 无限制的使用 Flash 及图片。

③ 网站页面过长。

④ 不友好的导航。不友好的导航是最影响用户操作体验的，用户不能方便地找到自己想要的内容，用户来到一个页面不知如何返回上一页，不知道当前页面是在哪个栏目下的，这样的网站很可能使用户来了一次就不会再来了。

⑤ 过期的信息。

⑥ 死链接或链接错误。

⑦ 孤立的页面。

⑧ 页面没有视觉差异。页面设计很“平”，缺少“层次感”，缺少视觉冲击力和亮点，或者视觉冲击力突出的并不是网站的主体内容。

⑨ 链接没有标准的表现形式。如果是图片加的链接，要在图片下标出“点击图片见大图”等。

⑩ 恶意插件，恶意弹出窗口。

⑪ 浮动窗口广告不能关闭。

⑫ 欺骗用户。

⑬ 太深的链接路径。

(3) 交互设计

① 不要强迫用户思考

“返回”的位置和做法很重要：这是整个 Web 系统交互的“枢纽”，如同围棋中的“玉柱”，它也定义了 Web 系统的交互风格。

帮用户自动选中：在输入独立密码或加密 Folder 输入密码时错误后，应该选中输入框内的所有内容，这样就可以直接打入而不用清除了。

光标定位：页面输入校验后，将光标自动定位到输入框，并高亮显示文本框。

② 符合用户习惯与预期

查询排序：对查询结果列表，根据业务习惯对列表进行排序，符合用户预期。也可以让用户自由选择，根据某一个筛选条件进行排序。

不要随意去掉用户正在使用的功能：当一个功能变更时，一定要考虑到正在使用的用户。

③ 适时的提醒

没必要的提醒不需要出现，而适时出现的提示或功能不但不会骚扰用户，还将体现对用户的细致关怀。尽量实时地告诉用户某处应该怎么填，哪儿又填错了，毕竟填表单是件很烦琐和枯燥的事，不时地给一点提示信息是非常不错的主意。

④ 寻求最佳方案

看起来很小的细节，也需要对多种方案反复斟酌，才能做出最佳选择。

⑤ 操作便利

鼠标响应区域的大小、灵敏度和精确度，直接影响操作体验。

（4）视觉设计

① 传播电子政务理念

只有当设计师对软件平台产品抱有一个完美的理念和愿景的时候，才能做出优美的设计。

“以企业为中心”是设计师的设计愿景。这个愿景需要完美的产品设计、优秀的技术实现和优质运营。

② 干净、简洁、工具化

“推广”很重要，“简洁”更重要，因此舍“推广”而取“简洁”。

不多用一个图片，降低页面的噪音。

工具化设计意味着清晰的逻辑和操作。不是内容越多越好，而是越简单越好。

③ 制定标准，维持统一

- 文字使用要规范，语法、大小、颜色、大小写都需要注意。
  - 能用一个词表达的，不用一句话；能用一句话表达清楚的，不用两句话。
  - 每个概念都只有唯一一种表达，如“JM2003”的概念。
  - 能用一种字体颜色的，不多用一种颜色。
  - 能用一种字体大小的，不多用一种大小。
- 用标准组件。
  - 能用标准控件的，不自己画控件（一个 Button，就有 Focused，Selected，Up/Down，Enabled/Disabled，Tab 顺序等多种状态要画和处理，而且要考虑浏览器兼容）。
  - 能用文字的，不用图片。
  - 保持尽可能少的格式式样。
- 维持统一。
  - 字体和行间距等小细节都应该关注到。
  - 英文字体（Tahoma）。

④ 重点突出

每个页面(板块)只有一块视觉重点,并且突出重点,无需用户去找。

3.2.5 程序开发及运行环境

系统开发平台:Visual Basic 2008。

数据库管理系统软件:Microsoft SQL Server 2005。

运行平台:Windows XP/Windows 7/Windows 2003。

分辨率:最佳效果 1024 * 768 像素。

3.2.6 编码设计

编码设计是数据库系统开发的前提,也是系统不可缺少的重要内容。编码是指与原来名称对应的编号、符号或记号,它是进行信息交换、处理、传输和实现信息资源共享的关键。编码也用于指定数据的处理方法、区别数据类型并指定计算机处理的内容等。

本系统内部信息编码采用了统一的编码方式,如下所示:

(1) 供应商编号

供应商编号为字母“S”和 8 位数字编码的组合。例如:S00000001。

(2) 供应商报价编号

供应商报价编号为字母“P”和 8 位数字编码的组合。例如:P00000001。

(3) 物料编号

物料编号为字母“C”和 8 位数字编码的组合。例如:C00000001。

(4) 物料 BOM 编号

物料 BOM 编号为字母“B”和 8 位数字编码的组合。例如:B00000001。

(5) 客户报价编号

客户报价编号为字母“Q”和 8 位数字编码的组合。例如:Q00000001。

(6) 计量单位编号

计量单位编号为字母“U”和 8 位数字编码的组合。例如:U00000001。

(7) 用户权限编号

用户权限编号为字母“R”和 8 位数字编码的组合。例如:R00000001。

(8) 内码

执行 GetICMaxNum 存储过程以生成内码。凡是数据表中有内码的,要将该数据表中的最大内码存储在最大内码表ICMaxNum中。

(9) 序号

每张表设有序号列,采取自动增长的方式编号。

3.3 项目文档架构

3.3.1 项目文档结构说明

项目文档结构说明如表3.2所示。

表3.2 项目文档结构说明

文档编号	文档名称	文档简称
S201	项目软件开发计划	软件开发计划
S202	项目配置管理计划	配置管理计划
S203	项目质量保证计划	质量保证计划
S204	项目软件需求说明书	软件需求说明书
S205	项目概要设计说明书	概要设计说明书
S206	项目数据库设计说明书	数据库设计说明书
S207	项目详细设计说明书	详细设计说明书
S208	项目测试计划	测试计划
S209	项目编码规范	编码规范
S210	项目测试计划和用例	测试计划和用例
S211	项目测试报告	测试报告
S212	项目系统源代码	系统源代码
S213	安装部署计划	安装部署计划
S214	项目安装报告	安装报告
S215	项目操作手册	操作手册
S216	项目管理员手册	管理员手册
S217	项目安装程序	安装程序
S218	项目总结报告	总结报告
S219	项目维护计划	维护计划

(1)《软件开发计划》(S201)

文档内容:工作内容、主要参加人员、产品及成果定义、验收标准、实施总计划、支持条件等。

主要作用:编制项目开发计划的目的是用文件的形式,把对于在开发过程中各项工作的负责人、开发进度、所需经费预算、所需软硬件条件等问题做出的安排记载下来,以便根据计划开展和检查。

(2)《配置管理计划》(S202)

文档内容:项目定义、项目标志、项目控制、项目协调、项目确定和跟踪、项目记录等。

主要作用:辅助项目管理,提高工作效率,缩短开发周期,保障项目质量体系的实施。

(3)《质量保证计划》(S203)

文档内容:项目定义、引言、标准、条例和约定、评审和检查、工具/技术和方法等。

主要作用:对所开发的软件规定各种必要的质量保证措施,以保证所交付的软件能够满足项目委托书或合同中规定的各项需求,能够满足项目总体组制定的且经领导小组批准的该软件系统需求规格说明书中规定的各项具体需求。

(4)《软件需求说明书》(S204)

文档内容:编写目的、背景、任务概述、对功能的规定、对性能的规定、输入输出的规定、数据管理能力要求、故障处理要求、运行环境规定等。

主要作用:使用户和软件开发者双方对该软件的初始规定有一个共同的理解,并使之成为整个开发工作的基础。

(5)《概要设计说明书》(S205)

文档内容:概要设计说明书又称系统设计说明书,包括程序系统的基本处理流程、程序系统的组织结构、模块划分、功能分配、接口设计、运行设计、数据结构设计和出错处理设计等。

主要作用:说明对程序系统的设计考虑,为程序的详细设计提供基础。

(6)《数据库设计说明书》(S206)

文档内容:编写目的、定义、数据表标识符和状态、使用它的程序、约定、概念结构设计、逻辑结构设计、物理结构设计、数据字典设计、安全保密设计等。

主要作用:对设计中的数据库的所有标识、逻辑结构和物理结构做出具体的设计规定。

(7)《详细设计说明书》(S207)

文档内容:详细设计说明书又可称为程序设计说明书,包括编写目的、定义、程序组织结构、每一子程序的描述、功能、性能、输入、输出、算法、流程逻辑、接口、存储分配、注释设计、限制条件、测试计划等。

主要作用:说明一个软件系统各个层次中的每一个程序(每个模块或子程序)的设计考虑。

(8)《测试计划》(S208)

文档内容:对每项测试活动的内容、进度安排、设计考虑、测试数据的整理方法及评价准则。

主要作用:提供一个对系统软件的测试计划,以作为测试工作开展的依据。

(9)《编码规范》(S209)

文档内容:程序排版、注释、命名、可读性、变量、程序效率、质量保证、代码编译、代码测试和版本控制等注意事项。

主要作用:提供一个统一的编码标准,以保证成果更整齐划一,在易读性、可维护性等方面起作用。

(10)《测试计划和用例》(S210)

文档内容:对每项测试活动的内容、进度安排、设计考虑、测试数据的整理方法及评价准则,以及相应的测试用例。

协同报价管理系统存放在 QuoteManager 文件夹之下,在该文件夹之下有如图 3.1 所示的文件和文件夹。其中,bakQuoteStore 文件夹存放数据库文件备份,QuoteManager 文件夹为项目文件,QuoteManager文件为解决方案文件。

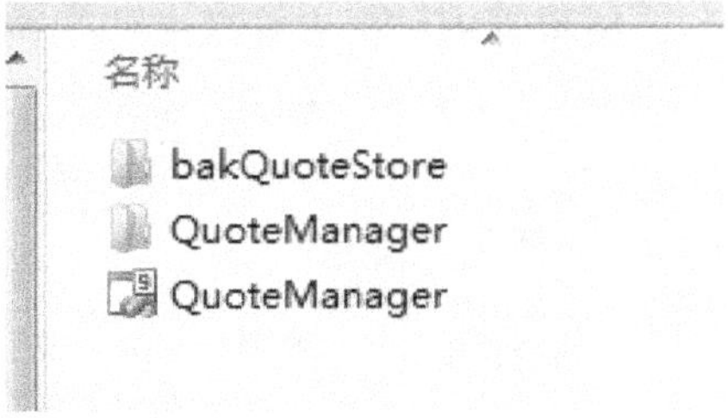

图 3.1 文件夹架构图

3.2.2 程序文件架构

为了对系统文件有更清晰的认识,可设计程序文件架构图。主文件架构如图 3.2 所示。

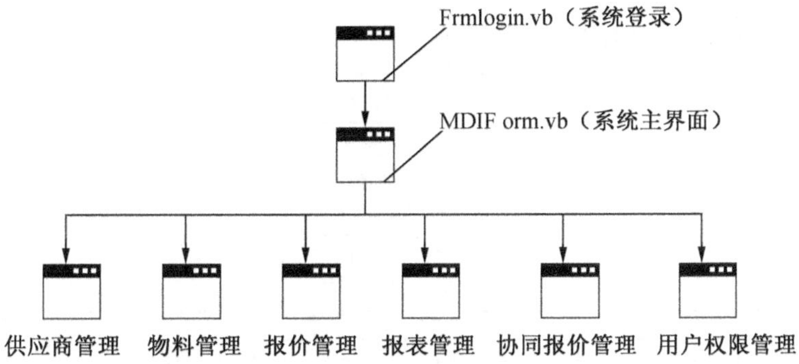

图 3.2 主文件架构图

供应商管理和物料管理文件架构图如图 3.3 所示。

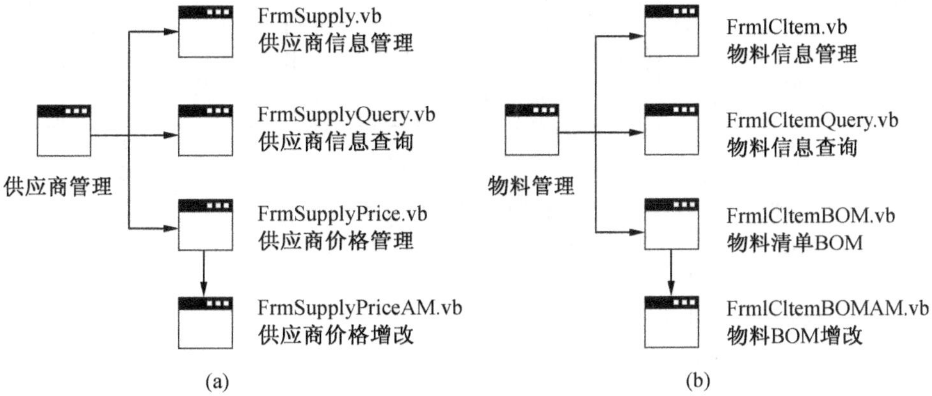

图 3.3 供应商管理和物料管理文件架构图

报价管理和报表管理文件架构图如图 3.4 所示。

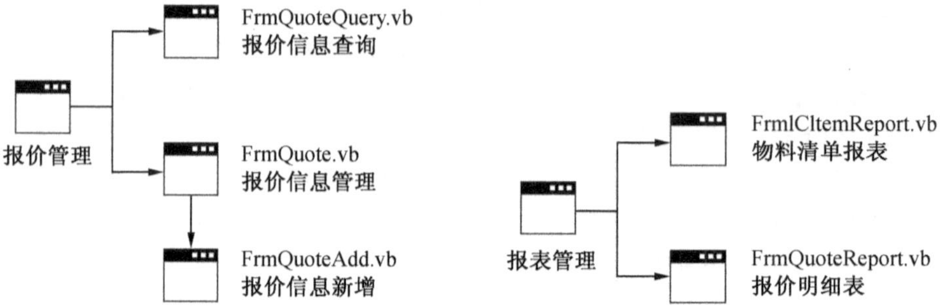

(a) (b)

图 3.4 报价管理和报表管理文件架构图

3.4 系统业务功能结构设计

协同报价管理系统功能结构如图 3.5 所示。

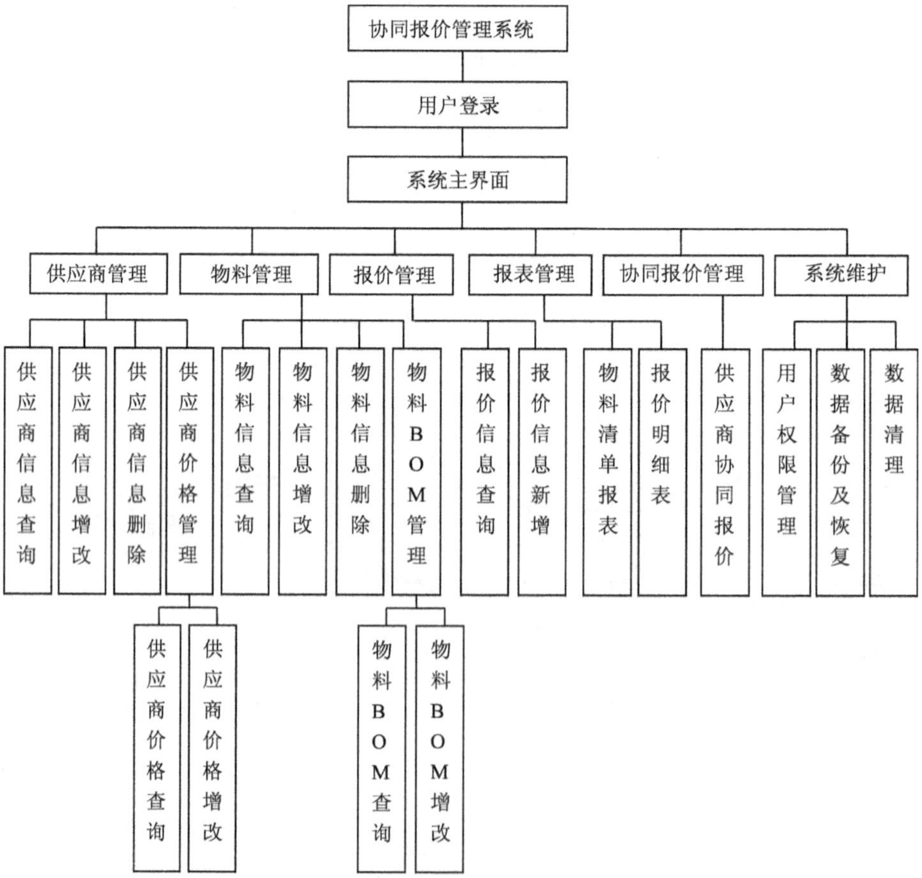

图 3.5 系统功能结构

3.5 系统业务流程图设计

协同报价管理系统业务流程如图 3.6 所示。

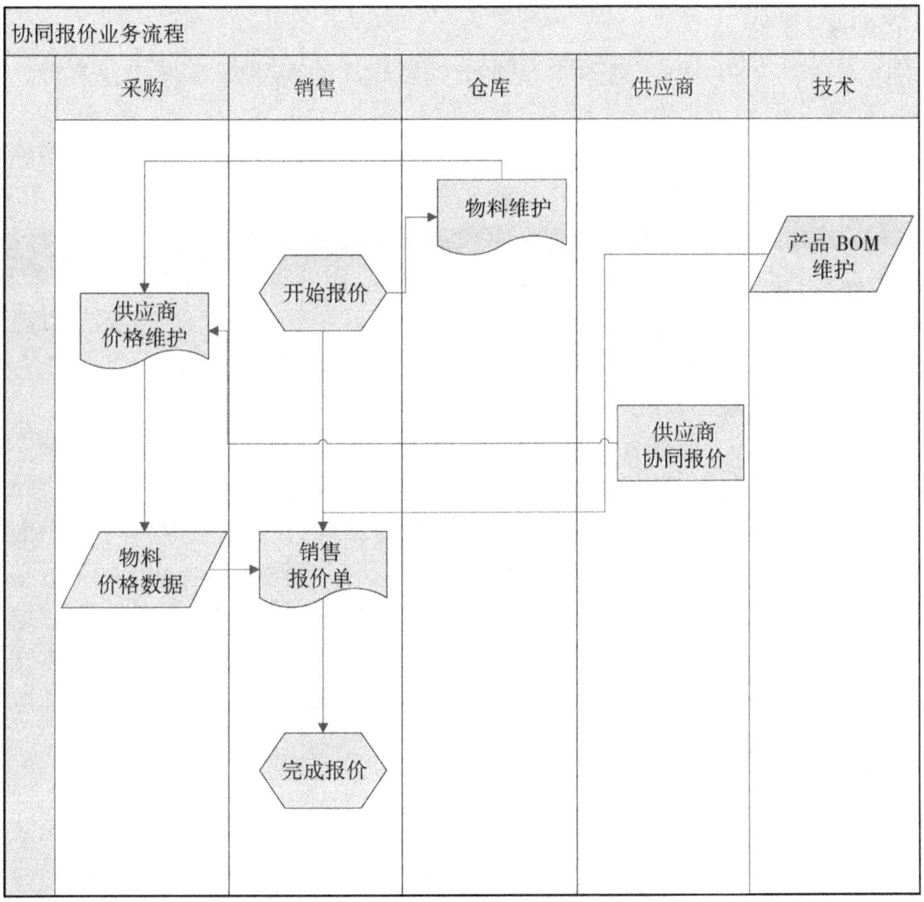

图 3.6 系统业务流程

3.6 数据库设计

数据库(DataBase,DB)是长期存储的、有组织的、可共享的数据集合。数据库中的数据按照一定的数据模型进行组织、描述和存储,具有较小的冗余度、较高的数据独立性和易扩展性,并可提供各种用户共享。目前数据库按其结构分类主要有层次型、网状型和关系型三类。关系数据库是建立在关系模型基础上的数据库,其简单灵活、易学易懂,一般借助于集合代数等概念和方法来处理数据库中的数据,是目前应用最广泛的数据库。目前主流的关系型数据库管理系统(如 Oracle,SQL Server,DB2,Sybase,MySQL 等)都采用 SQL 标准,并且对 SQL 进行了扩展。关系模型中的数据结构采用单一的数据结构——关系(二维表)。现实世界的实体以及实体间的各种联系均用关系来表示。数据的逻辑结构用二维表表示。表的每一行描述实体的一个实例,每一列描述实体的一个特征或属性。在计算机中,表的一行称为一条记录,一列称为一个字段。关系模型的这种简单的数据结构能够表达丰富的语义,描述现实世界的实体以及实体间的各种关系。关系操作的特点是操作对象和操作结果都是二维表。关系具有完整性约束,包括实体完整性、参照完整性和用户定义的完整性。

下面以微软的 SQL Server 数据库为例,介绍数据库的关键字、关联以及索引。

(1) 关键字

如果数据表中某个字段值能唯一地确定一个记录,用以区分不同的记录,则称该字段为候选关键字。一个表中可以存在多个候选关键字,选定其中一个关键字作为主关键字,即主键。主关键字可以是数据表的一个字段或字段的组合,且对表中的每一行都唯一。例如,在表 3.3 中,“编号”可以唯一标识一个供应商,因此可以选择“编号”为主关键字。除主键外,还有一个重要的术语是“外键”,它指的是另一个表的主键,这样可以通过主键与外键进行关联,可以方便地从一个表中查询另一个表中的相关数据。

(2) 数据库的关联

在关系型数据库中,数据表与数据表之间可以通过关键字来相互关联,根据一个表中的记录与另一个表中的记录之间的数量关系,可分为“一对一”、“一对多”和“多对多”关联。“一对一”关联是指两个数据表之间记录的数目相等,并且需要某一字段中的数据项相同,“一对一”关联可看成是“一对多”关联的特例。“一对多”关联是指两个数据表之间数据记录的数目并不相等,通过其中一个数据表中的某一条记录对应另一个数据表中的多条记录,而且两个数据表的后者中的记录只能被前者中的一条记录对应,具有这种关系的数据表称为“一对多”关联。“多对多”关联是指一个数据表中的某一条记录可以对应另一个数据表中的多条记录,反之亦然。

(3) 数据的索引

索引是对数据库表中一列或多列的值进行排序的一种结构,使用索引可快速访问数据库表中的特定信息。根据数据库的功能,可以在数据库设计器中创建三种索引:唯一索引、主键索引和聚集索引。值得注意的是,尽管唯一索引有助于定位信息,但为获得最佳性能结果,建议改用主键或唯一约束。例如,在表 3.3 中,可以按照“内码”字段的数值进行升序排列,这样可以给数据表设置索引。通过这些索引,数据库引擎就能非常迅速地查找到某个特定的记录。通常,数据表是经过分类排序和建立索引后记录的集合表。用户可以通过用不同的分类和过滤条件将多个记录组成一个集合。对一个记录进行的修改会自动更新相应的表,同样,对表所做的修改会自动更新以该表为基础建立的所有记录集。

本系统采用 Microsoft SQL Server 2005 关系数据库管理系统创建 QuoteStore 数据库,并在 QuoteStore 数据库中创建 13 张数据表:供应商表 cz_Supply、物料信息表 cz_ICItem、材料类型表 cz_ItemType、计量单位表 cz_Unit、价格表头 cz_SPLYPrice、价格表体 cz_SPLYPriceEntry、物料清单(BOM)表头 cz_ICBOM、物料清单(BOM)表体 cz_ICBOMEntry、报价申请表头 cz_CostQuotation、报价申请表体 cz_CostQuotationEntry、用户管理表 cz_User、用户权限设置表 cz_UserRight、最大内码表 ICMaxNum。

供应商表 cz_Supply 包含了 8 个字段：自动编号、供应商内码、供应商编号、供应商名称、供应商地址、供应商电话、联系人、备注。其表结构如表 3.3 所示。

表 3.3 供应商表 cz_Supply 表结构

列名	类型	默认值	说明	备注	索引项
FID	int		PK ID	自动增长	
FItemid	int	0	内码		Y
Fnumber	VARCHAR(50)		编号		Y(唯一约束)
Fname	VARCHAR(50)		名称		
Faddress	VARCHAR(50)		地址		
Fphone	VARCHAR(50)		电话		
Flinker	VARCHAR(50)		联系人		
Fnote	VARCHAR(250)		备注		

其中，主键的设置方法是指向创建的 QuoteStore 数据库中的 cz_Supply 数据表右击，如图 3.7 所示，选择“修改”，即可打开如图 3.8 所示的 cz_Supply 表结构，在 cz_Supply 表结构中指向 FID 列名右击，单击“设置主键”，于是把字段 FID 设置为主键。

字段自动编号的设置方法是在 cz_Supply 表结构的 FID 列属性中，展开“标识规范”，“(是标识)”的属性值设置为“是”，即可实现自动编号。

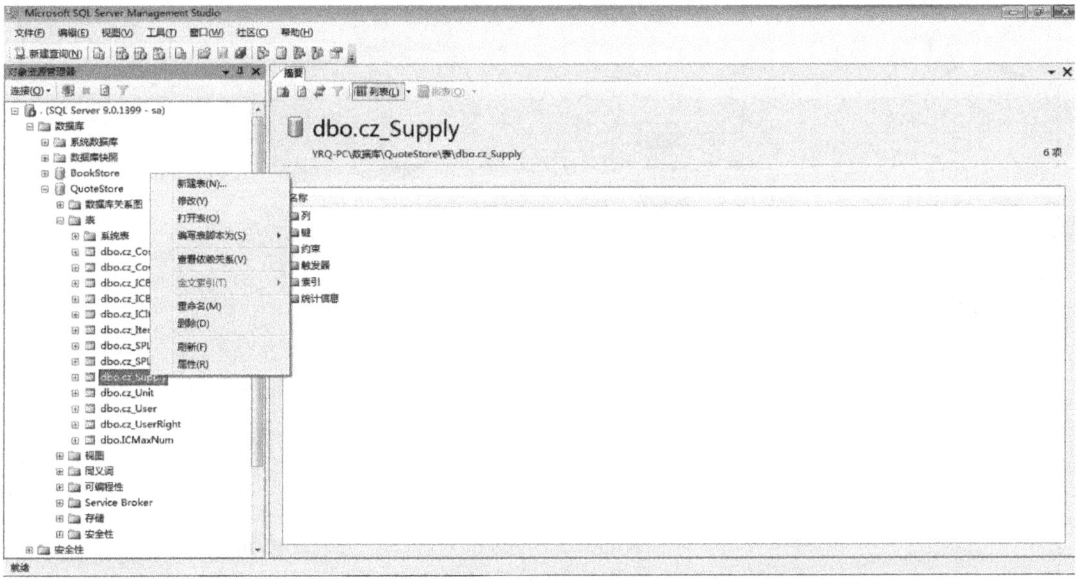

图 3.7 在 SQL Server 2005 中打开表结构

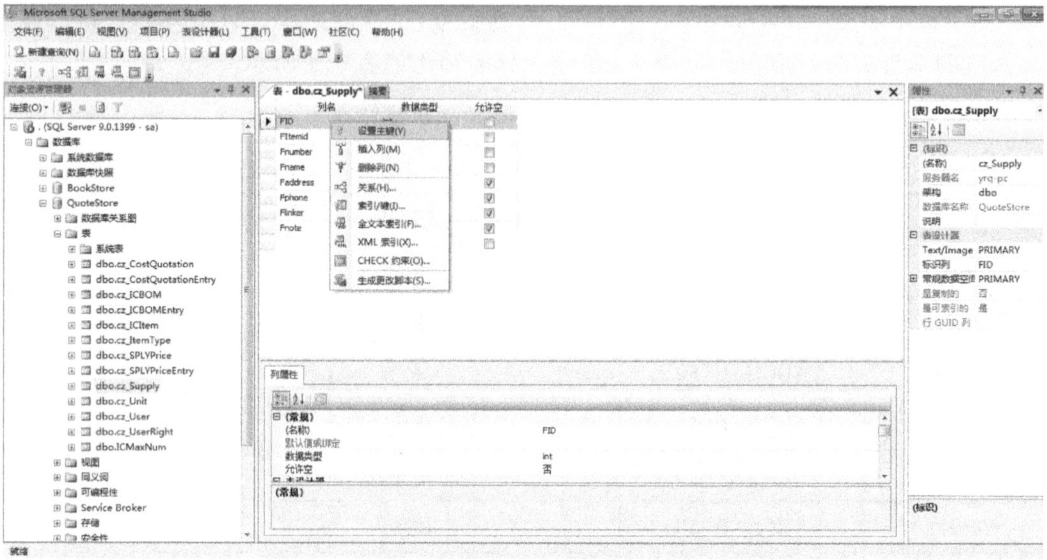

图 3.8　在 SQL Server 2005 中主键的设置方法

索引的设置方法是在 cz_Supply 表结构中，指向 FItemid 字段右击，在打开的快捷菜单中选择“索引/键”，打开“索引/键”对话框，单击【添加】按钮，如图 3.9 所示。

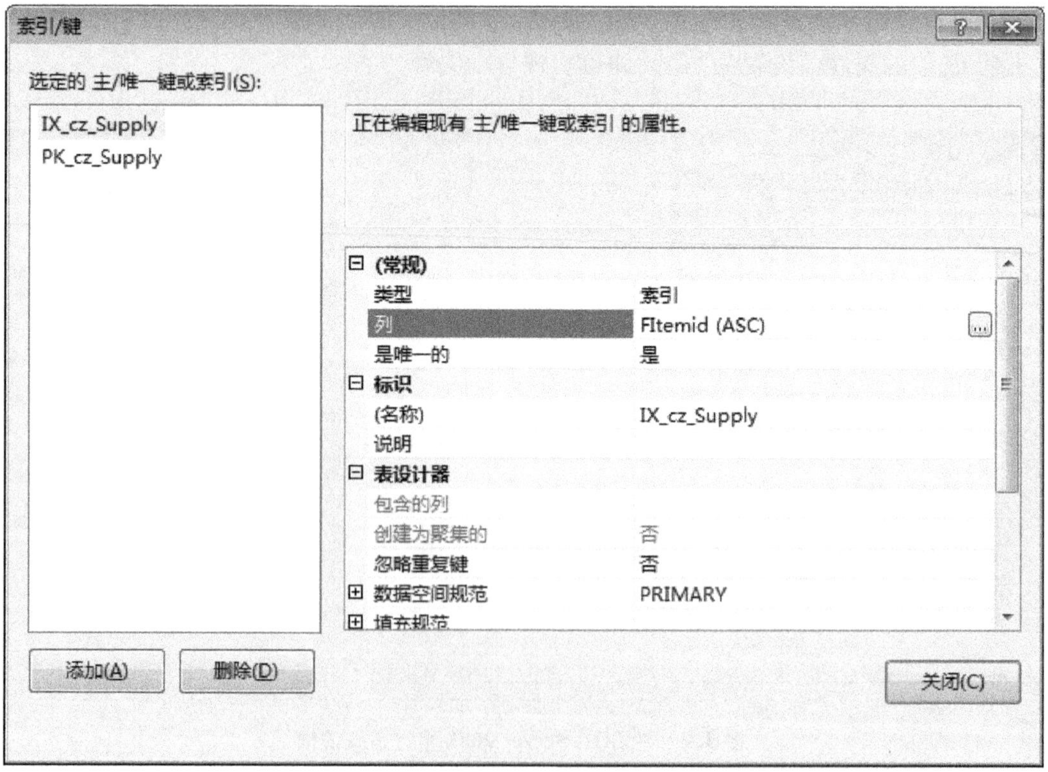

图 3.9　索引/键对话框

在"(常规)"的"列"的属性值右侧单击按钮,打开如图3.10所示的索引列对话框,选择要设置的索引列 FItemid,单击【确定】按钮返回。由于 FItemid 是普通唯一索引,所以"是唯一的"的属性值设置为"是"。再次单击【添加】按钮,在"(常规)"的"列"的属性值处单击按钮,打开索引列对话框,选择要设置的索引列 Fnumber,单击【确定】按钮返回。由于 Fnumber 是唯一索引,所以"是唯一的"的属性值设置为"是"。然后单击【关闭】按钮,索引便设置成功。

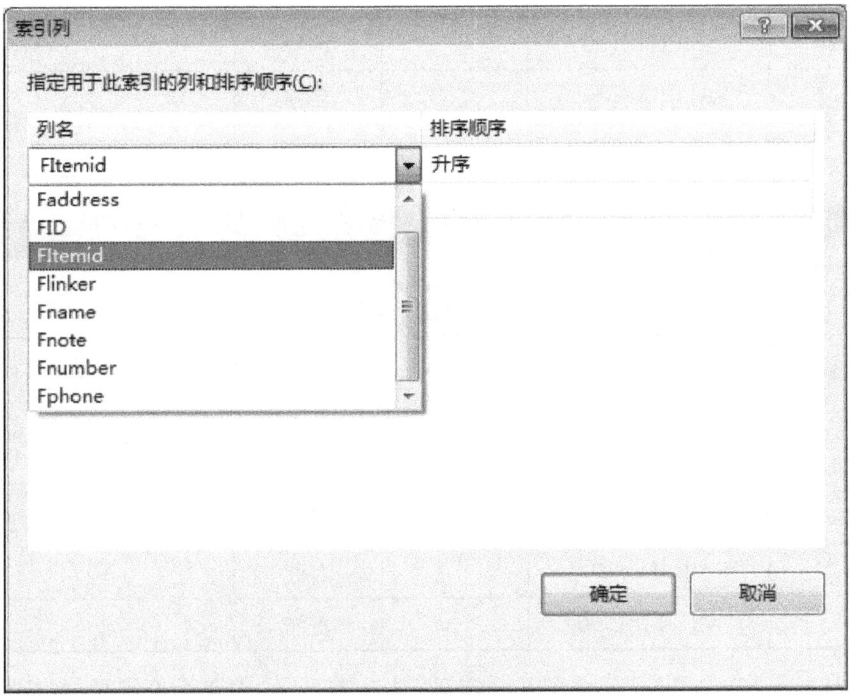

图 3.10 索引列对话框

物料信息表 ICItem 包含了8个字段:自动编号、物料内码、物料编号、物料名称、规格型号、计量单位、材料类型、备注。其表结构如表3.4所示。

表 3.4 物料信息表 cz_ICItem 表结构

列名	类型	默认值	说明	备注	索引项
FID	int		PK ID	自动增长	
FItemid	int	0	内码		Y
Fnumber	VARCHAR(50)		编号		Y(唯一约束)
Fname	VARCHAR(50)		名称		
Fmodel	VARCHAR(50)		规格型号		
FUnitID	int		计量单位		
FItemType	int		材料类型		
Fnote	VARCHAR(250)		备注		

材料类型表 cz_ItemType 包含了 5 个字段：自动编号、物料内码、材料类型编号、材料类型名称、备注。其表结构如表 3.5 所示。

表 3.5 材料类型表 cz_Item Type 表结构

列名	类型	默认值	说明	备注	索引项
FID	int		PK ID	自动增长	
FItemid	int	0	内码		Y
Fnumber	VARCHAR(50)		编号		Y(唯一约束)
Fname	VARCHAR(50)		名称		
Fnote	VARCHAR(250)		备注		

计量单位表 cz_Unit 包含了 5 个字段：自动编号、计量单位内码、计量单位编号、计量单位名称、备注。其表结构如表 3.6 所示。

表 3.6 计量单位表 cz_Unit 表结构

列名	类型	默认值	说明	备注	索引项
FID	int		PK ID	自动增长	
FItemid	int	0	内码		Y
Fnumber	VARCHAR(50)		编号		Y(唯一约束)
Fname	VARCHAR(50)		名称		
Fnote	VARCHAR(250)		备注		

价格表头 cz_SPLYPrice 包含了 5 个字段：自动编号、供应商报价编号、供应商内码、报价日期、备注。其表结构如表 3.7 所示。

表 3.7 价格表头 cz_SPLYPrice 表结构

列名	类型	默认值	说明	备注	索引项
FID	int		PK ID	自动增长	
Fbillno	VARCAHR(20)		供应商报价编号		Y(唯一约束)
FInterid	int	0	供应商内码		Y
Fdate	Datetime		报价日期		
Fnote	VARCHAR(250)		备注		

价格表体 cz_SPLYPriceEntry 包含了 8 个字段：自动编号、供应商内码、物料内码、计量单位内码、供应商报价、启用日期、截止日期、备注。其表结构如表 3.8 所示。

表 3.8 价格表体 cz_SPLY PriceEntry 表结构

列名	类型	默认值	说明	备注	索引项
FID	int		PK ID	自动增长	
FInterid	int	0	供应商内码		Y
FItemID	int		物料内码		
FUnitID	int		计量单位内码		
Fprice	Decimal(18,6)		报价		
FSDate	Datetime		启用日期		
FEDate	Datetime		截止日期		
Fnote	VARCHAR(250)		备注		

物料清单表头 cz_ICBOM 包含了 7 个字段:自动编号、BOM 编号、BOM 内码、物料内码、计量单位内码、单位数量、备注。其表结构如表 3.9 所示。

表 3.9 物料清单表头 cz_ICBOM 表结构

列名	类型	默认值	说明	备注	索引项
FID	int		PK ID	自动增长	
Fbillno	VARCHAR(250)		BOM 编号		Y(唯一约束)
Finterid	int	0	BOM 内码		Y
FItemID	int	0	物料内码(产成品或半成品)		
FUnitID	int	0	计量单位内码		
FQty	Decimal(18,6)	0	单位数量		
Fnote	VARCHAR(250)		备注		

物料清单表体 cz_ICBOMEntry 包含了 7 个字段:自动编号、BOM 内码、物料内码、计量单位内码、单位数量、损耗率、备注。其表结构如表 3.10 所示。

表 3.10 物料清单表体 cz_ICBOMEntry 表结构

列名	类型	默认值	说明	备注	索引项
FID	int		PK ID	自动增长	
FInterid	int	0	BOM 内码		Y
FItemID	int	0	物料内码(原材料或半成品)		
FUnitID	int	0	计量单位内码		
FQty	Decimal(18,6)	0	单位数量		
FAttrRate	Decimal(18,6)	0	损耗率(%)		
Fnote	VARCHAR(250)		备注		

报价申请表头 cz_ CostQuotation 包含了 14 个字段：自动编号、客户报价内码、单据编号、客户名称、报价日期、物料内码、计量单位内码、单位数量、BOM 内码、审核状态、审核人、总价、报价人、备注。其表结构如表 3.11 所示。

表 3.11 报价申请表头 cz_CostQuotation 表结构

列名	类型	默认值	说明	备注	索引项
FID	int		PK ID	自动增长	
FInterid	int	0	内码		Y
Fbillno	VARCHAR(250)		单据编号		Y(唯一约束)
FCustomer	VARCHAR(250)		客户		
Fdate	Datetime		报价日期		
FItemID	int	0	物料内码(产成品或半成品)		
FUnitID	int	0	计量单位内码		
FQty	Decimal(18,6)	0	单位数量		
FBOMID	int	0	BOM 内码		
Fstatus	int	0	状态(0 未审核,1 已审核)		
FCheckID	int	0	审核(登录用户的 ID)		
Fprice	Decimal(18,6)	0	价格		
Fbiller	int	0	报价人(登录用户的 ID)		
Fnote	VARCHAR(250)		备注		

报价申请表体 cz_CostQuotationEntry 包含了 8 个字段：自动编号、客户报价内码、物料内码、计量单位内码、单位数量、客户报价、供应商内码、备注，其表结构如表 3.12 所示。

表 3.12 报价申请表体 cz_CostQuotationEntry 表结构

列名	类型	默认值	说明	备注	索引项
FID	int		PK ID	自动增长	
FInterid	int	0	内码		Y
FItemID	int	0	物料内码(产成品或半成品)		
FUnitID	int	0	计量单位内码		
FQty	Decimal(18,6)	0	单位数量		
Fpirce	Decimal(18,6)		价格		
Fsupply	VARCHAR(250)		供应商内码		
Fnote	VARCHAR(250)		备注		

用户管理表 cz_User 包含了 7 个字段：自动编号、用户内码、用户名、密码、用户类别、供应商内码、备注。其表结构如表 3.13 所示。

表 3.13 用户管理表 cz_User 表结构

列名	类型	默认值	说明	备注	索引项
FID	int		PK ID	自动增长	
FUserID	int	0	内码		Y
FUserName	VARCHAR(250)		用户名		Y(唯一约束)
Fpassword	VARCHAR(250)		密码		
Ftype	int		用户类别(0 表示系统管理,1 表示内部操作员, 2 表示供应商用户)		
FSupply	int		供应商内码		
Fnote	VARCHAR(250)		备注		

用户权限设置表 cz_UserRight 包含了 9 个字段:自动编号、用户内码、用户类别、查询权限、新增权限、修改权限、删除权限、审核权限、反审核权限。其表结构如表 3.14 所示。

表 3.14 用户权限设置表 cz_UserRight 表结构

列名	类型	默认值	说明	备注	索引项
FID	int		PK ID	自动增长	
FUserID	int	0	内码		Y
FUserType	int	0	用户类别(0 表示系统管理,1 表示内部操作员, 2 表示供应商用户)		
Fselect	int	0	查询权限		
Fadd	int	0	新增权限		
Fupdate	int	0	修改权限		
Fdelete	int	0	删除权限		
Fcheck	int	0	审核权限		
FUnCheck	int	0	反审核权限		

最大内码表 ICMaxNum 包含了 2 个字段:表名、最大内码值。其表结构如表 3.15 所示。

表 3.15 最大内码表 ICMaxNum 表结构

列名	类型	默认值	说明	备注	索引项
FTableName	VARCHAR(50)		表名		Y
FMaxNum	int	0	最大内码值		Y

3.7 工作实训营

训练实例

(1) 训练内容

① 明确书店图书管理系统架构设计目标。

② 明确书店图书管理系统程序运行环境及编码设计。

③ 设计书店图书管理系统项目文档架构。

④ 设计书店图书管理系统业务功能结构。

⑤ 设计书店图书管理系统采用的数据库 BookStore。

(2) 训练目的

① 掌握系统架构设计目标。

② 掌握系统编码设计。

③ 掌握系统项目文档架构设计。

④ 掌握系统业务功能结构设计。

⑤ 掌握系统数据库设计。

(3) 训练过程

提示:

① 参照教学案例完成系统架构目标设计、系统编码设计、系统项目文档架构。

② 书店图书管理系统实现的功能包括:用户管理、供应商管理、图书管理、图书销售管理、图书书目报表、缺书书目报表、生成缺书书目文件等。

③ 书店图书管理系统采用的 BookStore 数据库的表结构如下:

用户表 User_info(UserName,Password)

供应商表 Provider(ProviderID, ProviderName, ProviderLinker, ProviderPhone, ProviderAddress)

图书表 Book(BookISBN,BookName,AuthorName,Publishor,Price,Keyword,Qty,ProviderID,Place)

图书销售表 BookSale(FID,CustNumber,BookISBN,BookName,Price,Qty,Ratterate,TotalPrice,Date,Operator)

退货表 BookBack(FID,BackNumber,BookISBN,BookName,Price,Qty,Ratterate,TotalPrice,Custnumber)

最大内码表 ICMaxNum(FTablename,FMaxnum)

工作实践常见问题解析

【常见问题 1】数据库表结构设计应该注意什么?

【答】在设计数据库时,不应该针对整个系统进行数据库设计,而应该根据系统架构中的组件划分,针对每个组件所处理的业务进行组件单元的数据库设计;不同组件间所对应的数据库表之间的关联应尽可能减少,如果不同组件间的表需要外键关联,也尽量不要创建外键关联,而只是记录关联表的一个主键,确保组件对应的表之间的独立性,为系统或表结构的重构提供可能性。

【常见问题2】为何要建立表数据索引?

【答】对所有表的主键和外键建立索引,并有针对性地(针对一些大数据量和常用检索方式)建立组合属性的索引,是为了提高检索效率。虽然建立索引会消耗部分系统资源,但比起在检索时搜索整张表中的数据,尤其是表中的数据量较大时所带来的性能影响,以及无索引时的排序操作所带来的性能影响,这种方式仍然是值得提倡的。

习　题

一、选择题

1. 以下哪个工具主要用于创建、执行和测试 Transact-SQL 语句。(　　)

A. 查询分析器　　B. 服务管理器
C. 企业管理器　　D. 客户端网络实用工具

2. 如果数据表中的某列是从 0 到 255 的整型数,最好使用哪种数据类型?(　　)

A. Integer　　B. Location　　C. Size　　D. Anchor

3. 查询表中的前 3 条记录使用的关键字是(　　)

A. up 3　　B. down 3　　C. pre 3　　D. top 3

4. SQL Server 安装程序创建 4 个系统数据库,下列哪个不是系统数据库?(　　)

A. master　　B. model　　C. pub　　D. msdb

5. 下列哪个不是 SQL 数据库文件的后缀(扩展名)。(　　)

A. mdf　　B. ldf　　C. tif　　D. ndf

6. 在 SQL 语言中,建立存储过程的命令是(　　)。

A. CREATE PROCEDURE　　B. CREATE RULE
C. CREATE DURE　　D. CREATE FILE

7. 在 SQL 语言中,删除表中数据的命令是(　　)。

A. DELETE　　B. DROP　　C. CLEAR　　D. REMOVE

8. 在 SQL Server 2005 中,当数据表被修改时,系统自动执行的数据库对象是(　　)。

A. 存储过程　　B. 触发器
C. 视图　　D. 其他数据库对象

9. 在 SQL Server 中局部变量前面的字符为(　　)。

A. *　　B. #　　C. @@　　D. @

二、简答题

1. 什么是数据库、表、记录、字段?
2. 如何用 SQL Server 2005 创建数据库和表?

三、操作题

1. 使用 SQL 语句代码创建数据报表[课程信息表]。

课程信息表(课号 char(6),名称)

2. (1) 使用 SQL 语句代码将下列课程信息添加到课程信息表中。

课号	名称
100101	西班牙语
100102	大学英语

(2) 使用 SQL 语句代码将课号为 100102 的课程名称修改为专业英语。

(3) 使用 SQL 语句代码删除课号为 100101 的课程信息。

第4章　公共模块设计

本章要点

1. 使用 ADO.NET 数据库访问技术建立与数据库的连接；
2. 创建存储过程。

技能目标

1. 掌握通过 Connection 对象建立与 SQL 数据库的连接；
2. 掌握通过 Command 对象向数据库发送 SQL 数据命令；
3. 掌握通过 DataAdapter 对象填充 DataSet 对象；
4. 掌握调用公共过程的方法；
5. 掌握数据库存储过程的创建；
6. 学会编写对应的程序代码。

4.1　ADO.NET 数据库访问技术

4.1.1　ADO.NET 概述

ADO.NET 的名称起源于 ADO(ActiveX Data Objects)，它是一组向.NET 程序员公开数据访问服务的类，是在 .NET 编程环境中优先使用的数据访问接口。ADO.NET 为创建分布式数据共享应用程序提供了一组丰富的组件，它提供了对关系数据、XML 和应用程序数据的访问，因此是.NET Framework 中不可缺少的一部分。ADO.NET 支持多种开发需求，包括创建由应用程序、工具、语言或 Internet 浏览器使用的前端数据库客户端和中间层业务对象。

ADO.NET 提供对诸如 SQL Server 和 XML 这样的数据源以及通过 OLE DB 和 ODBC 公开的数据源的一致访问。应用程序可以使用 ADO.NET 连接到这些数据源，并可以检索、处理和更新其中包含的数据。

ADO.NET 通过数据处理将数据访问分解为多个可以单独使用或一前一后使用的不连续组件。ADO.NET 包含用于连接到数据库、执行命令和检索结果的.NET Framework 数据提供程序。这些结果或被直接处理，放在 ADO.NET DataSet 对象中以便以特别的方式向用户公开,并与来自多个源的数据组合;或在层之间传递。DataSet 对象也可以独立于.NET Framework 数据提供程序,用于管理应用程序本地的数据或源自 XML 的数据。

ADO.NET 类位于 System. Data. dll 中,并与 System. Xml. dll 中的 XML 类集成。

ADO.NET 的数据访问采用的是离线访问模式,也就是说,ADO.NET 提供了一个断开的体系结构,应用程序与数据库连接后,检索数据并把它们保存在内存中,然后断开与数据库的连接,接着处理数据在内存中的副本。如果对内存中的副本做了修改,则需要更新数据库,就与数据库建立一个新的连接以更新数据库。

ADO.NET 访问数据库分 3 个步骤完成:

(1) 通过 Connection 对象连接数据库。

(2) 通过 Command 对象发送 SQL 数据命令。

(3) 通过 DataAdapter 对象与 DataSet 对象或 DataReader 对象保存所查询到的记录。

ADO.NET 的对象结构如图 4.1 所示。

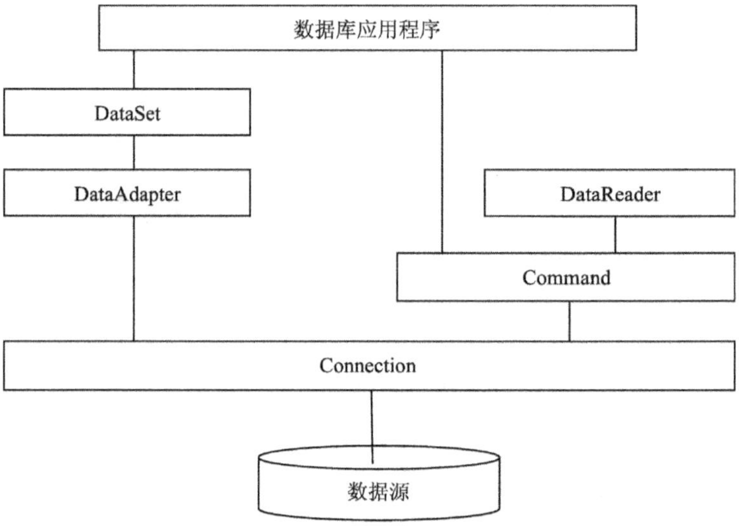

图 4.1 ADO.NET 的对象结构

4.1.2 ADO.NET 结构

ADO.NET 结构图阐释了.NET Framework 数据提供程序和 DataSet 之间的关系,如图 4.2 所示。

ADO.NET 3.0 用于访问和操作数据的两个主要组件是.NET Framework 数据提供程序和 DataSet。

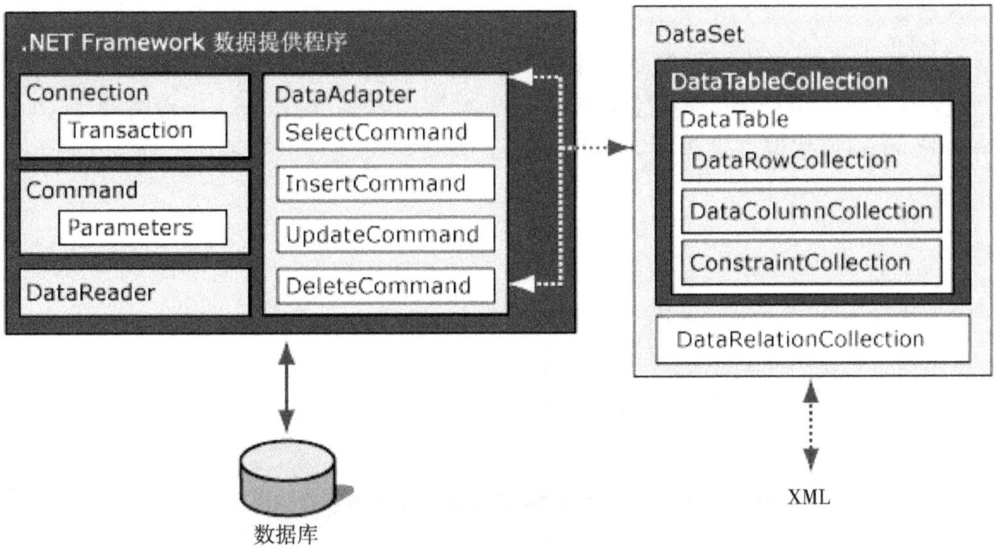

图 4.2　ADO.NET 结构

（1）.NET Framework 数据提供程序

.NET Framework 数据提供程序是专门为数据操作以及快速地只进、只读访问数据而设计的组件。Connection 对象提供与数据源的连接。使用 Command 对象可以访问用于返回数据、修改数据、运行存储过程以及发送或检索参数信息的数据库命令。DataReader 可从数据源中提供高性能的数据流。最后，DataAdapter 在 DataSet 对象和数据源之间起到桥梁作用。DataAdapter 使用 Command 对象在数据源中执行 SQL 命令以便向 DataSet 中加载数据，并将对 DataSet 中数据的更改协调回数据源。

表 4.1 列出了.NET Framework 中所包含的数据提供程序。

表 4.1　.NET Framework 数据提供程序

数据提供程序	说明
.NET Framework Data Provider for SQL Server	提供对 Microsoft SQL Server 7.0 或更高版本中数据的访问。使用 System. Data. SqlClient 命名空间
.NET Framework Data Provider for OLE DB	提供对使用 OLE DB 公开的数据源中数据的访问。使用 System. Data. OleDb 命名空间
.NET Framework Data Provider for ODBC	提供对使用 ODBC 公开的数据源中数据的访问。使用 System. Data. Odbc 命名空间
.NET Framework Data Provider for Oracle	适用于 Oracle 数据源。用于 Oracle 的.NET Framework 数据提供程序支持 Oracle 客户端软件 8.1.7 和更高版本，并使用 System. Data. OracleClient 命名空间

注意：

① 用于 SQL Server 的.NET Framework 数据提供程序使用其自己的协议与 SQL Server 进行通信。它是轻量的且性能良好，因为它进行了优化，可直接访问 SQL Server，而无须添加 OLE DB 或开放式数据库连接（ODBC）层。

② 若要使用用于 SQL Server 的.NET Framework 数据提供程序，必须具有对 SQL Server 7.0 或更高版本的访问权限。用于 SQL Server 类的.NET Framework 数据提供程序位于 System. Data. SqlClient 命名空间中。对于早期版本的 SQL Server，请将用于 OLE DB 的.NET Framework数据提供程序与 SQL Server OLE DB 提供程序 System. Data. OleDb 一起使用。其引入代码如下：

```
Imports System.Data.SqlClient
Imports System.Data.OleDb
```

(2) 选择.NET Framework 数据提供程序

根据应用程序的设计和数据源的不同，对.NET Framework 数据提供程序的选择可改进应用程序的性能、功能和完整性。表 4.2 讨论了每个.NET Framework 数据提供程序的优势和局限性。

表 4.2 .NET Framework 数据提供程序的优势和局限性

数据提供程序	说明
.NET Framework Data Provider for SQL Server	建议用于使用 Microsoft SQL Server 7.0 或更高版本的中间层应用程序；建议用于使用 Microsoft 数据库引擎 (MSDE) 或 SQL Server 7.0 或更高版本的单层应用程序；建议将用于 SQL Server 的 OLE DB 提供程序 (SQLOLEDB) 与用于 OLE DB 的.NET Framework 数据提供程序一起使用；对于 SQL Server 6.5 和更新版本，必须将用于 SQL Server 的 OLE DB 提供程序与用于 OLE DB 的.NET Framework 数据提供程序一起使用
.NET Framework Data Provider for OLE DB	建议用于使用 SQL Server 6.5 或早期版本的中间层应用程序；对于 SQL Server 7.0 或更高版本，建议使用用于 SQL Server 的.NET Framework 数据提供程序；建议用于使用 Microsoft Access 数据库的单层应用程序；不建议将 Access 数据库用于中间层应用程序
.NET Framework Data Provider for ODBC	建议用于使用 ODBC 数据源的中间层应用程序和单层应用程序
.NET Framework Data Provider for Oracle	建议用于使用 Oracle 数据源的中间层应用程序和单层应用程序

(3) .NET Framework 数据提供程序的核心对象

表 4.3 概述了组成.NET Framework 数据提供程序的 4 个核心对象。

表 4.3 .NET Framework 数据提供程序的核心对象

对象	说明
Connection	建立与特定数据源的连接
Command	对数据源执行命令
DataAdapter	使用数据源填充 DataSet 并解决更新
DataReader	从数据源中读取只进且只读的数据流

① Connection 对象

使用 Connection 对象创建与一个数据源的连接。根据所连接的数据源类型,有四种不同的连接对象:OleDbConnection, SqlConnection, OdbcConnection, OracleConnection。表4.4列出了 Connection 对象的常用属性和方法。

表 4.4 Connection 对象的常用属性和方法

名称	描述
ConnectionString 属性	获取或设置用于打开连接的字符串
State 属性	获取描述连接状态的字符串,0 表示连接已经打开,1 表示连接已经关闭
Open()方法	使用 ConnectionString 所指定的设置打开数据库连接
Close()方法	关闭与数据库的连接

● 连接字符串的常用参数

Provider:用于设置或返回连接提供程序的名称,仅用于 OleDbConnection 对象。

Connection Timeout 或 Connect Timeout:在中止尝试并产生异常前,等待连接到服务器的连接时间长度(以秒为单位)。默认是 15 秒。

Initail Catalog:数据库的名称。

Data Source:连接打开时使用的 SQL Server 数据源名称,或者是 Microsoft Access 数据库的文件名。

User ID:SQL Server 登录账户。

Password:SQL Server 账户的登录密码。

Integrated Security 或 Trusted Connection:此参数表示 Windows 认证是否被用来连接数据库,它的取值有 True,False,SSPI(SSPI 是 True 的同义词),默认值是 False。

Persist Security Info:当设置为 False 时,如果连接是打开的或曾经处于打开状态,那么安全敏感信息(如密码)不会作为连接的一部分返回。设置属性值为 True 可能有安全风险。默认值是 False。

● 示例

➢ SQL Server 数据库的连接

可以使用 Connection 对象的属性来指定数据源的位置及其他参数来连接数据库。例如:

```
SqConnection con = new SqlConnection("Provider = SQLOLEDB;Data Source =
  MyServer;Initial Catalog = database;use id = yourid,password =
  yourpassword;");
```

这是连接到本地数据库,如果想连接到网络上的的数据库,就要利用集成安全性,同时忽略用户名和密码。例如:

```
SqConnection con = new SqlConnection("Provider = SQLOLEDB;Data Source =
  MyServer;Initial Catalog = database;Integrated Security = SSPI");
```

如果使用的是 ODBC 连接到 SQL Server,可以通过使用“Trusted_Connection = yes;”来使用网络数据库。

➢ Oracle 数据库的连接

前提:必须先安装 Oracle 客户端实用工具的适当版本,并创建数据库别名,接着就可以用以下的连接字符串进行连接:

```
SqConnection con = new SqlConnection("Provider = MSDAORA;Data Source =
  dbAlias;User id = yourid,password = youpwd;);
```

➢ Access 数据库的连接

可以使用以下连接字符串连接:

```
SqConnection con = new SqlConnection("Provider = Microsoft.Jet.OLEDB.4.0;
  Data Source = d:\yourdb.mdb;User id = yourid,password = youpwd;);
```

连接到数据库之后即可调用 Connection 对象的 Open( )方法来打开与数据库的连接,同理 Close( )方法用来关闭与数据库的连接。例如:

```
'通过 Conn 对象建立与 BookStore 数据库的连接
Dim Conn As New SqlConnection("server = .;database = BookStore;
  uid = sa;password = sa;trusted_connection = false;")
Conn.open()      '打开与数据库的连接
```

② Command 对象

建立与数据源的连接后,可以使用 Command 对象来执行命令并从数据源中返回结果。根据所操作的数据源类型,有四种不同的 Command 对象:OleDbCommand,SqlCommand,OdbcCommand,OracleCommand。表 4.5 列出了 Command 对象的常用属性和方法。

表 4.5 Command 对象的常用属性和方法

名称	描述
New(CommandText, Connection)	Command 的构造函数
CommandText 属性	定义要在数据源处执行的语句的 SQL 命令
Connection 属性	获取或设置 Command 的此实例使用的 Connection 对象
ExecuteNonQuery( )方法	执行不返回任何行的命令
ExecuteReader( )方法	返回一个 DataReader 对象
ExecuteScalar( )方法	返回一个标量值
ExecuteXMLReader( )方法	返回 XmlReader。只用于 SqlCommand 对象

示例:

```
'通过 Cmd 对象向 BookStore 数据库发送 SQL 数据命令
  Dim Cmd As New SqlCommand("select * from User_info where Username = '" &
    Txtusername.Text & "' and Password = '" & Txtpassword.Text & "'", Conn)
  Cmd.ExecuteReader()          '有结果集返回的情况
```

③ DataAdapter

DataAdapter 对象表示一组数据命令和一个数据库连接,用于填充 DataSet 对象和更新数据源。作为 DataSet 对象和数据源之间的桥接器,Data Adapter 对象通过 Fill( )方法向

DataSet 填充数据，通过 Update( )方法向数据库更新 DataSet 对象中的变化。这些操作实际是由 DataAdapter 对象包含的四种 Command 命令对象(Select，Update，Insert，Delete)实现的，也可以直接结合 Command 对象的使用来完成数据的操作。同样地，有四种类型的 DataAdapter 对象：OleDbDataAdapter，SqlDataAdapter，OdbcDataAdapter，OracleDataAdapter。

示例：

```
Dim Da As New SqlDataAdapter(Cmd)      '通过 Da 对象从数据库中检索数据
```

④ DataReader

DataReader 是以只读且只能向前模式从数据库中检索数据。使用 DataReader 可以快速地访问数据并使用较少的内存资源，DataReader 也有四种类型：OleDbDataReader，SqlDataReader，OdbcDataReader，OracleDataReader。表 4.6 给出了 DataReader 的常用方法。

表 4.6　DataReader 的常用方法

名称	描述
Read( )方法	读取在数据源上执行命令所返回的数据中的当前行
Close( )方法	关闭 DataReader 对象
NextResult( )方法	移动数据记录指针，使之指向下一条数据记录

示例：

```
Dim Dr As New SqlDataReader
If Dr.Read = True Then
            …
Else
            …
End If
```

(4) DataSet

ADO.NET DataSet 是专门为独立于任何数据源的数据访问而设计的。因此，它可以用于多种不同的数据源，用于 XML 数据，或用于管理应用程序本地的数据。DataSet 包含一个或多个 DataTable 对象的集合，这些对象由数据行和数据列以及有关 DataTable 对象中数据的主键、外键、约束和关系信息组成。

DataAdapter 的 Fill 方法用于使用 DataAdapter 的 SelectCommand 的结果来填充 DataSet。Fill 将要填充的 DataSet 和 DataTable 对象(或要使用从 SelectCommand 中返回的行来填充的 DataTable 的名称)作为它的参数。

示例：

```
Dim Ds As New DataSet        '定义数据集对象 Ds
'通过数据适配器对象 Da，将检索得到的结果存放到数据集 Ds 中
Da .Fill(Ds, "User_info")
```

4.2 公用数据库连接

为了节省系统资源，实现代码重用，可以在系统中新建一个公共模块(Module1)，在公共模块中建立数据库连接公用过程。在编程过程中，使用 ADO.NET 控件访问数据库，可以直接调用数据库连接公用过程 sqlcon()，从而避免重复为每个 ADO.NET 控件都建立数据库连接的麻烦，真正实现代码的可重用性。所要连接的数据库是位于本地机上的、名为 QuoteStore 的 SQL Server 2005 数据库，公用数据库连接的程序代码如下：

```
'导入命名空间
Imports System.Data
Imports System.Data.SqlClient

Module Sqlconn
'在公共模块 Sqlconn 中声明了若干公共变量
    Public Splyname As String                   '用以存放供应商名称
    Public ItemName As String                   '用以存放物料名称
    Public FUserName As String                  '用以存放登录用户名
    Public FUserID As String                    '登录用户名内码
    Public conn As New SqlConnection            '数据库连接对象
    Public a As Integer                         '用户权限管理
    Public username As String                   '用户权限管理中的用户名
    Public usertype As Integer                  '用户权限管理中的用户类别
'数据库连接公共过程
    Public Sub sqlcon()
        conn = New
SqlConnection("server = .;database = QuoteStore;uid = sa;password = sa;" _
   + "trusted_connection = false;")
'通过 conn 对象连接到 QuoteStore 数据库
        conn.Open()  '打开数据库
    End Sub
End Module
```

关于连接数据库的字符串说明：

(1) "server = . ;"中的"."代表本地机，即 Localhost。

(2) "database = QuoteStore;"指明数据库名为 QuoteStore。

(3) "uid = sa;"指明 SQL Server 的登录用户名。

(4) "password = sa;"指明 SQL Server 的登录密码。

(5) "trusted_connection = false;"指明可信连接。

4.3 存储过程

(1) 创建生成数据表内码的存储过程 GetICMaxNum

```
set ANSI_NULLS ON
set QUOTED_IDENTIFIER ON
go
Create PROCEDURE [dbo].[GetICMaxNum]
    @TableName VARCHAR (50),
    @FInterID  INT OUTPUT,
    @Increment INT =1
as
    BEGIN TRANSACTION

    UPDATE ICMaxNum
       SET FMaxNum = FMaxNum
    WHERE FTableName = @TableName

    IF EXISTS ( SELECT FMaxNum
                FROM ICMaxNum
                WHERE FTableName = @TableName)
    BEGIN
        UPDATE ICMaxNum
           SET FMaxNum = FMaxNum + @Increment
         WHERE FTableName = @TableName

        SELECT @FInterID = FMaxNum - @Increment +1
          FROM ICMaxNum
         WHERE FTableName = @TableName
    END
    ELSE
    BEGIN
        INSERT INTO ICMaxNum(FTableName, FMaxNum)
             VALUES (@TableName, 999 +@Increment)
        SELECT @FInterID =1000
    END
    IF @@ERROR =0
        COMMIT TRANSACTION
    ELSE
    BEGIN
        ROLLBACK TRANSACTION
```

```
        SELECT @FInterID = -1
    END
    RETURN @FInterID
```

（2）创建向用户表 cz_User 插入记录的存储过程 insertUser

```
set ANSI_NULLS ON
set QUOTED_IDENTIFIER ON
go
Create proc [dbo].[insertUser]  @Fusername varchar(250),
                                @Fpassword varchar(250),
                                @Ftype int,
                                @Fsupply int,
                                @Fnote varchar(250)
as
set nocount on
Declare  @Fuserid int
Exec  GetICMaxNum  'cz_User', @Fuserid out

insert cz_user (FuserID,Fusername,Fpassword,Ftype,Fsupply,Fnote)
 values(@FuserID,@Fusername,@Fpassword,@Ftype,@Fsupply,@Fnote)
```

（3）创建存储过程 insertSupply

```
set ANSI_NULLS ON
set QUOTED_IDENTIFIER ON
go
Create proc [dbo].[insertSupply]  @Fname varchar(50),
                                  @Faddress varchar(800),
                                  @FPhone varchar(50),
                                  @FLinker varchar(50),
                                  @Fnote varchar(50)
as
set nocount on
Declare  @Finterid int
declare @Fumber varchar(100)
Exec  GetICMaxNum  'cz_Supply', @Finterid out

select @Fumber = 'S' + right('00000000' + convert(varchar(100),
  convert(int,substring(max(Fnumber),2,len(max(Fnumber)))) +1),8)
from cz_Supply

insert cz_Supply (FItemID,FNumber,Fname,Faddress,FPhone,FLinker,Fnote)
values(@Finterid, @Fumber,@Fname,@Faddress,@FPhone,@FLinker,@Fnote)
```

(4) 创建存储过程 insertSplyPrice

```
set ANSI_NULLS ON
set QUOTED_IDENTIFIER ON
go
Create proc [dbo].[insertSplyPrice]  @Finterid int,
                        @Fsupplyid int,
                        @Fdate datetime,
                        @Fnote varchar(250)
as
set nocount on
declare @Fnumber varchar(100)
Exec  GetICMaxNum  'cz_SPLYPrice', @Finterid out

select  @Fnumber ='p' +right('00000000' +convert(varchar(100),
  convert(int,substring(max(Fbillno),2,len(max(Fbillno)))) +1),8)
from cz_SPLYPrice

insert cz_SPLYPrice (Fbillno,Finterid,Fsupplyid,Fdate,Fnote)
values(@Fnumber,@Finterid,@Fsupplyid,@Fdate,@Fnote)
```

(5) 创建存储过程 insertICItem

```
set ANSI_NULLS ON
set QUOTED_IDENTIFIER ON
go
Create proc [dbo].[insertICItem] @Fname varchar(800),
                        @Fmodel varchar(800),
                        @FunitID int,
                        @Fitemtype varchar(50),
                        @Fnote varchar(50)
as
set nocount on
Declare @Finterid int
declare @Fumber varchar(100)
Exec  GetICMaxNum  'cz_icitem', @Finterid out

select @Fumber ='C' +right('00000000' +convert(varchar(100),
  convert(int,substring(max(Fnumber),2,len(max(Fnumber)))) +1),8)
from cz_icitem

 insert cz _icitem (FItemID, FNumber, Fname, Fmodel, FunitID, Fitemtype,
   Fnote)
values(@Finterid, @Fumber,@Fname,@Fmodel,@FunitID,@Fitemtype,@Fnote)
```

（6）创建存储过程 insertICBOM

```
set ANSI_NULLS ON
set QUOTED_IDENTIFIER ON
go
Create proc [dbo].[insertICBOM]  @FItemID int,
                              @FUnitID int,
                              @FQty decimal(18,6),
                              @Fnote varchar(50)
as
set nocount on
Declare  @Finterid int
declare @Fumber varchar(100)
Exec  GetICMaxNum  'cz_ICBOM', @Finterid out

select  @Fumber='B'+right('00000000'+convert(varchar(100),
  convert(int,substring(max(Fbillno),2,len(max(Fbillno))))+1),8)
from cz_ICBOM

insert cz_ICBOM(Fbillno,Finterid,Fitemid,Funitid,Fqty,Fnote)
values(@Fumber,@Finterid,@Fitemid,@Funitid,@Fqty,@Fnote)
```

（7）创建存储过程 insertCostQuotation

```
set ANSI_NULLS ON
set QUOTED_IDENTIFIER ON
go
Create proc [dbo].[insertCostQuotation]  @Fcustomer varchar(250),
                              @Fdate datetime,
                              @FItemID int,
                              @FunitID int,
                              @Fqty decimal(18, 6),
                              @FBOMID int,
                              @FStatus int,
                              @FcheckID int,
                              @Fprice decimal(18, 6),
                              @Fbiller int,
                              @Fnote varchar(250)
as
set nocount on
Declare  @Finterid int
declare @Fnumber varchar(100)
Exec  GetICMaxNum  'cz_CostQuotation', @Finterid out
```

```
select  @Fnumber ='Q' + right('00000000' + convert(varchar(100),
  convert(int,substring(max(Fbillno),2,len(max(Fbillno)))) +1),8)
from cz_CostQuotation

insert cz_CostQUotation(FInterid,Fbillno,Fcustomer,Fdate,FItemID,
  FunitID,FQty,FBOMID,Fstatus,FcheckID,Fprice,Fbiller,Fnote)
values(@Finterid, @Fnumber,@Fcustomer,@Fdate,@FItemID,@FunitID,
  @FQty,@FBOMID,@Fstatus,@FcheckID,@Fprice,@Fbiller,@Fnote)
```

（8）创建存储过程 insertUnit

```
set ANSI_NULLS ON
set QUOTED_IDENTIFIER ON
go
Create proc [dbo].[insertUnit]  @Fname varchar(50), @Fnote varchar(50)
as
set nocount on
Declare  @Finterid int
declare @Fnumber varchar(100)
Exec  GetICMaxNum  'cz_unit', @Finterid out

select  @Fnumber ='U' + right('00000000' + convert(varchar(100),
  convert(int,substring(max(Fnumber),2,len(max(Fnumber)))) +1),8)
from cz_unit

insert cz_unit (FItemID,FNumber,Fname,Fnote)
values(@Finterid, @Fnumber,@Fname,@Fnote)
```

4.4 工作实训营

训练实例

（1）训练内容

① 在书店图书管理系统中，使用 ADO.NET 数据库访问技术创建连接数据库的公共过程。

② 在书店图书管理系统中，为数据库 BookStore 新增一张数据表 BKMaxNum，设置两个字段，分别为表名字段（FTableName）和最大内码字段（FMaxNum），用于存放数据表中的最大内码。

③ 在书店图书管理系统中，为数据库 BookStore 中的供应商表 Provider 添加一个“供应商内码”字段，并编写生成供应商内码的存储过程。

（2）训练目的

① 掌握使用 ADO.NET 技术连接 SQL Server 数据库的方法。

② 掌握 SQL Server 数据库中存储过程的创建。

③ 会编写相应的代码。

（3）训练过程

提示：

① 仿照协同报价管理系统中的数据库连接的公用过程来创建书店图书管理系统中的连接数据库的公共过程。

② 仿照教学案例中的数据库 QuoteStore 的数据表 ICMaxNum 来创建。

③ 仿照教学案例中的数据库 QuoteStore 的存储过程 GetICMaxNum 来编写。

>>> 工作实践常见问题解析

【常见问题 1】SQL Server 存储过程中的语句 SET ANSI_NULLS ON 与 SET QUOTED_IDENTIFIER ON 是什么作用？

【答】这些是 SQL-92 设置语句，使 SQL Server 2000/2005 遵从 SQL-92 规则。当 SET QUOTED_IDENTIFIER 为 ON 时，标识符可以由双引号分隔，而文字必须由单引号分隔；当 SET QUOTED_IDENTIFIER 为 OFF 时，标识符不可加引号，且必须符合所有 Transact-SQL 标识符规则。

SQL-92 标准要求在对空值进行等于（ = ）或不等于（ <> ）比较时取值为 FALSE。当 SET ANSI_NULLS 为 ON 时，即使 column_name 中包含空值，使用 WHERE column_name = NULL 的 SELECT 语句仍返回零行。即使 column_name 中包含非空值，使用 WHERE column_name <> NULL 的 SELECT 语句仍会返回零行。

当 SET ANSI_NULLS 为 OFF 时，等于（ = ）和不等于（ <> ）比较运算符不遵从SQL-92 标准。使用 WHERE column_name = NULL 的 SELECT 语句返回 column_name 中包含空值的行。使用 WHERE column_name <> NULL 的 SELECT 语句返回列中包含非空值的行。此外，使用 WHERE column_name <> XYZ_value 的 SELECT 语句返回所有不为 XYZ_value 也不为 NULL 的行。

【常见问题 2】VB.NET 连接 SQL server 2005 数据库语句"conn = New SqlConnection ("server = . ;database = QuoteStore;uid = sa;password = sa;trusted_connection = false;")"中"server = . ;"中的那个". "是什么意思？

【答】". "代表所连接的数据库是在本机上，也可以写成 127. 0. 0. 1 \\sqlexpress。如果写成别的，则代表所连接的数据库在别的电脑上，即远程连接。例如：server = 某一电脑的 IP（此时就只要写 server = IP，也可以写成 server = IP\\sqlexpress）。

习　题

一、填空题

1. 在 VB.NET 的应用程序中访问数据库的过程为：首先使用________________完成与数据库的连接；接着使用____________________对数据库发出 SQL 命令，告诉数据库完成某种操作；最后由____________________将获取的数据填充到数据集，供应用程序使用。

2. 命令对象的____________________属性指定连接对象，____________________属性指定操作命令。

3. 要用 DataAdapter1 对象将表 student 填充到数据集 mydset，命令为____________。

4. 将数据集 Dataset11 中基本情况表绑定到 DataGridViewer1，命令为____________。

二、简述题

1. ADO.NET 有什么特点？
2. 简述 ADO.NET 的对象结构。
3. 使用 ADO.NET 开发数据库应用程序的一般步骤有哪些？
4. 如何创建和使用 Connection 对象？
5. 如何创建和使用 Command 对象？
6. 如何创建和使用 DataAdapter 对象？
7. 如何创建和使用 DataSet 对象？
8. 简述使用数据访问控件访问数据库的一般步骤。
9. 如何使用 ADO.NET 访问 SQL Server 2005 数据库？
10. 如何使用 ADO.NET 数据库访问技术查询 BookStore 数据库中 Provider 表，并显示查询结果？

第5章 登录模块设计

本章要点

1. 创建项目；
2. 窗体界面设计；
3. 命令按钮 Click 事件代码；
4. 启动运行程序；
5. VB.NET 的语言基础。

技能目标

1. 掌握 Windows 窗体的组成与形态；
2. 能根据各种不同的需要，通过窗体不同属性的设置实现窗体的不同行为；
3. 掌握标签控件(Label)、按钮控件(Button)、文本框控件(TextBox)和图片框控件(Picturee Box)常用的属性、方法和事件；
4. 掌握窗体以及控件的布局；
5. 学会编写简单的事件代码。

5.1 工作场景导入

【工作场景】

在软件项目开发中，需要设计登录界面，对用户名及密码进行验证，以保护软件操作的安全性。协同报价管理系统项目的登录界面如图 5.1 所示。如果输入的用户名及密码正确，则进入到主界面；如果输入的用户名或密码不正确，则给出提示信息，然后将文本框中的内容清空，光标定位到用户名文本框内，并且登录验证超过规定的次数后就会自动退出系统。

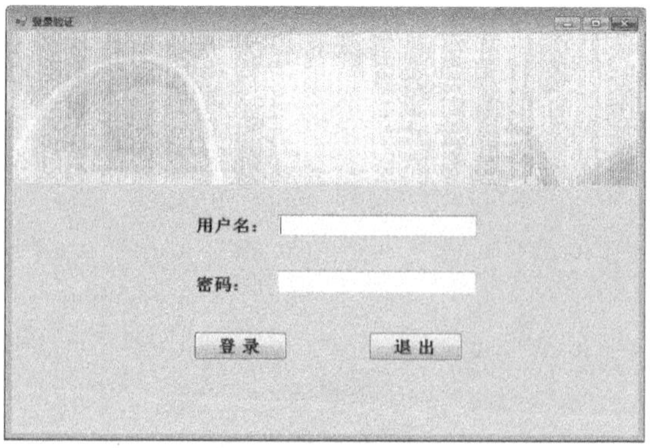

图 5.1 登录界面

【引导问题】

(1) 如何新建项目?

(2) 如何在窗体中添加相关控件?

(3) 如何设置窗体及控件的属性?

(4) 如何添加事件代码?

5.2　创建项目

【学习目标】　掌握新建项目的方法以及保存项目。

创建项目的操作很简单,首先启动 Microsoft Visual Basic 2008 集成开发环境,然后新建项目,最后保存项目即可。

【实例 5.1】　在 Microsoft Visual Basic 2008 中新建一个名为 Exam5 的项目并保存。

● 单击"开始|程序| Microsoft Visual Studio 2008| Microsoft Visual Studio 2008",启动 Microsoft Visual Studio 2008,进入如图 5.2 所示的开发环境起始页。

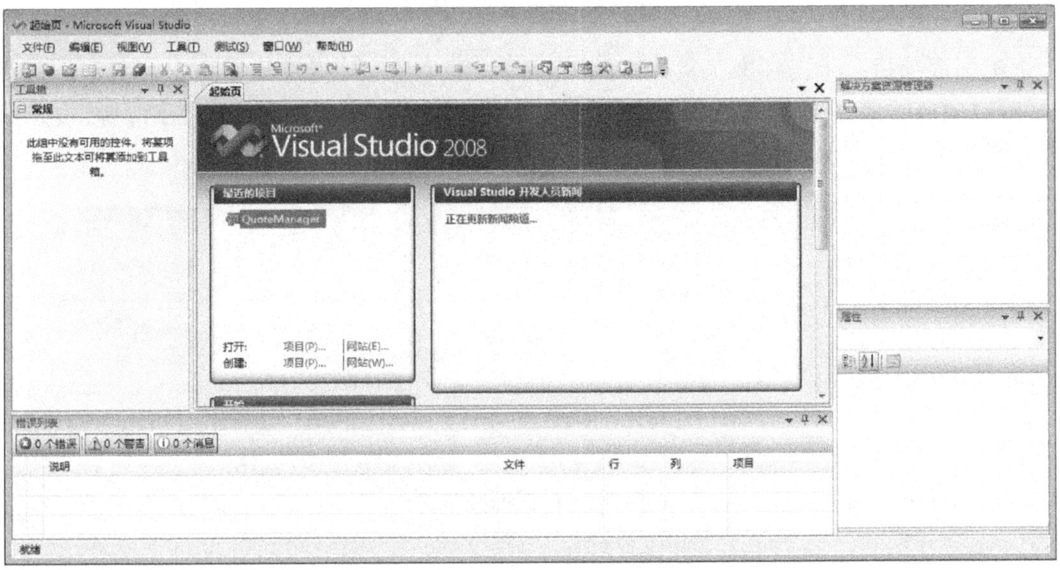

图 5.2　Microsoft Visual Studio 2008 集成开发环境

● 新建项目。单击"文件|新建项目"菜单命令,弹出新建项目对话框,如图 5.3 所示,在左侧的"项目类型"列表框中选定"Visual Basic"之下的"Windows",在右侧的"模板"列表框中选定"Windows 窗体应用程序",然后将项目的默认名称 WindowsApplication1 改为 Exam,单击【确定】按钮,即新建了一个名为 Exam 的项目。新建一个项目后,Microsoft Visual Studio 2008 会自动添加一个窗体,该窗体的默认名称为 Form1. vb。

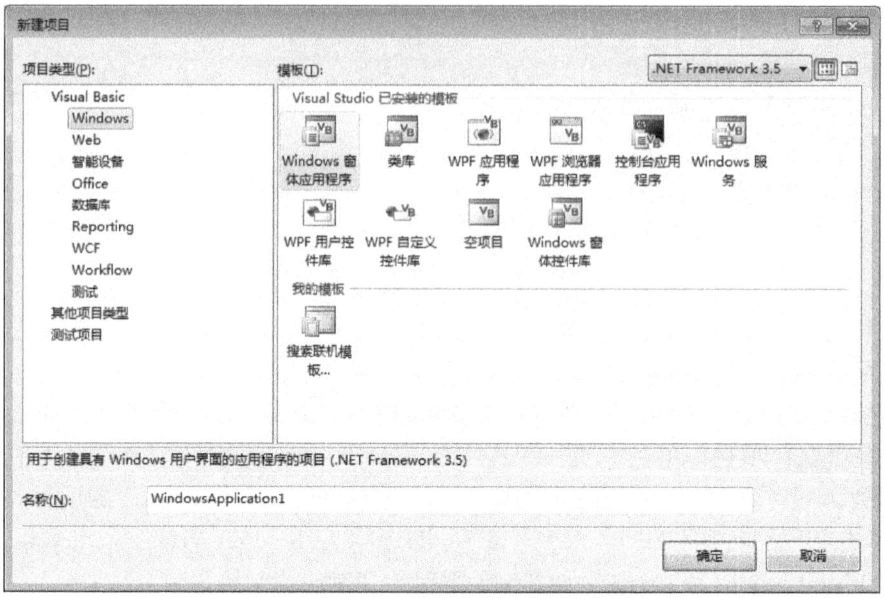

图 5.3 新建项目对话框

● 保存项目。单击标准工具栏中的“全部保存”按钮，将打开如图 5.4 所示的对话框，确定项目的保存位置“E:\VB2008\”，可以通过【浏览】按钮来选择保存位置，设定解决方案名称，单击【保存】按钮，即将项目保存到指定的位置处。

图 5.4 保存项目对话框

5.3 Windows 窗体以及常用控件

5.3.1 Windows 窗体

Windows 窗体是从 System. Windows. Forms. Form 中继承下来的对象，每个 Windows 窗体都具有各种预先已定义的属性、方法和事件，可以使用这些预先定义的属性、方法和事件控制窗体的外观和行为。

(1) Windows 窗体的常用属性

① Name 属性：设置对象的名称。

② Text 属性：设置显示在窗体标题栏中的文本。

③ Font 属性：设置窗体中显示在各种控件上的文本的风格、尺寸以及字体类型等。

④ Size 属性：设置窗体的宽度和高度。

⑤ BackColor 属性：设置窗体的背景颜色。

⑥ BackgroundImage 属性：设置窗体的背景图片。在设计状态下，单击属性窗口中 BackgroundImage 属性右侧的“...”按钮来设置或移除背景图片。

⑦ StartPosition 属性：设置窗体在屏幕中的显示位置。可以将该属性设置为 Manual，CenterScreen，WindowsDefaultLocation 或 WindowsDefaultBounds。这些属性值的含义如下：

- Manual：窗体的位置和大小决定了它的起始位置。
- CenterScreen：窗体被显示在屏幕的中央。
- WindowsDefaultLocation：窗体被显示在窗口的默认位置，它的尺寸由窗体的 Size 属性决定。
- WindowsDefaultBounds：窗体被显示在窗口的默认位置，它的尺寸由 Windows OS 决定。
- CenterParent：一个窗体可以作为另一个窗体的子窗体打开。如果将窗体的 Start_Position 属性设置为 CenterParent，该窗体将显示在父窗体的中央。

⑧ WindowState：设置窗体最初以常规、最大化还是最小化窗口方式显示。

（2）Windows 窗体的常用方法

① Show 方法：用来显示窗体，如果使用 Show 方法时窗体还没有装载，Visual Basic 2008 将自动装载窗体。语法格式：

```
对象名.Show( )
```

② Hide 方法：用来隐藏窗体，但窗体并不从内存中清除，应用程序仍然可以访问窗体上的控件。语法格式：

```
对象名.Hide( )
```

③ Refresh 方法：用来强制窗体重绘，当希望窗体或控件立即更新时可以使用该方法。语法格式：

```
对象名.Refresh( )
```

④ Close 方法：用来关闭窗体，窗体关闭后，关闭在该对象内创建的所有资源并且释放该窗体。如果要关闭的窗体是应用程序的启动窗体，则该应用程序结束。语法格式：

```
对象名.Close( )
```

（3）Windows 窗体的常用事件

① Load 事件：当窗体正在被装载但仍不可见时触发该事件。当应用程序运行时，对启动窗体来说，在窗体画面未显示之前会触发该事件。对于未被装载的窗体，如果使用 Load 语句，或未装载前使用 Show 方法都会触发该事件。

② Click 事件：当用鼠标单击窗体时触发该事件。

③ DoubleClick 事件：当用鼠标双击窗体时触发该事件。

④ Resize 事件：当窗体第一次显示或窗体状态改变时触发该事件。例如，一个窗体被最大化、最小化或被还原，或者在运行时使用代码改变了窗体大小等。

⑤ Activated 事件和 Deactivate 事件：Activated 事件是在一个窗体变成活动窗体时触发。

Deactivate 事件是在另一个窗体或应用程序被激活，当前窗体不再是活动窗体时触发。

⑥ FormClosed 事件：当窗体关闭时触发该事件。

注意：一般地通过视图设计器来修改窗体，而不直接修改代码编辑器中的窗体类的描述代码，否则很容易产生错误。

5.3.2 VB.NET 的常用控件

控件是放置在 Windows 窗体上，供用户与应用程序发生交互的对象。每类控件具有不同的属性、事件和方法。

Windows 窗体控件从基类 System. Windows. Form. Control 中继承了许多属性，这些属性控制了程序运行时控件的状态，以及控件状态的反映。

在程序设计期间，可以通过"属性窗口"设置、修改各个控件对象的属性。在程序运行期间，可以通过代码来获取、设置或修改各个控件的属性。

（1）控件的常用属性

不同控件的属性有相当一部分是共有的，下面介绍控件的共有属性。

① Name 属性：对象的名称。所有控件在刚创建时都有一个默认的名称，它是用来标识对象的。

② Text 属性：控件上显示的文本内容，绝大多数控件都有该属性。利用该属性可以设置或返回控件的文本。

③ Enabled 属性：该属性决定了控件在运行时是否允许用户进行操作，Enabled 属性值是逻辑值，"True"表示允许用户操作并可对其操作做出响应，"False"表示禁止用户操作，此时只要是可视的控件均呈现灰色。几乎所有的控件都有 Enabled 属性。

④ Visible 属性：该属性决定了控件在运行时是否可见，Visible 属性值也是逻辑值，"True"表示运行时可见，"False"表示运行时不可见。只有可视控件才有该属性，像 Timer 那样的不可视控件则没有该属性。

⑤ Font 属性：该属性用于显示控件中文本的字体、字号及字形等。在程序运行时可以通过程序代码修改 Font 属性，例如：

```
'将标签的字体设为宋体，字号为 16
Label1.Font = New System.Drawing.Font("宋体", 16)
'将标签的字体设为粗体
Label1.Font = New System.Drawing.Font(Lblusername.Font, FontStyle.Bold)
```

⑥ Location 和 Size 属性：它们决定了控件的位置与大小。Location 具有 X，Y 两个子属性，分别表示 X 坐标和 Y 坐标；Size 也有 Width 和 Height 两个子属性，给出了控件的宽度和高度。一般地，控件的位置和大小都是在"属性窗口"设置。当然也可以通过程序代码来修改，例如：

```
TextBox1.Location = New System.Drawing.Point(260, 175)
TextBox1.Size = New System.Drawing.Size(200, 40)
```

⑦ ForeColor 和 BackColor 属性：它们分别用来设置控件的前景色与背景色。其值是一个十六进制常数，通常在"属性窗口"中使用调色板直接选取，也可以使用 Color 结构来

动态设置。

⑧ TextAlign 属性：该属性设置控件中文本的对齐方式，只要是有 Text 属性的控件都有该属性。TextAlign 属性有 9 种不同的取值。

⑨ Anchor 属性：该属性用于锁定控件的某边与窗体对应边之间的距离。当窗体的尺寸改变时，指定边的距离可以不变。当某个控件的 Anchor 属性设置成两对边（左右或上下）时，该控件在这个方向的尺寸将随着窗体的大小而改变。控件的 Anchor 属性值如表 5.1 所示。

表 5.1 控件的 Anchor 属性值

属性值	描述
Top	控件锁定到容器的上边界
Bottom	控件锁定到容器的下边界
Left	控件锁定到容器的左边界
Right	控件锁定到容器的右边界
None	控件不锁定到容器的任何边界

Anchor 属性的设置有两种方法：在设计状态下，可以通过“属性窗口”进行设置；在程序运行时，可以通过程序代码来设置。语法格式：

```
控件名.Anchor = AnchorStyles.方向
```

其中，方向的取值有 Top，Bottom，Left，Right。如果需要同时设置几个方向，则可以在两个方向之间用 Or 连接，例如：

```
TextBox1.Anchor = AnchorStyles.Left Or AnchorStyles.Right
```

⑩ Dock 属性：该属性允许控件“附着”在窗体的一个边界上。Dock 属性值有 Top，Bottom，Left，Right，Fill，None 共 6 种不同的取值。如果一个控件的 Dock 属性设置为 Right，则该控件就会自动紧靠窗体的右边界，而且上下贯穿整个窗体；如果 Dock 属性设置成 Fill，则该控件就会充满整个窗体。可以通过程序代码设置 Dock 属性，例如：

```
TextBox1.Dock = DockStyles.Left
```

（2）常用的控件

① Label 控件

Label 控件只能用于显示文本，不能编辑文本，因此通常用它来标识一些不便于显示文本的控件。例如，可以使用 Label 控件为文本框、列表框等添加注解性的文本。Label 控件的常用方法如表 5.2 所示。

表 5.2 Label 控件的常用方法

对象	方法	举例	说明
Label	Hide( )	Label1. Hide( )	隐藏控件，等效于将控件的 Visible 属性设置为 False，调用 Hide 方法后，Visible 属性值返回 False，直到调用 Show 方法
	Show( )	Label1. Show( )	显示控件，等效于将控件的 Visible 属性设置为 True
	Refresh( )	Label1. Refresh( )	强制控件使其工作区无效并立即重绘自己和任何子控件
	ResetText( )	Label1. ResetText( )	将 Text 属性重置为其默认值

② TextBox 控件

TextBox 控件主要用于接收用户输入的文本信息，也可以用于向用户显示文本信息。例如，可以使用 TextBox 控件接收用户输入的用户名和密码。TextBox 控件的常用方法如表 5.3 所示。

表 5.3　TextBox 控件的常用方法

对象	方法	举例	说明
TextBox	Hide( )	Txt1. Hide( )	隐藏控件，等效于将控件的 Visible 属性设置为 False，调用 Hide 方法后，Visible 属性值返回 False，直到调用 Show 方法
	Show( )	Txt1. Show( )	显示控件，等效于将控件的 Visible 属性设置为 True
	Focus( )	Txt1. Focus( )	为控件设置输入焦点
	Clear( )	Txt1. Clear( )	清除文本框控件中的所有文本
	Copy( )	Txt1. Copy( )	将文本框中的当前选定内容复制到剪贴板
	Paste( )	Txt1. Paste( )	用剪贴板中的内容替换文本框中的当前选定内容
	Cut( )	Txt1. Cut( )	将文本框中的当前选定内容剪切到剪贴板中
	Undo( )	Txt1. Undo( )	撤销文本框中的上一个编辑操作
	Select( )	Txt1. Select( )	选定文本框中的所有文本

③ Button 控件

Button 控件主要用于触发事件，执行相关的动作。例如，登录窗口就是通过单击 Button控件而触发 Click 事件，然后进行登录验证的。Button 控件的常用方法如表 5.4 所示。

表 5.4　Button 控件的常用方法

对象	方法	举例	说明
Button	Hide( )	Btn1. Hide( )	隐藏控件，等效于将控件的 Visible 属性设置为 False，调用 Hide 方法后，Visible 属性值返回 False，直到调用 Show 方法
	Show( )	Btn1. Show( )	显示控件，等效于将控件的 Visible 属性设置为 True
	Focus( )	Btn1. Focus( )	为控件设置输入焦点
	Scale( )	Btn1. Scale(0.5)	缩放控件和任何子控件

④ PictureBox 控件

PictureBox 控件用于显示图形或图像。PictureBox 控件的常用属性如下：

● BackColor 属性：获取或设置 PictureBox 控件的背景色。

● BackgroundImage 属性：获取或设置 PictureBox 控件显示的背景图像，可以在设计时通过该属性为控件设置一个背景图像。

● BorderStyle 属性：指示控件的边框样式，默认为 None。BorderStyle 共有 3 个属性值：None，FixedSingle，Fixed3D。

● Image 属性：获取或设置 PictureBox 显示的图像。它支持显示的图像文件格式有位图、图标(Icon)、GIF、图元文件、JPEG、网格图形(PNG)。

● SizeMode 属性：指示如何显示图像。默认值为 Normal。各个取值的含义为：

➢ Normal：将图像置于 PictureBox 控件的左上角，凡是因过大而不适合 PictureBox 控件的任何图像部分都将被剪裁掉。

➢ StretchImage：插入的图像将以 PictureBox 控件的大小完整填充显示在其中。PictureBox 控件不能伸展图像以适应控件尺寸。

➢ AutoSize：使 PictureBox 控件调整大小，以便总是适合图像的大小。

➢ CenterImage：使图像居于 PictureBox 控件的中心。

在设计状态下，可以通过"属性窗口"设置 PictureBox 控件的属性，也可以在程序运行状态，通过编写代码来设置 PictureBox 控件的属性，还可以使用 Image 类的 FromFile 方法来设置 PictureBox 控件的 Image 属性，例如：

```
PictureBox1.Image = Image.FromFile(FilePath)
PictureBox1.SizeMode = PictureBoxSizeMode.StretchImage
```

其中，FilePath 是要加载的图像的完整文件路径。

在有些情况下，需要删除 PictureBox 控件中已加载的图片。设计状态下，在"属性窗口"中选中 PictureBox 控件的 Image 属性，然后右击鼠标，在弹出的菜单中选择"重置"即可删除 PictureBox 控件中的图片；也可以把鼠标的焦点放到 Image 属性后的图片路径框中，使用键盘上的 Delete 键也可以删除图片；还可以在代码运行时使用代码来清除 PictureBox 控件中的图片，例如：

```
PictureBox1.Image = Nothing
```

(3) 常用控件的事件

Visual Basic 开发的 Windows 应用程序都是事件驱动的，即执行流程是由外界发生的事件所确定的。事件是一个信号，它告知应用程序有重要情况发生。例如，用户单击窗体上的某个按钮时，窗体引发一个 Click 事件并调用一个处理该事件的过程。

任何能引发事件的对象都是事件发送者，也称事件源。窗体、控件和用户定义的对象都可以是事件源。

事件处理程序是相应事件发生时调用的过程，可以将任何有效 Sub 过程用作事件处理程序。各种控件的事件过程命名都采用了如下格式：

```
Private Sub 控件名称_事件名称(参数列表)  Handles 控件名称.事件名称
…
End Sub
```

要为窗体对象或控件对象编写事件过程，可以在设计状态下，双击该对象，将打开代码编辑窗口，并且光标定位在该对象的默认事件过程代码框架内。若要编写该对象的其他事件过程，可以单击代码编辑窗口顶部右侧的列表框，在展开的列表框内选择相应事件名，将在代码编辑窗口内自动添加该事件过程的代码框架，并且光标定位在该框架内。代码编辑窗口顶部的左侧是对象列表框，右侧是事件列表框。

5.4 创建一个简单的应用程序

设计一个如图5.5所示的程序界面，在窗体界面上放置1个Label控件和2个Button控件。启动运行后，当单击【确定】按钮时，将Label控件中的文字改成“欢迎使用 Visual Studio 2008!”，当单击【退出】按钮时，将结束应用程序的执行。

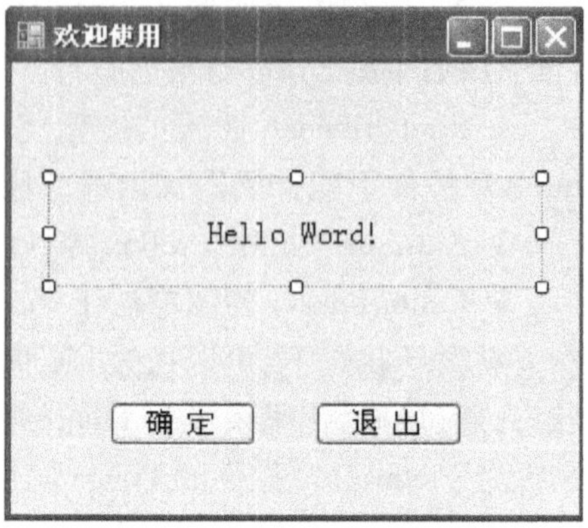

图5.5 案例的窗体界面

图5.6 工具箱

具体操作步骤如下：

（1）创建项目。启动 Microsoft Visual Studio 2008后，单击“文件|新建项目”菜单命令，在弹出的新建项目对话框的“名称”栏中将默认值修改为exam5-1，单击【确定】按钮。单击“文件|全部保存”菜单命令，将弹出保存项目对话框，“名称”栏和“解决方案名称”栏内的内容使用默认的名称，在“位置”栏右侧单击“...”按钮，指定项目保存位置为E:\VB2008\Exam，勾选“创建解决方案的目录”复选框，然后单击【保存】按钮。

（2）添加控件。鼠标箭头指向“工具箱”选项卡，如图5.6所示，在展开的“工具箱”中指向Label控件，双击左键，指向Button控件，双击左键。鼠标移开工具箱，工具箱窗口将自动隐藏。在视图设计窗口中，鼠标指向刚刚添加的Label1控件，按住左键把它拖放到窗体的适当位置处，然后放开左键；用同样的办法把刚刚添加的Button1控件拖到窗体适当的位置处。鼠标箭头指向Button1控件，按住Ctrl键，同时按住鼠标左键拖动来复制Button控件。将复制的Button2控件拖放到窗体的适当位置。

（3）设置窗体及控件的属性。在设计状态下，单击Form1窗体，在属性窗口中设置窗体的属性，如表5.5所示。

表5.5 窗体对象的属性设置

对象	属性	属性值
Form	Name	Frmwelcome
	Text	欢迎使用
	Font	宋体，9pt(小五)
	Size	300,270
	StartPosition	CenterScreen
	WindowState	Normal

单击窗体上的 Label1 控件,在属性窗口中设置该控件的属性,如表 5.6 所示。

表 5.6　Label 控件的属性设置

对象	属性	属性值
Label1	Name	Lbldisplay
	Text	Hello Word!
	TextAlign	MiddleCenter
	Size	250, 54
	Font	宋体, 12pt(小四)
	AutoSize	False

分别单击 Button1 控件和 Button2 控件,在属性窗口中设置 Button 控件的属性,如表 5.7 所示。

表 5.7　Button 控件的属性设置

对象	属性	属性值
Button1	Name	Btnsure
	Font	宋体, 10.5pt(五号)
	Text	确定
Button2	Name	Btnexit
	Font	宋体, 10.5pt(五号)
	Text	退出

(4) 编写事件代码。在设计状态下,双击【确定】按钮,将打开代码编辑窗口,并自动添加【确定】按钮的单击事件过程的代码框架,且光标定位在代码框架内。【确定】按钮的单击事件代码如下:

```
Private Sub Button1_Click(ByVal sender As System.Object, ByVal e As _
  System.EventArgs) Handles Btnsure.Click
Lbldisplay.Text = "欢迎使用 Visual Studio 2008!"
End Sub
```

同样地,双击【退出】按钮,然后在代码编辑窗口中输入代码。【退出】按钮的单击事件代码如下:

```
Private Sub Btnexit_Click(ByVal sender _
  As System.Object, ByVal e As System. _
  EventArgs) Handles Btnexit.Click
End
End Sub
```

(5) 保存项目。单击"文件|全部保存"菜单命令,即可保存项目。

(6) 启动运行程序。单击标准工具栏中的"启动调试" ▶ 按钮,启动运行程序。程序的运行结果如图 5.7 所示。

图 5.7　程序运行结果

5.5 VB.NET 的语言基础

5.5.1 代码书写规则

(1) 关键字和标识符

关键字又称系统保留字,是具有固定含义和使用方法的字母组合。关键字用于表示系统的标准过程、方法、属性、函数和各种运算符等。

标识符是由程序设计人员定义的,用于表示变量名、常量名、控件对象名称等的字母组合。

VB.NET 中标识符的命名规则如下: ① 标识符必须以字母或下划线开头; ② 标识符中不能出现空格等符号; ③ 不能使用关键字。

(2) 代码书写规则

程序语句是执行具体操作的指令,是程序的基本功能单位。程序语句最长不能超过 1023 个字符。

程序代码的书写规则如下: ① 不区分字母的大小写; ② 一句语句中包含的字符数不能超过 1023 个,一行中包含的字符数不能超过 255 个; ③ 一行可书写若干语句,语句之间用“:”分隔; ④ 一条语句可分若干行书写,要用空格加续行符“_”连接; ⑤ 同一条语句的续行符之间不能有空行; ⑥ 不能在对象名、属性名、方法名、变量名和关键字的中间断开。

(3) 注释

加入注释语句是为了便于阅读程序代码,以方便程序的维护和调试。注释语句可用 REM 或“'”引导。在调试程序时,通常在语句前加上“'”,以使该语句在程序运行时不被执行。

利用文本编辑器工具栏给某一个程序段整个加上注释,其方法是:先选中需要注释的代码段,单击编辑工具栏中的“块注释”按钮,如要取消注释,则只要再单击“取消块注释”按钮即可。这种注释特别有利于程序的调试。

5.5.2 基本数据类型

VB.NET 语言定义了多种数据类型,用以存储各种不同形式的数据,节省存储的空间。

VB.NET 常用的数据类型如表 5.8 所示。

表 5.8 VB.NET 常用的数据类型

数据类型	.NET 运行库类型	占用空间	取值范围
Boolean	System. Boolean	4 字节	True 或 False
Byte	System. Byte	1 字节	0 ~ 255(无符号)
Char	System. Char	2 字节	0 ~ 65535(无符号)

续表

数据类型	.NET运行库类型	占用空间	取值范围
Date	System. DateTime	8字节	January 1,1CE ~ December 31,9999
Decimal	System. Decimal	12字节	+/-79228162514264337593543950335 +/-7.9228162514264337593543950335 小数点右28位最小非零数为 +/-0.0000000000000000000000000001
Double	System. Double	8字节	负数:-1.79769313486231E308 ~ -4.94065645841247E-324 正数:4.94065645841247E-324 ~ 1.79769313486231E308
Short	System. Int16	2字节	-32768 ~ 32767
Integer	System. Int32	4字节	-2147483648 ~ 2147483647
Long(Long Integer)	System. Int64	8字节	-9223372036854775808 ~ 9223372036854775807
Object	System. Object(类)	4字节	Object类型变量中保存的任何类型
Single	System. Single	4字节	负数:-3.402823E38 ~ -1.401298E-45 正数:1.401298E-45 ~ 3.402823E38
String	System. String(类)	10字节	0至大约20亿Unicode字符+2*字符串长度
用户自定义类型	继承自 System. ValueType	元素总长	结构的每一个成员的每个元素(结构块)都有一个数据类型范围,参数的范围由其他成员决定

5.5.3　变量

(1) 变量的命名规则

① VB.NET的变量名最长不能超过255个字符;

② 变量名称必须以字母或下划线开头,后面可以跟随任意个数字、字母以及下划线;

③ VB.NET对变量中字母的大小写不加以区分;

④ 不能把VB.NET保留的关键字作为变量名,一般应把变量名的第一个字母大写。

在程序设计过程中,强烈建议变量命名由变量的类型前缀加上变量用途来表示,例如:

```
Dim intScore As Integer
```

(2) 变量的声明

① 使用Dim语句来声明变量,其形式如下:

```
Dim  变量名 As 数据类型[=初值]
```

例如:

```
Dim intX As Integer =99
Dim strS1 As String ="Hello World!"
```

② 使用Static语句声明静态变量,其形式如下:

```
Static 变量名 As 数据类型 = 变量值
```

例如：

```
Static intNum As int =10
```

(3) 变量的作用范围

变量一般分为局部变量和全局变量，其中局部变量是过程级变量，局部变量在过程内使用 Dim 声明。全局变量的作用范围是整个程序，包括各个过程。全局变量在过程块之外、Class 或 Module 块之内声明。例如：

```
Public Class Form1
    Dim intX As Integer =1          '声明全局变量 intX
  Private Sub Button1_Click(ByVal sender As System.Object, ByVal _
   e As System.EventArgs) Handles Button1.Click
    MsgBox("intX =" & intX)
    DimintY As Integer =2           '声明局部变量 intY
    Dim intZ As Integer =3          '声明局部变量 intZ
    intX = intY + intZ
    MsgBox("intX ="& intX)          '输出全局变量 intX 的值
    MsgBox("intY ="& intY)          '输出局部变量 intY 的值
  End Sub
End Class
```

5.5.4 选择结构

在结构化程序设计中有三种基本结构：顺序结构、选择结构和循环结构。

构建选择结构的语句有两种语句：If…Then…Else…End If 语句和 Select Case…End Select 语句。

(1) If…Then…Else…End If 语句

If 语句的功能是根据条件表达式的值是否为 True，执行不同的语句，这种结构又称为分支结构。If 语句的执行过程是：先判断条件表达式的值，如果值为 True，则执行语句块 1；如果值为 False，则执行语句块 2。

If 语句的语法如下：

```
If 条件表达式 Then
    语句块 1
Else
    语句块 2
End If
```

例如：求两个数中的较大者。

```
Dim x, y As Integer
x =1
y =2
If x >y Then
    MsgBox("较大者是 " & x)
```

```
Else
      MsgBox ("最大者是 " & y)
End If
```

注意：

① If 语句可以嵌套使用。例如：求三个数中的最大者。

```
Dim x, y, z As Integer
x = 1
y = 2
z = 3
If x > y And x > z Then
    MsgBox("最大者是 " & x)
Else
    If y > z Then
        MsgBox("最大者是 " & y)
    Else
        MsgBox("最大者是 " & z)
    End If
End If
```

② 条件表达式通常是逻辑表达式，其结果通常是 True 或 False；但也可以是算术表达式，其结果为零或非零，零代表 False，非零代表 True。例如：

```
Dim x, y, z As Integer
x = 0
If x Then
    MsgBox ("输入正确,X 的值为非零值!")
Else
    MsgBox("输入错误,X 的值不可以为零!")
End If
```

③ 可以用 If…Then…ElseIf…Else…End If 语句进行多条件判断。例如：将输入的成绩等级转换为相应的分数。

```
Dim chrC As Char                    '声明了一个字符常量 chrC
'把字符常量"b"赋值给字符变量 chrC,' "b"c 中后跟的 c 用于标识常量"b"是字符常量
chrC = "b"c
If chrC = "a"c Then
    MsgBox ("成绩为 90 分!")
ElseIf chrC = "b"c Then
    MsgBox ("成绩为 80 分!")
ElseIf chrC = "c"c Then
    MsgBox ("成绩为 70 分!")
ElseIf chrC = "d" Then
    MsgBox ("成绩为 60 分!")
Else
```

```
    MsgBox ("不及格!")
End If
```

(2) Select Case…End Select 语句

有时需要判定的条件较多,如果用 If 语句,则代码显得十分烦琐且容易出错。Select Case 语句就是用于多重判定的选择结构。

Select Case…End Select 语句的语法如下:

```
Select Case 条件表达式
Case 常量表达式 1
        语句块 1
Case 常量表达式 2
        语句块 2
...
[Case Else
        语句块 n+1]
End Select
```

Select Case 语句的执行过程是:首先计算条件表达式的值,然后将该值与每个 Case 后的值进行比较,若值相同,则执行该 Case 后的语句块。如果有多个 Case 值与之相匹配,则只执行第一个;如果没有一个与之相匹配,则执行 Case Else 后的语句块。

使用 Select Case 语句的关键是选择合适的条件表达式,并确定合适的常量表达式。常量表达式的表示方法可以有以下几种:

① 具体取值,可以是一个或多个,如:1,90 等。

② 连续的数据范围,如:50 To 60,61 To 70 等。

③ 利用 Is 关键字来判定,如:90~100 就可以写成 Is >=90 and Is <=100。

④ 以上几种表示方法的组合,如:1,50 To 60,Is >=90。

例如:将上述用 If 语句实现的成绩等级转换为相应分数的程序,可以用 Select Case 语句表示。

```
Dim chrC As Char
chrC ="b"c
Select Case chrC
    Case  "a"c
        MsgBox ("成绩为 90 分!")
    Case  "b"c
        MsgBox ("成绩为 80 分!")
    Case  "c"c
        MsgBox ("成绩为 70 分!")
    Case  "d"
        MsgBox ("成绩为 60 分!")
    Case  Else
        MsgBox ("不及格!")
End Select
```

5.5.5 异常处理

程序在运行过程中，由于外部条件的变化可能使程序产生运行时错误，对于这类错误，可以在程序中有效地捕获，也即在程序运行过程中出现异常时，为程序提供可执行的路径，使程序可以继续执行下去。VB.NET 应用程序之所以能够捕获运行时异常，是因为在发生运行时错误时，VB.NET 就会将错误信息存储在一个自动创建的异常类对象中。所有的异常都是由 System. Exception 类派生的，并且继承 Exception 类的异常类又是其他异常类的基类。同时当程序产生异常时，系统会创建一个 Error 类对象，并把有关该异常的信息存入其中。

VB.NET 中有两种异常处理，即结构化异常处理和非结构化异常处理。

(1) 结构化异常处理

VB.NET 支持结构化异常处理，该处理帮助创建和维护具有可靠、全面的错误处理程序的程序。结构化异常处理旨在通过将控件结构与异常、受保护的代码块和筛选器结合起来，在执行期间检测和响应错误的代码。

通常使用 Try…Catch…Finally…End Try 语句可以保护有可能引发错误的代码块，可以嵌套异常处理程序，并且每个块内生命的变量将具有局部范围。其语法格式为：

```
Try
    语句块
Catch ex As Exception
    语句块
    …
[Finally
  [Finally 语句块]]
End Try
```

(2) 非结构化异常处理

非结构化异常处理由三个语句实现：Error 语句、On Error 语句和 Resume 语句。当方法使用非结构化异常处理时，将为整个建立单个的异常处理程序来捕获引发的所有异常。然后，该方法跟踪最新的异常处理程序的位置和已引发的最新异常。在方法的入口点，异常处理程序的位置和异常均设置为 Nothing。

5.6 回到工作场景

通过 5.2 节至 5.5 节内容的学习，应该掌握了放置控件、设置对象的属性和添加代码的基本方法，此时足以完成登录窗体模块的设计。下面将回到 5.1 节介绍的工作场景中，完成工作任务。

【工作过程一】新建项目。

打开 Visual Studio 2008，选择“文件|新建项目”菜单命令，在打开的对话框左侧的“项目类型”中单击“Visual Basic”之下的“Windows”，在右侧的“模板”中单击“Windows 窗体

应用程序”,然后将“名称”文本框中的默认名“WindowsApplication”更改为 QuoteManager,单击【确定】按钮新建一个项目,如图 5.8 所示。

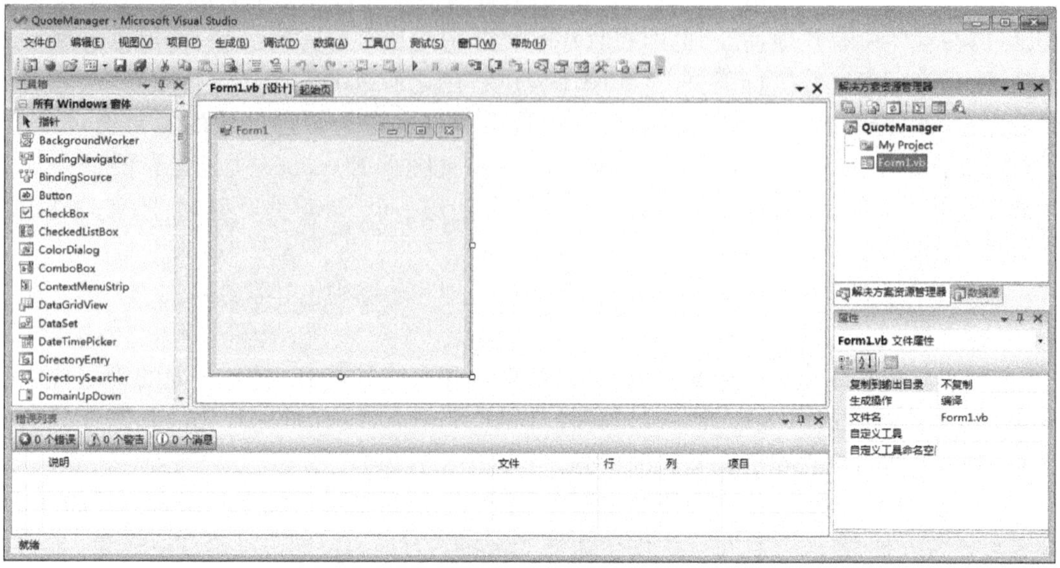

图 5.8 新建项目

【工作过程二】在窗体中添加相关控件。

鼠标箭头指向“工具箱”,展开工具箱窗口,然后在“所有 Windows 窗体”选项卡中双击 Label 控件,在窗体中出现 Label1 对象,拖放 Label1 对象到适当位置处。利用相同的方法,在窗体上放置 2 个 Label 控件、2 个 TextBox 控件、2 个 Button 控件和 1 个 PictureBox 控件,如图 5.9 所示。

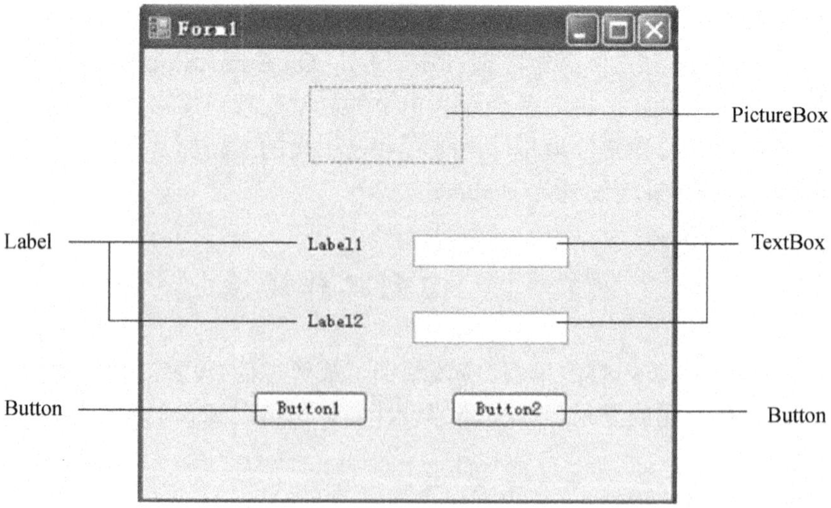

图 5.9 登录界面布局

【工作过程三】设置窗体及控件对象的属性。

在视图设计器中,单击 Form1 窗体,鼠标箭头指向窗体右下角的小方块,按住鼠标左键调整窗体到合适大小,可以在属性窗口中修改窗体的属性,如表 5.9 所示。

表 5.9　登录窗体的属性设置

对象	属性	属性值
Form1	Name	FrmLogin
	Text	登录验证
	Font	隶书, 15pt(小三)
	StartPosition	CenterScreen
	BackColor	InactiveCaption
	WindowState	Normal

Label 控件对象用于显示提示信息。单击窗体上的 Label 控件,可以在属性窗口中修改该控件的属性值。两个 Label 控件的属性设置如表 5.10 所示。

表 5.10　Label 控件的属性设置

对象	属性	属性值
Label1	Name	LblUsername
	Text	用户名:
	Font	楷体_GB2312, 15pt(小三)
Label2	Name	LblPassword
	Text	密码:
	Font	楷体_GB2312, 15pt(小三)

TextBox 控件对象用于接收用户输入的用户名和密码。两个 TextBox 控件的属性设置如表 5.11 所示。

表 5.11　TextBox 控件的属性设置

对象	属性	属性值
TextBox1	Name	TxtUsername
	Font	楷体_GB2312, 12pt(小四)
	Text	
TextBox2	Name	TxtPassword
	Font	楷体_GB2312, 12pt(小四)
	Text	
	PasswordChar	*

Button 控件对象用于响应“用户输入的用户名及密码是否正确”和“退出系统”。两个 Button 控件的属性设置如表 5.12 所示。

表 5.12 Button 控件的属性设置

对象	属性	属性值
Button1	Name	BtnLogin
	Font	楷体_GB2312，15pt(小三)
	Text	登录
Button2	Name	BtnClose
	Font	楷体_GB2312，15pt(小三)
	Text	退出

PictureBox 控件对象用于修饰窗体，使得界面更美观。PictureBox 控件的属性设置如表 5.13 所示。

表 5.13 PictureBox 控件的属性设置

对象	属性	属性值
PictureBox1	Name	PicLogin
	Image	QuoteManager. My. Re sources. Resources. bg
	SizeMode	Normal

至此，用户登录界面设计完成，编译、运行程序，就会出现如图 5.1 所示的界面效果。

【工作过程四】编写程序代码。

窗体及控件对象的属性设置完成后，需要编写 Button1 控件和 Button2 控件对象的 Click 事件过程。如果登录用户名和密码输入正确，则登录到系统主界面；反之，如果用户名或密码输入错误，则重新登录。如果错误登录次数超过三次，则退出系统。

在窗体上双击 Button1 控件对象，进入代码编写窗口，输入相应代码。具体代码如下：

```
Private Sub BtnLogin_Click(ByVal sender As System.Object, ByVal e As _
  System.EventArgs) Handles BtnLogin.Click
        Static Count As Integer =1
        'Count 用于计数，登录超过三次就自动退出系统
       Call sqlcon()

        Try
        Dim cmd As New SqlCommand("select * from cz_User where _
          FUsername ='" & Txtusername.Text & "' and FPassword ='" & _
          TxtPassword.Text & "'", Conn)

        Dim dr As SqlDataReader
```

```
            dr = cmd.ExecuteReader()

                If Count = 3 Then
                    MsgBox("三次输入密码不正确,退出系统")
                    End
                Else
                    Count + = 1
                End If

                If dr.Read = True Then
                    usertype = dr.Item("Ftype")
                    MDIForm.Show()        '显示主窗体
                    Me.Hide()             '隐藏当前窗体
                Else
                    MsgBox("登录用户名或密码有错误,请重新登录!")
                    Txtusername.Text = ""
                    TxtPassword.Text = ""
                    Txtusername.Focus()
                End If
                dr.Close()
                Conn.Close()
            Catch ex As Exception
                MsgBox(ex.Message)
            End Try
        End Sub
```

在代码编写窗口的通用部分,输入如下语句:

```
        Imports System.Data
        Imports System.Data.SqlClient
```

双击 Button2 控件对象,进入代码编写窗口,输入相应代码。具体代码如下:

```
        Private Sub BtnClose_Click(ByVal sender As System.Object, ByVal e As _
          System.EventArgs) Handles BtnClose.Click
                End
        End Sub
```

【工作过程五】利用窗体 Frmlogin 实现所需功能。

为了使界面更人性化,当项目运行时,打开启动窗体 FrmLogin,光标定位在用户名文本框中,方便操作员输入用户名。实现此功能的程序代码如下:

```
        Private Sub FrmLogin_Load(ByVal sender As System.Object, ByVal e As _
          System.EventArgs) Handles MyBase.Load
                Me.ActiveControl = Txtusername
        End Sub
```

当在登录窗体 FrmLogin 中输入用户名和密码后,可以单击【确定】按钮登录系统,也可以按 Enter 键登录系统。实现按 Enter 键登录系统的功能代码如下：

```
Private Sub TxtPassword_KeyUp(ByVal sender As Object, ByVal e As _
  System.Windows.Forms.KeyEventArgs) Handles TxtPassword.KeyUp
        If e.KeyCode = Keys.Enter Then
          Me.BtnLogin_Click(sender, e)
       End If
End Sub
```

【工作过程六】添加主窗体。

在解决方案资源管理器窗口中鼠标指向项目名右击，选择"添加|Windows 窗体"菜单命令，在弹出的"添加新项"窗口中，将名称栏里的文件名修改为 MDIForm. vb，然后单击【添加】按钮，即可添加 MDIForm 主窗体。

【工作过程七】保存项目。

选择"文件|全部保存"命令，弹出"保存项目"对话框，如图 5. 10 所示，确定项目的保存位置，设定解决方案名称后，单击【保存】按钮，将项目 QuoteManger 保存到名为 QuoteManger 的解决方案中。

图 5. 10　保存项目对话框

【工作过程八】调试、编译、运行。

选择"调试|逐语句"菜单命令，或者选择"调试|逐过程"菜单命令，调试程序。选择"调试|启动调试"菜单命令，编译并运行程序，若在运行过程中报错，出错信息会显示在"错误列表"窗口，可以选择"调试|全部中断"菜单命令，调试程序，也可以选择"调试|停止调试"菜单命令，结束程序的运行，回到设计模式。

5.7 工作实训营

训练实例

(1) 训练内容

① 在 Windows 窗体中，单击【显示】按钮可以显示用户的学号和姓名，单击【关闭】按钮可以关闭整个应用程序的运行。

② 设计"书店图书管理系统"的用户登录模块，登录界面如图 5. 11 所示，若输入正确的用户名和密码，单击【登录】按钮可以进入到主界面，若输入的用户名或密码有错误，应

该给出相应的提示信息，并且登录超过三次会自动退出系统。

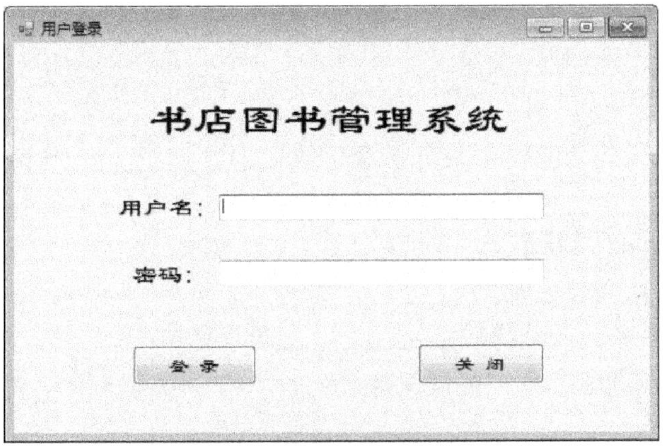

图 5.11　用户登录界面

（2）训练目的

① 掌握窗体界面的设计。

② 掌握数据库的访问技术。

③ 会编写简单的事件代码。

（3）训练过程

提示：

① 在窗体上放置 3 个 Label 控件、2 个 TextBox 控件和 2 个 Button 控件。

② 通过属性窗口设置窗体及各个控件的属性。

③ 仿照工作场景中的事件代码，为两个按钮编写 Click 事件代码。

>>> 工作实践常见问题解析

【常见问题 1】当一个窗体包含了多个控件时，如何对控件进行各种布局调整？

【答】为提高添加控件的效率，对于多个相同类型的控件可以采用复制－粘贴的方法。如果窗体上有许多控件，则可以选择那些布局已经确定的控件，右击选择“锁定控件”将这些控件的坐标、大小都锁定，此后再操作其他控件就不会影响已经锁定的控件。通过右击，再次选择“锁定控件”即可解除对控件的锁定。

【常见问题 2】设计中如何给控件对象命名？

【答】如果控件名称采用默认的命名，则不便于编程与记忆，因此通常要对控件名称进行修改。在为控件命名时，一般要遵守如下约定：控件前缀＋自定义名。控件前缀表示控件的类型，由于每个控件都有一个默认的名称，因此可从该默认名称中取出 3 个字符作为类型名。用户自定义名时最好见名知意，以便于记忆。名称的长度应不超过 40 字符。例如，“txtUsername”表示用户名的文本框，“BtnLogin”表示登录命令按钮。

习 题

一、填空题

1. 结构化程序设计的基本结构包括顺序结构、____________和循环结构。

2. 改变____________的值将会改变窗体标题栏上的内容。

3. 控件的 Enabled 属性值是____________类型的。

4. 决定控件大小属性的是____________。

5. 在设计时,属性一般是通过____________来设置的。

6. 引用 System. Data 命名空间的方法是在程序代码的通用部分加上____________________语句。

二、选择题

1. 利用 Visual Studio 2008 集成开发环境,可以(　　)。

A. 编辑、调试、编译、运行应用程序　　B. 编辑 Word 文档

C. 编辑、调试、运行应用程序　　D. 编辑、运行应用程序

2. 为了使控件在窗口大小改变时维持其相对窗体位置不变,必须设置(　　)属性。

A. 位置　　B. Location

C. Size　　D. Anchor

3. 对象可以识别与响应的某些操作行为称为(　　)。

A. 属性　　B. 方法　　C. 事件　　D. 过程

4. 在 Visual Studio 2008 集成开发环境中,不能使用(　　)语言。

A. VB.NET　　B. C#.NET

C. J#.NET　　D. Visual FoxPro

5. VB.NET 的联机帮助是(　　)。

A. MSDN　　B. CSDN　　C. HELP　　D. CDMA

6. Visual Basic 2008 中,所有包含 VB 代码的源文件的扩展名为(　　)。

A. vb　　B. frm　　C. ocx　　D. lib

7. 在选中多个控件进行宽度相同的操作时,以(　　)为基准。

A. 选择的第一个控件　　B. 基准控件

C. 选择的最后一个控件　　D. 选择的最宽的控件

8. 决定一个控件在窗体上的位置要使用(　　)属性。

A. Size　　B. Top　　C. Left　　D. Location

9. 一条语句分若干行书写时,要用空格加(　　)连接。

A. “;”　　B. “:”　　C. “_”　　D. “ - ”

10. VB.NET 提供了(　　)种方法来处理异常。

A. 1　　B. 2　　C. 3　　D. 4

三、操作题

1. 设计个人所得税计算器，如图5.12所示。

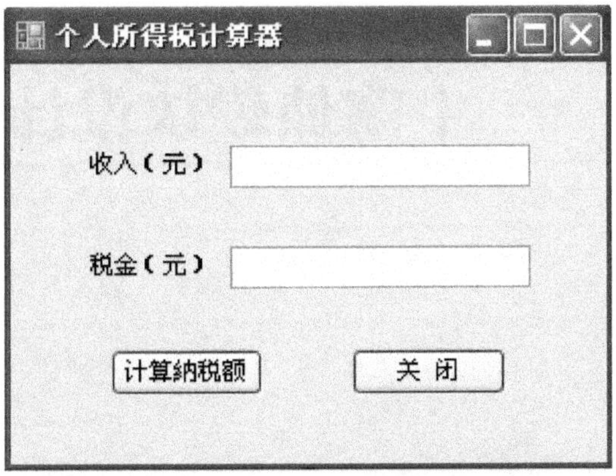

图5.12　计算个人所得税的窗体界面

基本要求：

(1) 月收入在2000元以内，免征税。

(2) 月收入在2000～3500元，超过2000元的部分纳税5%。

(3) 月收入超过3500元的部分纳税10%。

(4) 当输入用户收入金额后，按下【计算纳税额】按钮，可计算并显示所需纳税金额；按下【关闭】按钮，可结束应用程序的运行。

第6章 主窗体模块设计

本章要点

1. 创建菜单栏；
2. 创建工具栏；
3. 创建状态栏；
4. 设计多文档窗体。

技能目标

1. 掌握菜单栏的设计；
2. 掌握工具栏的设计；
3. 掌握状态栏的设计；
4. 掌握多文档窗体的设计；
5. 学会编写相应的事件代码。

6.1 工作场景导入

【工作场景】

在软件项目开发中，主窗体是软件系统的主要功能模块，具有登录权限的所有用户通过登录窗体界面正确登录后，将进入主窗体界面，并通过该功能模块进入其他相应权限的功能模块使用相应的功能。协同报价管理系统项目的主窗体界面如图 6.1 所示。用户可以通过菜单调用各子模块完成相应的功能，也可以通过工具栏调用常用的子模块功能，在状态栏中给出提示信息，显示当前的操作状态。

【引导问题】

(1) 如何创建菜单栏？
(2) 如何创建工具栏？
(3) 如何创建状态栏？
(4) 如何设计多文档窗体？
(5) 如何编写事件代码？

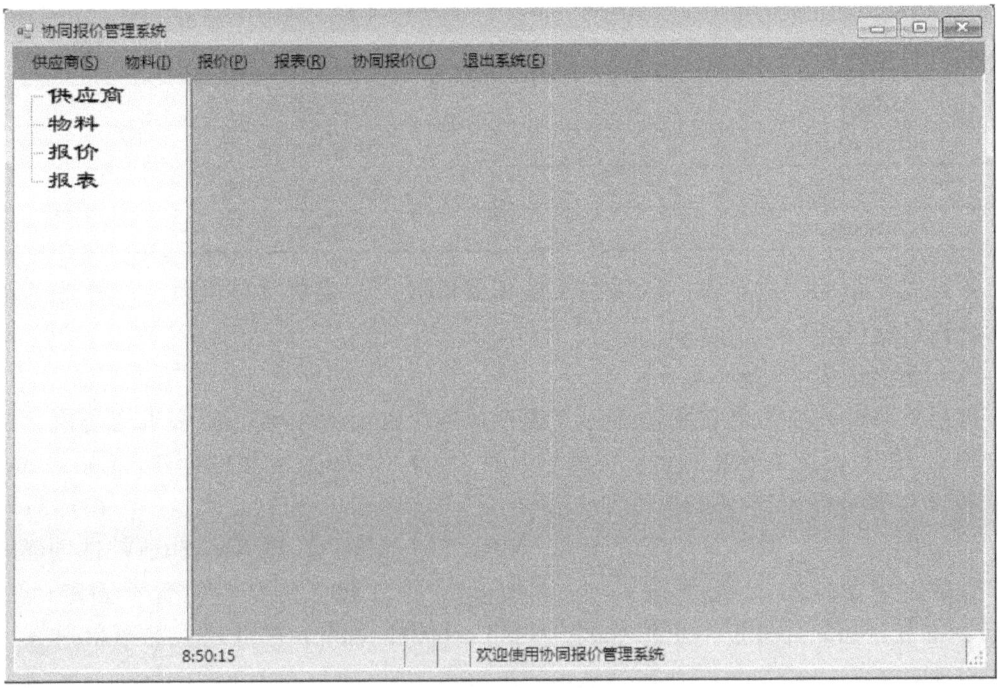

图 6.1　主窗体界面

6.2　菜单栏的设计

【学习目标】 掌握下拉式菜单的创建方法;掌握弹出式菜单的创建方法。

菜单是 Windows 界面的重要组成部分。Windows 窗体菜单一般有下拉式菜单和弹出式菜单(上下文菜单)两种。菜单的组成包括菜单项、快捷键、赋值访问键、分割条和子菜单提示符等。

(1) 下拉式菜单

下拉式菜单常用于主菜单的设计。主菜单通常位于窗体顶部的菜单栏上,包括了应用程序的所有功能。主菜单通过 MenuStrip 控件创建,该控件是非用户界面控件,在设计阶段不出现在窗体上,而是位于窗体下方专用的面板上。MenuStrip 控件中的主菜单由 MenuItem 对象组成,每个 MenuItem 对象表示的是菜单结构中单个的菜单项。MenuItem 菜单项的常用属性如表 6.1 所示。

表 6.1　MenuItem 菜单项的常用属性

属性名	描述
Name	对象名
Text	菜单项文本(可设置赋值访问键)
ShortCutKeys	快捷键设置
ShowShortCutKeys	是否显示快捷键

续表

属性名	描述
Checked	复选菜单项
RadioCheck	单选菜单项
Enabled	设置菜单项可用性
Visible	设置菜单可见性

下拉式菜单的创建步骤：① 添加菜单和菜单项；② 设置菜单项属性；③ 为菜单项编写事件过程(Click 事件)。

(2) 弹出式菜单

弹出式菜单是独立于主菜单,显示于窗体任何位置上的浮动菜单,一般通过鼠标右键单击弹出,又称上下文菜单。上下文菜单通过 ContextMenuStrip 控件创建。ContextMenuStrip 控件与 MenuStrip 控件的属性完全相同,不同之处有以下几点：① 一个窗体只需要一个 MenuStrip 控件,但可以有多个 ContextMenuStrip 控件；② 用 MenuStrip 控件创建的菜单位置固定于窗体的顶部,而用 ContextMenuStrip 控件建立的菜单位置不固定；③ 用 MenuStrip 控件可以建立多个主菜单项,而用 ContextMenuStrip 控件建立的菜单只有一个主菜单项。

值得注意的是,可以将一个弹出式菜单与几个不同的控件关联,但是每个控件只能关联一个弹出式菜单。

弹出式菜单的创建步骤：① 添加 ContextMenuStrip 控件；② 设计菜单；③ 将弹出式菜单与相应控件建立关联,将相应控件的 ContextMenuStrip 属性设置为添加的 ContextMenuStrip 控件。

(3) 访问键

访问键允许按下 Alt 键同时按下一个指定字符来打开一个菜单。一旦菜单打开,可以通过按下 Alt 键并同时按下所赋值的字符(访问键)来选择一个菜单命令。在菜单控件的标题中,一个指定的访问键表现为一个带下划线的字母。例如,在 Word 应用程序中,按下 Alt + F 键可打开"文件(F)"菜单,再按 N 键可选取"新建(N)"菜单项。

要为菜单命令设置赋值访问键,只需要单击要设置赋值访问键的菜单项,然后在要作为访问键字符的前面输入一个"&"字符即可。

注意:菜单中不能使用重复的访问键。如果多个菜单项使用同一个访问键,则该键将不起作用。例如,如果 C 同时是"剪切"和"复制"的访问键,那么,当选取"编辑"菜单且键入 C 时,则"复制"命令将被选,但只有按下 Enter 键以后,应用程序才会执行该命令。而"剪切"命令根本不会执行。

(4) 快捷键

快捷键又叫快速键或热键,是指通过某些特定的按键、按键顺序或按键组合来完成一个操作,很多快捷键往往与如 Ctrl 键、Shift 键、Alt 键、Fn 键以及 Windows 平台下的 Windows键和 Mac 机上的 Meta 键等配合使用。利用快捷键可以代替鼠标做一些工作,可以利用键盘快捷键打开和关闭"开始"菜单、桌面、菜单、对话框以及网页。例如,经常使用的打开"帮助"

命令的 F1 键;打开“复制”命令的 Ctrl + C 键;打开“粘贴”命令的 Ctrl + V 键等。

要为菜单项设置快捷键,只需要单击相应的菜单项,设置其 ShortCutKeys 属性,同时将该菜单项的 ShowShortCutKeys 属性设置为 True 即可。

访问键与快捷键的关系:在界面开发中应采取的一般原则是访问键必须有,快捷键可选,两者可以同时存在,两者的键盘方式不能重复。比如访问键使用 A,则快捷键不能同样设为 Alt + A,一般采取“Ctrl + 字母”的方式与访问键区分开。访问键只提供给系统默认菜单和功能。用户自定义的功能和第三方插件允许例外。

【实例 6.1】 设计一个“简单记事本”窗体的主菜单,其组织结构如图 6.2 所示。

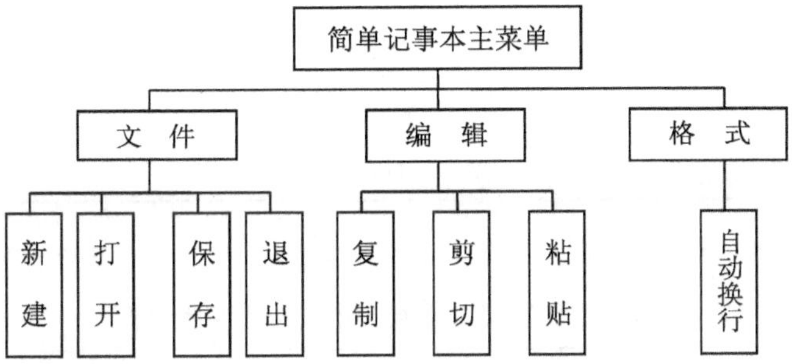

图 6.2 “简单记事本”主菜单栏的组织结构图

具体操作步骤如下:

● 新建项目 Notepad,并将其保存在“D:\工学结合教材案例”中。在“解决方案资源管理器”窗口中指向窗体文件 Form1.vb 双击,然后在“属性”窗口中设置 Text 属性为“简单记事本”。

● 在工具箱中(见图 6.3),双击“菜单和工具栏”下的 MenuStrip 控件,即可把 MenuStrip 控件添加到“简单记事本”窗体中,并修改其名称为 MnuNotepad。因为 MenuStrip 控件是不可视控件,所以它会出现在窗体下方专用的面板中,如图 6.4 所示。

图 6.3 在工具箱中找 MenuStrip 控件

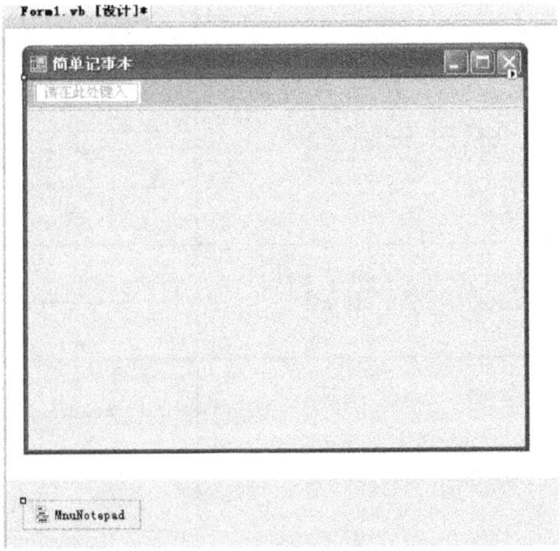

图 6.4 在窗体中添加 MenuStrip 控件对象后的效果

● 单击 MnuNotepad 控件对象，在 MnuNotepad 控件对象中添加若干菜单项 ToolStripMenuItem，并修改其属性，如表 6.2 所示。

表 6.2　主菜单项的属性设置

对象	属性	属性值
MenuStrip1	Name	MnuNotepad
ToolStripMenuItem1	Name	MnuFile
	Text	文件(&F)
ToolStripMenuItem2	Name	MnuEdit
	Text	编辑(&E)
ToolStripMenuItem3	Name	MnuPattern
	Text	格式(&P)

在主菜单对象 mnuFile 下添加如表 6.3 所示的菜单项 ToolStripMenuItem。

表 6.3　"文件"主菜单下的菜单项属性设置

对象	属性	属性值
ToolStripMenuItem4	Name	MnuNew
	Text	新建(&N)
	ShortCutKeys	Ctrl + N
	ShowShortCutKeys	True
ToolStripMenuItem5	Name	MnuOpen
	Text	打开(&O)
	ShortCutKeys	Ctrl + O
	ShowShortCutKeys	True
ToolStripMenuItem6	Name	MnuSave
	Text	保存(&S)
	ShortCutKeys	Ctrl + S
	ShowShortCutKeys	True
ToolStripMenuItem7	Name	MnuDividingLine
	Text	-
ToolStripMenuItem8	Name	MnuQuit
	Text	退出(&Q)
	ShortCutKeys	Ctrl + Q
	ShowShortCutKeys	True

在主菜单对象 mnuEdit 下添加如表 6.4 所示的菜单项 ToolStripMenuItem。

表 6.4　“编辑”主菜单下的菜单项属性设置

对象	属性	属性值
ToolStripMenuItem9	Name	MnuCopy
	Text	复制
ToolStripMenuItem10	Name	MnuCut
	Text	剪切
ToolStripMenuItem11	Name	MnuPaste
	Text	粘贴

在主菜单对象 mnuQuote 下添加如表 6.5 所示的菜单项 ToolStripMenuItem。

表 6.5　“格式”主菜单下的菜单项属性设置

对象	属性	属性值
ToolStripMenuItem12	Name	MnuWrap
	Text	自动换行

另外，在该窗体上放置 1 个 RichTextBox 控件对象、1 个 SaveFileDialog 控件对象和 1 个 OpenFileDialog 控件对象，这些控件的属性均使用默认值。“简单记事本”窗体界面如图 6.5 所示。

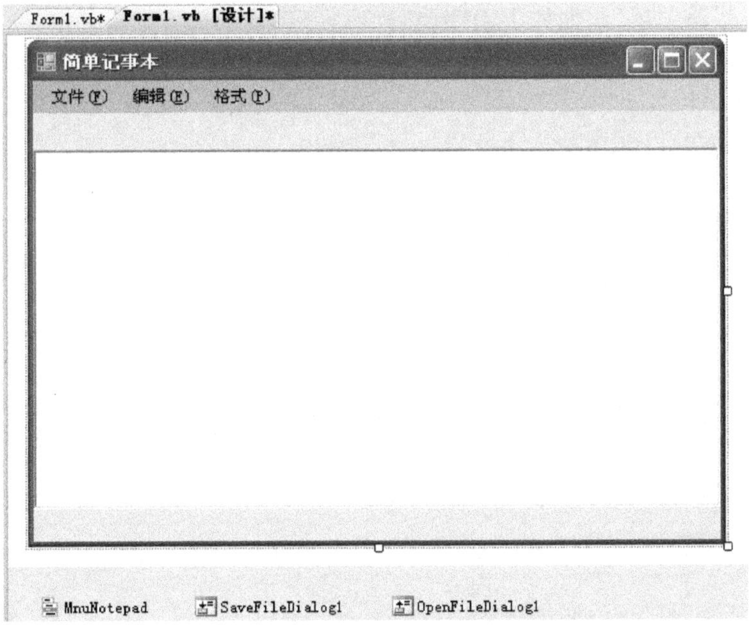

图 6.5　“简单记事本”窗体界面

- "简单记事本"窗体的相关程序代码。

双击"新建"菜单项,添加如下程序代码:

```
Private Sub MnuNew_Click(ByVal sender As System.Object, ByVal e As _
    System.EventArgs) Handles MnuNew.Click
        SaveFileDialog1.FileName ="Default.txt"
        SaveFileDialog1.DefaultExt ="txt"
        SaveFileDialog1.ShowDialog()
        FileOpen(1, SaveFileDialog1.FileName, OpenMode.Output)
        Write(1, RichTextBox1.Text)
        FileClose(1)
End Sub
```

双击"打开"菜单项,添加如下程序代码:

```
Private Sub MnuOpen_Click(ByVal sender As System.Object, ByVal e As _
    System.EventArgs) Handles MnuOpen.Click
        OpenFileDialog1.ShowDialog()
        FileOpen(2, OpenFileDialog1.FileName, OpenMode.Input)
        Do
            RichTextBox1.Text &=LineInput(2)
            RichTextBox1.Text &=vbCrLf
        Loop Until EOF(2)
        FileClose(2)
End Sub
```

双击"保存"菜单项,添加如下程序代码:

```
Private Sub MnuSave_Click(ByVal sender As System.Object, ByVal e As _
    System.EventArgs) Handles MnuSave.Click
      SaveFileDialog1.FileName ="Default.txt"
      SaveFileDialog1.DefaultExt ="txt"
      SaveFileDialog1.ShowDialog()
      FileOpen(3, SaveFileDialog1.FileName, OpenMode.Append)
      Write(3, RichTextBox1.Text)
      FileClose(3)
End Sub
```

双击"退出"菜单项,添加如下程序代码:

```
Private Sub MnuQuit_Click(ByVal sender As System.Object, ByVal e As _
    System.EventArgs) Handles MnuQuit.Click
      End
End Sub
```

双击"剪切"菜单项,添加如下程序代码:

```
Private Sub MnuCut_Click(ByVal sender As System.Object, ByVal e As _
    System.EventArgs) Handles MnuCut.Click
```

```
        RichTextBox1.Cut()
    End Sub
```

双击"复制"菜单项,添加如下程序代码:

```
    Private Sub MnuCopy_Click(ByVal sender As System.Object, ByVal e As _
      System.EventArgs) Handles MnuCopy.Click
        RichTextBox1.Copy()
    End Sub
```

双击"粘贴"菜单项,添加如下程序代码:

```
    Private Sub MnuPaste_Click(ByVal sender As System.Object, ByVal e As _
      System.EventArgs) Handles MnuPaste.Click
        RichTextBox1.Paste()
    End Sub
```

双击"自动换行"菜单项,添加如下程序代码:

```
    Private Sub MnuWrap_Click(ByVal sender As System.Object, ByVal e As _
      System.EventArgs) Handles MnuWrap.Click
        MnuWrap.Checked = Not MnuWrap.Checked
        If MnuWrap.Checked Then
            RichTextBox1.Multiline = True
        Else
            RichTextBox1.Multiline = False
        End If
    End Sub
```

- 保存文件。单击工具栏中的"全部保存"按钮,即可保存全部文件。
- 启动运行程序。单击工具栏中的"启动调试"按钮,启动运行程序。

【实例6.2】 为"简单记事本"窗体添加一个弹出式菜单,如图6.6所示。

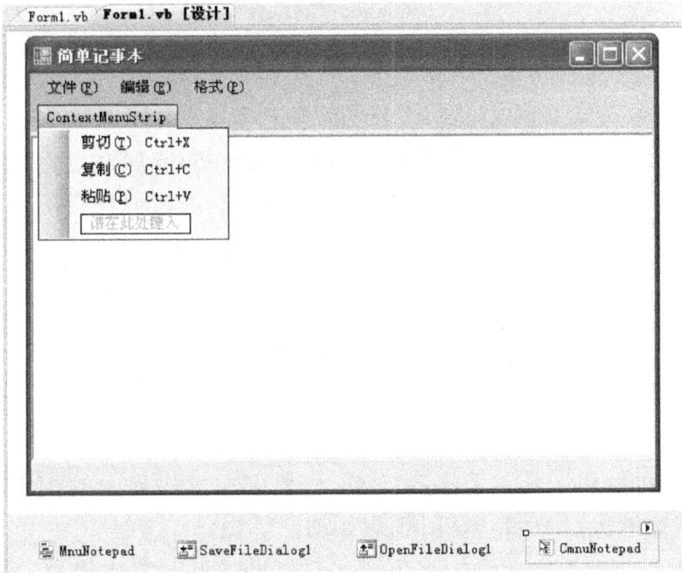

图6.6 "简单记事本"窗体的弹出式菜单

具体操作步骤如下：

● 在工具箱中，双击“菜单和工具栏”下的 ContextMenuStrip 控件，即可把 ContextMenuStrip 控件添加到“简单记事本”窗体中，并修改其名称为 CmnuNotepad。因为 ContextMenuStrip控件是不可视控件，所以它会出现在窗体下方专用的面板中。

● 单击 CmnuNotepad 控件对象，在 CmnuNotepad 控件对象中添加若干菜单项 ToolStripMenuItem，并修改其属性，如表 6.6 所示。

表 6.6　弹出式菜单项的属性设置

对象	属性	属性值
ContextMenuStrip1	Name	CmnuNotepad
ToolStripMenuItem2	Name	CmnuCut
	Text	剪切(&T)
	ShortCutKeys	Ctrl + X
	ShowShortCutKeys	True
ToolStripMenuItem3	Name	CmnuCopy
	Text	复制(&C)
	ShortCutKeys	Ctrl + C
	ShowShortCutKeys	True
ToolStripMenuItem4	Name	CmnuPaste
	Text	粘贴(&P)
	ShortCutKeys	Ctrl + V
	ShowShortCutKeys	True

● 添加相关程序代码，同实例 6.1。

● 将弹出式菜单对象 CmnuNotepad 与“简单记事本”窗体上的 RichTextBox1 控件对象建立关联，即将 RichTextBox1 控件对象的 ContextMenuStrip 属性设置为 CmnuNotepad。

● 保存文件。单击工具栏中的“全部保存”按钮，即可保存全部文件。

● 启动运行程序。单击工具栏中的“启动调试”按钮，启动运行程序。

6.3　工具栏的设计

【学习目标】 掌握工具栏的创建方法。

工具栏提供各种编辑工具。为提高效率，一般都在操作界面的相应位置设立各种工具图标，以方便快捷地进行剪切、拷贝、删除和粘贴等操作。

VB.NET 的 ToolStrip 控件包含用来创建工具栏的控件对象的集合，ToolStrip 控件包含的控件对象如表 6.7 所示。工具栏可与应用程序相关联。

表 6.7 ToolStrip 控件包含的对象

对象名	描述
ToolStripButton	按钮,用于带文本或不带文本按键
ToolStripLabel	标签,可以显示图像,可以用于显示一个静态图像,放在不显示本身信息的另一个控件上面
ToolStripSplitButton	显示一个右端带有下拉按钮的按钮,单击下拉按钮,就会在它的下面显示一下菜单。如果单击按钮本身,该菜单不会打开
ToolStripDropDownButton	类似于 ToolStripSplitButton,唯一区别是去除了下拉按钮,代之以下拉数组图像。单击按钮本身,也会打开其菜单
ToolStripSeparator	水平或垂直分隔符
ToolStripComboBox	显示一个组合框
ToolStripTextBox	显示一个文本框
ToolStripProgressBar	嵌入一个进度条

一般情况下,工具栏中的按钮与应用程序菜单中的菜单项相对应,可以用工具按钮来访问应用程序最常用的功能和命令。工具栏中的每个 Button 对象可以拥有可选的文本,或者(并且)拥有相关联的图像。可以用 Text 属性为每个 Button 对象设置文本,用 Image 属性设置图像。在设计时,可通过 ToolStrip 控件的 ToolStripButton 对象列表框加入 Button 对象。

在运行时,可以用 Add 和 Remove 方法将按钮加入 ToolStripButton 或从中删除。要在设计时添加其他控件,只需将所需要的控件加入工具栏即可。

ToolStrip 控件由一个或多个 ToolStripButton 对象构成。在设计时和运行时均可创建 ToolStripButton 对象。每个按钮可有图像、标题、工具提示,并且可以同时具有上述三种特性。工具栏按钮(ToolStripButton)控件的常用属性如表 6.8 所示。

表 6.8 ToolStripButton 工具栏按钮的常用属性

属性名	描述
Name	对象名
DisplayStyle	指定是否显示图像和文本
Image	将显示在工具栏按钮上的图像
Text	在工具栏按钮上显示的文本
ToolTipText	用户将鼠标悬停其上方时显示的提示文本
TextImageRelation	图像与文本的相对位置
Enabled	设置工具栏按钮的可用性
Visible	设置工具栏按钮的可见性

【实例6.3】 为“简单记事本”窗体添加一个工具栏,如图6.7所示。

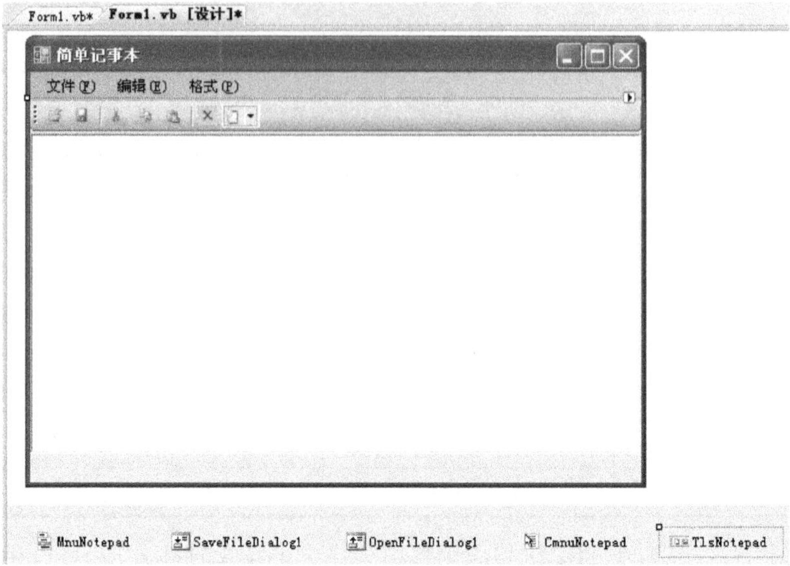

图6.7 “简单记事本”窗体的工具栏

具体操作步骤如下:

● 在工具箱中,双击“菜单和工具栏”下的ToolStrip控件,即可把ToolStrip控件添加到“简单记事本”窗体中,并修改其名称为TlsNotepad。因为ToolStrip控件是不可视控件,所以它会出现在窗体下方专用的面板中。

● 单击工具栏对象TlsNotepad中ToolStripButton列表框按钮,然后单击Button对象,便在工具栏上添加了一个工具按钮,如图6.8所示。按照这样的方法在工具栏上再添加5个Button对象和2个Separator对象。

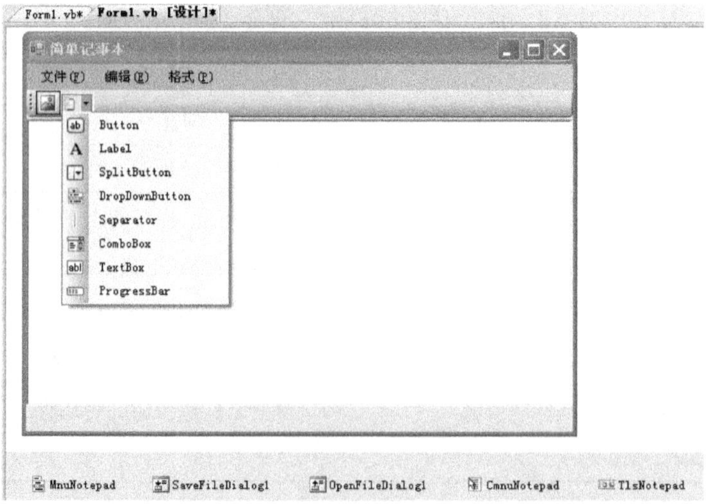

图6.8 “简单记事本”窗体的工具栏中工具按钮的添加

● 为每个 Button 对象设置 Image 属性。单击第一个 Button 对象，在属性窗口中单击 Image 属性值右侧的"..."按钮，打开如图 6.9 所示的对话框，单击此对话框的"项目资源文件"下方的【导入】按钮，选择事先准备好的图像文件后，单击【确定】按钮。

● 按照上一步的方法为其他 Button 对象添加图像。

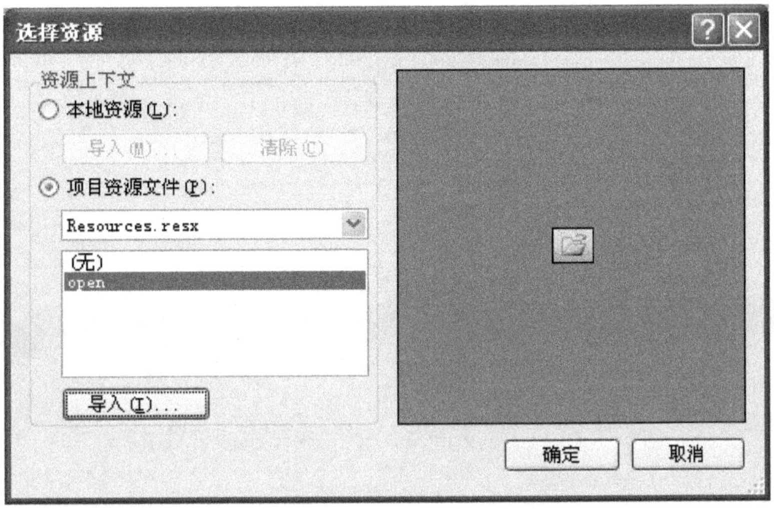

图 6.9 导入项目资源的图像文件对话框

● 修改工具栏中的各个 Button 对象的属性，如表 6.9 所示。

表 6.9 工具栏中各个 Button 对象的属性设置

对象	属性	属性值
ToolStrip1	Name	TlsNotepad
ToolStripButton1	Name	TlsBtnOpen
	ToolTipText	打开
ToolStripButton2	Name	TlsBtnSave
	ToolTipText	保存
ToolStripButton3	Name	TlsBtnCut
	ToolTipText	剪切
ToolStripButton4	Name	TlsBtnCopy
	ToolTipText	复制
ToolStripButton5	Name	TlsBtnPaste
	ToolTipText	粘贴
ToolStripButton6	Name	TlsBtnQuit
	ToolTipText	退出

● 双击 TlsNotepad 控件对象,在其 ItemClicked 事件的处理程序中添加如下程序代码:

```
Private Sub TlsNotepad_ItemClicked(ByVal sender As System.Object, _
  ByVal e As System.Windows.Forms.ToolStripItemClickedEventArgs) _
  Handles TlsNotepad.ItemClicked
        Select Case TlsNotepad.Items.IndexOf(e.ClickedItem)
            Case 0
                Call Me.MnuOpen_Click(sender, e)
            Case 1
                Call Me.MnuSave_Click(sender, e)
            Case 3
                Call Me.MnuCut_Click(sender, e)
            Case 4
                Call Me.MnuCopy_Click(sender, e)
            Case 5
                Call Me.MnuPaste_Click(sender, e)
            Case 7
                Call Me.MnuQuit_Click(sender, e)
        End Select
End Sub
```

● 保存文件。单击工具栏中的"全部保存"按钮,即可保存全部文件。

(8) 启动运行程序。单击工具栏中的"启动调试"按钮,启动运行程序。

6.4 状态栏的设计

状态栏为应用程序提供了一个位置,使其可以在不打断用户工作的情况下为用户显示信息,例如光标在窗体上的位置、系统时间等。

状态栏通常显示在窗口底部,具有若干"窗格",每个窗格显示独立的信息。

在 VB.NET 中,可以通过 StatusStrip 控件给应用程序添加一个状态栏。StatusStrip 控件是 ToolStripStatusLabel, ToolStripProgressBar, ToolStripDropDownButton, ToolStripSplitButton 的容器。通常,StatusStrip 控件由 ToolStripStatusLabel 对象组成,每个这样的对象都可以显示文本或图标,或者同时显示这两者。ToolStripStatusLabel 对象的常用属性有 Name, Text, DisplayStyle, Size, AutoSize 等。

【实例 6.4】 为"简单记事本"窗体添加一个状态栏,如图 6.10 所示。

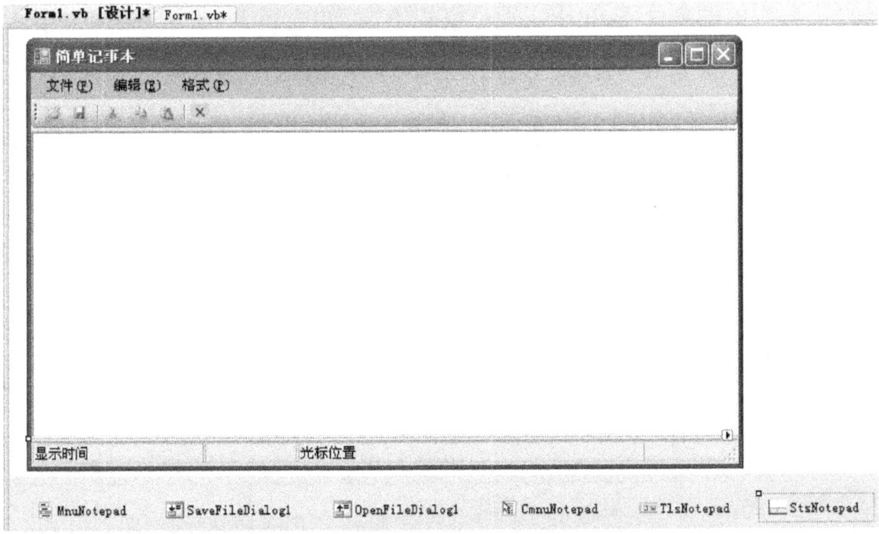

图 6.10　“简单记事本”窗体的状态栏

具体操作步骤如下：

● 在工具箱中，双击“菜单和工具栏”下的 StatusStrip 控件，即可把 StatusStrip 控件添加到“简单记事本”窗体中，并修改其名称为 StsNotepad。因为 StatusStrip 控件是不可视控件，所以它会出现在窗体下方专用的面板中。

● 单击状态栏对象 StsNotepad 中 ToolStripStatusLabel 列表框按钮，然后单击 Status Label对象，便在状态栏上添加了一个窗格，如图 6.11 所示。按照这样的方法在状态栏上再添加 3 个 StatusLabel 对象。

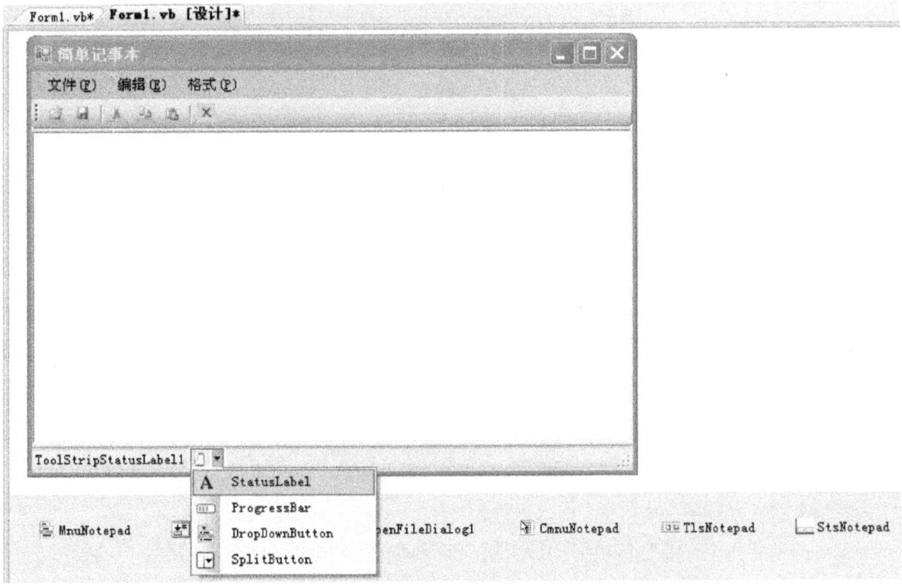

图 6.11　“简单记事本”窗体的状态栏中窗格的添加

● 修改状态栏中的各个 StatusLabel 对象的属性,如表 6.10 所示。

表 6.10 状态栏中各个 StatusLabel 对象的属性设置

对象	属性	属性值
StatusStrip1	Name	StsNotepad
ToolStripStatusLabel1	Name	StsLblTime
	Text	显示时间
	TextAlign	MiddleLeft
	BorderSides	Left, Right
	AutoSize	False
	Size	150, 17
ToolStripStatusLabel2	Name	StsLblDiv1
	Text	
	BorderSides	Left, Right
	AutoSize	False
	Size	80, 17
ToolStripStatusLabel3	Name	StsLblCursorpos
	Text	光标位置
	TextAlign	MiddleLeft
	BorderSides	Left, Right
	AutoSize	False
	Size	200, 17
ToolStripStatusLabel4	Name	StsLblDiv2
	Text	
	BorderSides	Left, Right
	AutoSize	False
	Size	80,17

● 双击 RichTextBox1 控件对象,在其 SelectionChanged 事件的处理程序中添加如下程序代码:

```
Private Sub RichTextBox1_SelectionChanged(ByVal sender As Object, _
  ByVal e As System.EventArgs) Handles RichTextBox1. _
  SelectionChanged
    Dim x = RichTextBox1.GetLineFromCharIndex(RichTextBox1. _
      SelectionStart)
    Dim pos = RichTextBox1.GetPositionFromCharIndex(RichTextBox1. _
```

```
    SelectionStart)
   Dim m = RichTextBox1.GetCharIndexFromPosition(pos)
   Dim n = RichTextBox1.GetFirstCharIndexFromLine(x)
   Dim y = m - n
   StsLblCursorpos.Text = "行:" & (x + 1) & ",     列:" & (y + 1)
End Sub
```

同样地,双击窗体并在代码编辑窗口中输入代码。窗体的装载事件代码如下:

```
Private Sub Form1_Load(ByVal sender As System.Object, ByVal e As _
  System.EventArgs) Handles MyBase.Load
       StsLblTime.Text = Now
End Sub
```

● 保存文件。单击工具栏中的"全部保存"按钮,即可保存全部文件。

● 启动运行程序。单击标准工具栏中的"启动调试"按钮,启动运行程序。程序的运行结果如图6.12所示。

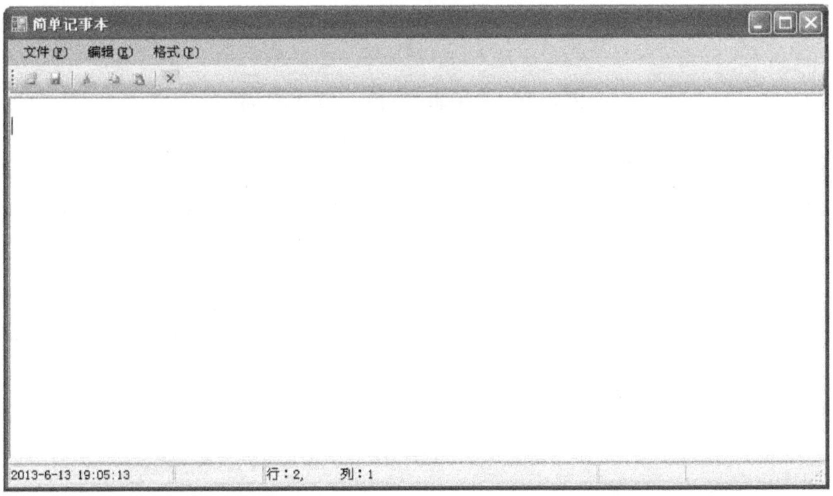

图6.12 程序运行结果

6.5 多文档窗体的设计

6.5.1 应用程序界面

Windows应用程序的用户界面主要有两种:单文档界面(SDI)和多文档界面(MDI)。此外,资源管理器样式的用户界面也越来越多地出现在应用程序中。

单文档界面(SDI)是指在一个应用程序中,用户在同一时刻只能操作一个文档。在这类应用程序中,一次只能打开一个窗口,另外打开一个文档时会自动关闭当前打开的活动文档。比如,Windows系统中包含的"记事本"应用程序就是SDI界面。在"记事本"应用程序中,同一时刻只能打开一个文档,要打开另一个文档,就必须先关闭当前文档,如图 6.13 所示。

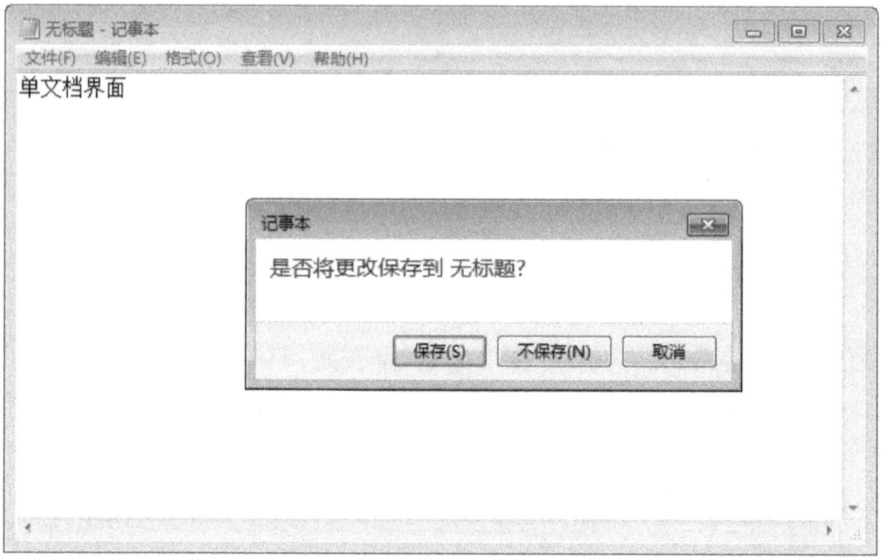

图 6.13 "记事本"应用程序界面

多文档界面(MDI)指在一个应用程序中允许用户同时操作多个文档,如 Microsoft Excel。在该应用程序中可打开多个文件,并可通过切换窗口激活相应的文档进行编辑,如图 6.14 所示。

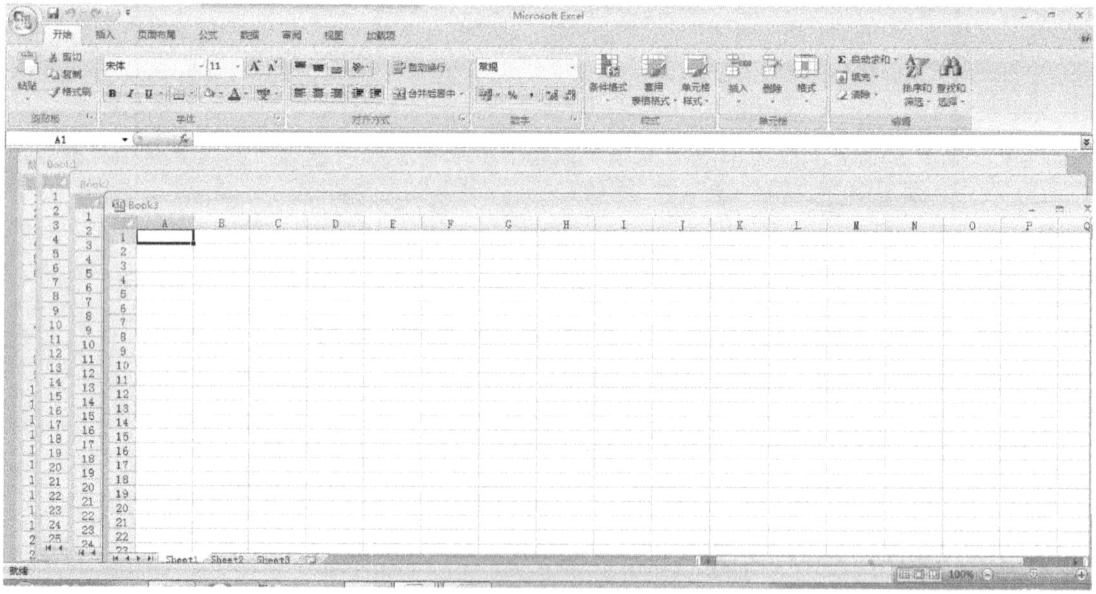

图 6.14 "Microsoft Excel"应用程序界面

资源管理器样式界面是包含两个窗格或者区域的一个单独窗口，通常由左半部分的一个树形或层次型的视图和右半部分的一个显示区域组成。这种样式的界面可用于定位或者浏览大量的文档、图片或文件。比如 Windows 资源管理器就是一个资源管理器样式的界面，如图 6.15 所示。

图 6.15　“Windows 资源管理器”界面

6.5.2　设计 MDI 应用程序

VB.NET 中的多文档界面窗体即 MDI 窗体，允许用户同时打开多个文件进行操作。在 MDI 应用程序中，有一个窗体叫作主窗体，即 MDI 父窗体，其他窗体称为 MDI 子窗体。MDI 子窗体始终处在 MDI 父窗体内部，MDI 父窗体的位置移动会导致 MDI 子窗体的位置发生相应改变。

在 VB.NET 中，设计多文档界面（MDI）的应用程序的步骤如下。

（1）添加 MDI 父窗体

在“解决方案资源管理器”窗口中指向项目右击，在弹出的快捷菜单中选择“添加|Windows 窗体”新建一个窗体，打开该窗体，然后在“属性”窗口中设置该窗体的 IsMdiContainer 属性为 True。这样就建立了一个 MDI 父窗体。

通过设置 IsMdiContainer 属性可将窗体的显示和行为更改为 MDI 父窗体。当此属性设置为 True 时（默认情况下，IsMdiContainer 的属性为 False），该窗体显示为具有凸起边框的凹陷工作区，所有属于该父窗体的 MDI 子窗体都在该父窗体的工作区内显示。

(2) 添加 MDI 子窗体

在项目中新建窗体。有多少个 MDI 子窗体,就在项目中新建多少个窗体。新建窗体后修改窗体对象名。

(3) 在 MDI 父窗体中添加程序代码

在项目中新建窗体后,这些窗体只是一些普通独立的 Windows 窗体,需要编写程序代码,设置新建窗体的 MdiParent 属性为某个 MDI 父窗体,从而成为这个 MDI 父窗体的 MDI 子窗体。例如,MDI 父窗体对象名为 FrmFather,一个 MDI 子窗体对象名为 FrmChild,则在 MDI 父窗体中添加的程序代码如下:

```
Public FrmChildw As FrmChild                '声明一个 MDI 子窗体对象


If IsNothing(FrmChildw) = True Then         '判断这个 MDI 子窗体对象是否存在
        '如果 DI 子窗体对象不存在,则新建 MDI 子窗体对象
        FrmChildw = New FrmChild
        '指定 MDI 子窗体对象的 MdiParent 属性为当前窗体
        FrmChildw.MdiParent = Me
        FrmChildw.Show()                    '将 MDI 子窗体对象显示出来
Else
        FrmChildw.Activate()                '如果 MDI 子窗体对象存在,则将其激活
End If
```

【实例 6.5】 设计一个包含两个子窗体的多文档界面应用程序,如图 6.16 所示。

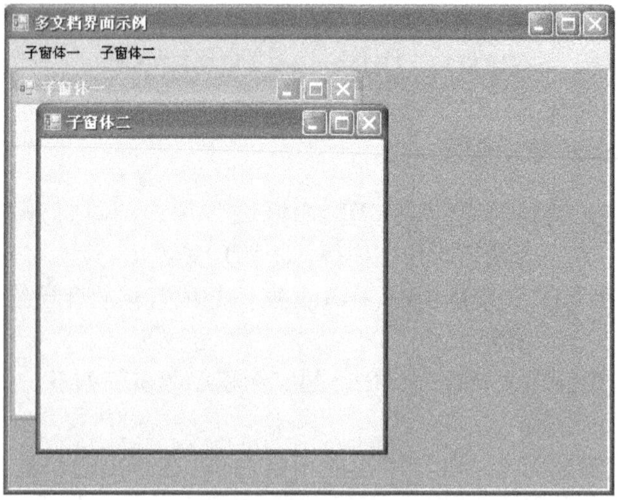

图 6.16 多文档界面应用程序

具体操作步骤如下:

● 新建项目 Exam_MDI,并将项目保存在"D:\工学结合教材案例"中。在"解决方案资源管理器"窗口中指向窗体文件 Form1.vb 右击,在弹出的快捷菜单中选择"重命名",将窗体文件名修改为 MDIForm.vb。

● 在“解决方案资源管理器”窗口中指向窗体文件 MDIForm.vb 双击，打开该窗体，然后在“属性”窗口中修改其对象名为 MDIForm，设置 IsMdiContainer 属性为 True，设置 Text 属性为多文档界面示例。

● 在主窗体 MDIForm 上添加一个菜单栏，设置两个主菜单项“子窗体一”和“子窗体二”，并将这两个菜单项的对象名分别修改为 MnuChildFirst 和 MnuChildSecond。

● 在项目 Exam_MDI 中新建两个窗体：FrmChildA.vb，FrmChildB.vb。在“解决方案资源管理器”窗口中双击 FrmChildA.vb，然后在“属性”窗口中设置 Text 属性为子窗体一；在“解决方案资源管理器”窗口中双击 FrmChildB.vb，然后在“属性”窗口中设置 Text 属性为子窗体二。

● 在“解决方案资源管理器”窗口中双击主窗体文件 MDIForm.vb，然后双击“子窗体一”菜单项，在打开的代码编辑器中添加如下代码：

```
Public FrmChildAw As FrmChildA                              '声明子窗体对象
Private Sub MnuChildFirst_Click(ByVal sender As System.Object, ByVal _
  e As System.EventArgs) Handles MnuChildFirst.Click
        If IsNothing(FrmChildAw) = True Then                '子窗体对象是否存在
            FrmChildAw = New FrmChildA                      '新建子窗体对象
            '指定子窗体对象的 MdiPa-rent属性为当前窗体
            FrmChildAw.MdiParent = Me
            FrmChildAw.Show()                               '子窗体对象显示
        Else
            FrmChildAw.Activate()                           '激活子窗体对象
        End If
End Sub
```

● 在“解决方案资源管理器”窗口中双击主窗体文件 MDIForm.vb，然后双击“子窗体二”菜单项，在打开的代码编辑器中添加如下代码：

```
Public FrmChildBw As FrmChildB
Private Sub MnuChildSecond_Click(ByVal sender As System.Object, ByVal _
  e As System.EventArgs) Handles MnuChildSecond.Click
        If IsNothing(FrmChildBw) = True Then
            FrmChildBw = New FrmChildB
            FrmChildBw.MdiParent = Me
            FrmChildBw.Show()
        Else
            FrmChildBw.Activate()
        End If
End Sub
```

● 单击工具栏中的“全部保存”按钮，保存全部文件。

● 单击工具栏中的“启动调试”按钮，启动运行程序。

6.6 回到工作场景

通过6.2节至6.5节内容的学习,应该掌握了菜单栏设计、工具栏设计、状态栏设计和MDI设计的基本方法,此时足以完成主窗体模块的设计。下面将回到6.1节介绍的工作场景中,完成工作任务。

【工作过程一】打开项目。

在资源管理器中找到解决方案的存储位置,鼠标双击"E:\教材编写\工学结合教材\VB.NET项目开发教程\QuoteManager\QuoteManager.sln"文件,即可打开Quote-Manager项目,如图6.17所示。

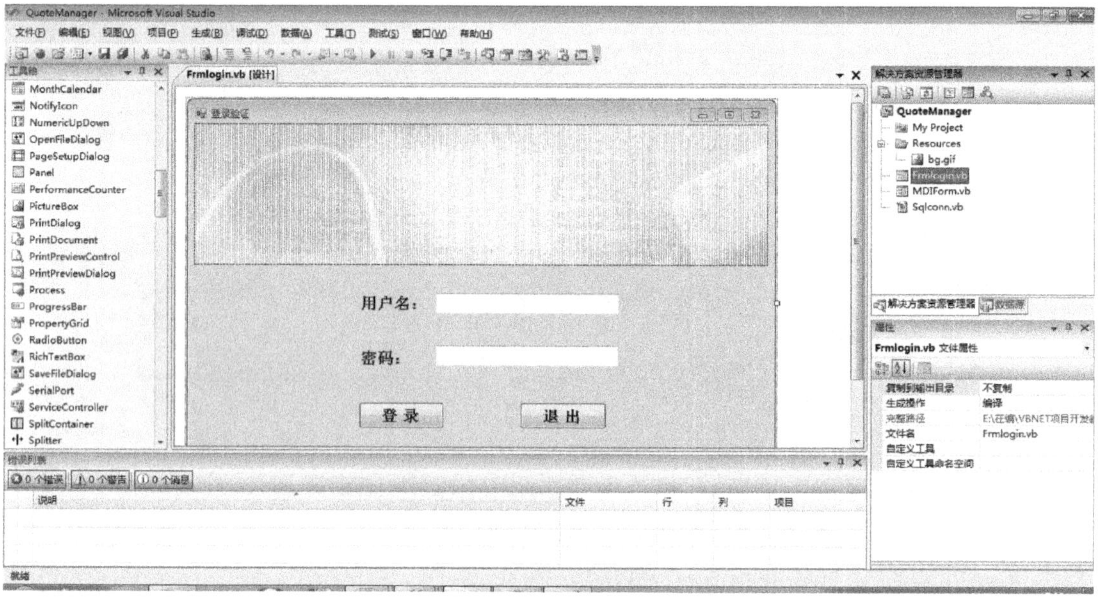

图6.17 QuoteManager项目打开后的界面

【工作过程二】在主窗体中添加相关控件。

双击"解决方案资源管理器"窗口中的MDIForm.vb文件后,在"窗体设计器"中打开主窗体MDIForm,然后进行主窗体的界面设计。在工具箱窗口的"所有Windows窗体"选项卡中双击MenuStrip控件,在主窗体中出现MenuStrip1菜单对象。利用相同的方法,在窗体上放置1个StatusStrip控件、1个TreeView控件和1个Splitter控件。

【工作过程三】设置相关控件的属性。

(1) 设置主窗体对象的属性。在窗体设计器中,单击MDIForm窗体,在属性窗口中修改窗体的属性,如表6.11所示。

表 6.11　主窗体的属性设置

对象	属性	属性值
Form1	Name	MDIForm
	Text	协同报价管理系统
	IsMdiContainer	True
	Size	1024，768
	BackColor	GradientInactiveCaption
	WindowState	Maximized

（2）单击主窗体上的 MenuStrip1 控件对象，在属性窗口中将其 Name 属性值修改为 mnuMenuStrip，在 mnuMenuStrip 控件中添加若干 ToolStripMenuItem，并在属性窗口中修改其属性，如表 6.12 所示。

表 6.12　主菜单项的属性设置

对象	属性	属性值
ToolStripMenuItem1	Name	mnuSupply
	Text	供应商(&S)
ToolStripMenuItem2	Name	mnuItem
	Text	物料(&I)
ToolStripMenuItem3	Name	mnuQuote
	Text	报价(&P)
ToolStripMenuItem4	Name	mnuReport
	Text	报表(&R)
ToolStripMenuItem5	Name	mnuCoQuote
	Text	协同报价(&C)
ToolStripMenuItem6	Name	mnuExit
	Text	退出系统(&E)

在供应商主菜单项下添加如表 6.13 所示的二级 ToolStripMenuItem 项。

表 6.13　mnuSupply 下二级菜单项的属性设置

对象	属性	属性值
ToolStripMenuItem7	Name	mnuSupplyQuery
	Text	供应商查询(&Q)
ToolStripMenuItem8	Name	mnuSupplyAddM
	Text	供应商增改(&A)
ToolStripMenuItem9	Name	mnuSupplyDel
	Text	供应商删除(&D)
ToolStripMenuItem10	Name	MnuSupplyPriceManager
	Text	供应商价格管理(&P)

在物料主菜单项下添加如表 6.14 所示的二级 ToolStripMenuItem 项。

表 6.14 mnuItem 下二级菜单项的属性设置

对象	属性	属性值
ToolStripMenuItem11	Name	mnuItemQuery
	Text	物料查询
ToolStripMenuItem12	Name	mnuItemAddM
	Text	物料增改
ToolStripMenuItem13	Name	mnuItemDel
	Text	物料删除
ToolStripMenuItem14	Name	MnuItemBOM
	Text	物料 BOM

在报价主菜单项下添加如表 6.15 所示的二级 ToolStripMenuItem 项。

表 6.15 mnuQuote 下二级菜单项的属性设置

对象	属性	属性值
ToolStripMenuItem15	Name	mnuQuoteQuery
	Text	报价查询
ToolStripMenuItem16	Name	mnuQuoteAdd
	Text	报价新增

在报表主菜单项下添加如表 6.16 所示的二级 ToolStripMenuItem 项。

表 6.16 mnuReport 下二级菜单项的属性设置

对象	属性	属性值
ToolStripMenuItem17	Name	mnuICItemReport
	Text	物料清单报表
ToolStripMenuItem18	Name	mnuQuoteReport
	Text	报价明细表

在协同报价主菜单项下添加如表 6.17 所示的二级 ToolStripMenuItem 项。

表 6.17 mnuCoQuote 下二级菜单项的属性设置

对象	属性	属性值
ToolStripMenuItem19	Name	mnuSplycoquote
	Text	供应商协同报价

（3）单击主窗体上的 TreeView1 控件对象，在属性窗口中将其 Name 属性值修改为 M_Tree，将其 Dock 属性值设置为 Left，然后单击该控件右上角的按钮，在弹出的菜单中选择“编辑节点”，将弹出“TreeNode 编辑器”窗口。在此窗口中，单击“添加根”按钮添加 4 个节点，并设置各个节点的属性值，如表 6.18 所示。

表 6.18　M_Tree 控件对象中各节点的属性设置

对象	属性	属性值
节点 0	Name	M_Supply
	Text	供应商
节点 1	Name	M_ICItem
	Text	物料
节点 2	Name	M_Quote
	Text	报价
节点 3	Name	M_Report
	Text	报表

（4）单击主窗体上的 Splitter1 控件对象，在属性窗口中将其 Dock 属性值设置为 Left。

（5）单击主窗体上的 StatusStrip1 控件对象，在属性窗口中将其 Name 属性值设置为 StsMdi，并在该控件中添加若干 ToolStripStatusLabel，然后单击该控件右上角的按钮，在弹出的菜单中选择“编辑项”，将弹出“项集合编辑器”窗口，在此窗口中设置各个 ToolStrip-StatusLabel 的属性值，如表 6.19 所示。

表 6.19　StsMdi 控件对象中各 ToolStrip StatusLabel 的属性设置

对象	属性	属性值
ToolStripStatusLabel1	Name	StsTime
	AutoSize	False
	Size	300，21
	BorderSides	Right
ToolStripStatusLabel2	Name	StsSpace1
	AutoSize	False
	Size	25，21
	BorderSides	Right
ToolStripStatusLabel3	Name	StsSpace2
	AutoSize	False
	Size	25，21
	BorderSides	Right
ToolStripStatusLabel4	Name	StsText
	AutoSize	False
	BorderSides	Right
	Spring	True
	Text	欢迎使用协同报价管理系统
	TextAlign	MiddleLeft

至此，主界面设计完成，点击“启动调试” 按钮就会出现如图 6.1 所示的界面效果。

【工作过程四】 编写程序代码。

主窗体及其控件对象的属性设置完成后，需要编写相应的程序代码以实现相应的功能。在此处只编写了简单的程序代码，其他的程序代码在后续的章节中介绍。

双击 MDIForm 主窗体，进入代码编写窗口，在主窗体的 Load 事件过程中输入相应代码，实现在状态栏的第一栏中显示系统当前时间。具体代码如下：

```
Private Sub MDIForm_Load(ByVal sender As System.Object, ByVal e As _
  System.EventArgs) Handles MyBase.Load
        StsTime.Text = DateTime.Now.ToLongTimeString        '显示系统当前时间
End Sub
```

双击菜单栏中的“退出系统”菜单项，进入代码编写窗口，输入相应代码。具体代码如下：

```
Private Sub mnuExit_Click(ByVal sender As System.Object, ByVal e As _
  System.EventArgs) Handles mnuExit.Click
        conn.Close()                                        '关闭数据库连接
        End                                                 '退出系统
End Sub
```

【工作过程五】 保存文件。

单击工具栏中的“全部保存” 按钮，将文件全部保存。

【工作过程六】 调试、编译、运行。

选择“调试|逐语句”菜单命令或者选择“调试|逐过程”菜单命令调试程序。选择“调试|启动调试”菜单命令编译并运行程序，若在运行过程中报错，出错信息会显示在“错误列表”窗口，可以选择“调试|全部中断”菜单命令调试程序，也可以选择“调试|停止调试”菜单命令结束程序的运行，回到设计模式。

6.7 工作实训营

训练实例

(1) 训练内容

① 设计书店图书管理系统的用户主界面模块，主界面如图 6.18 所示，该窗体为 MDI 主窗体，在此窗体上设计菜单栏、工具栏、状态栏，并添加相关程序代码实现对应功能。

② “数据维护”主菜单下的二级菜单有：图书管理、供应商管理、图书销售管理、图书退货管理。

③ “报表”主菜单下的二级菜单有：图书书目报表、缺书书目报表、日销售报表。

④ “文件数据生成”主菜单下的二级菜单有：生成缺书书目文件。

⑤“退出”主菜单下的二级菜单有:退出。

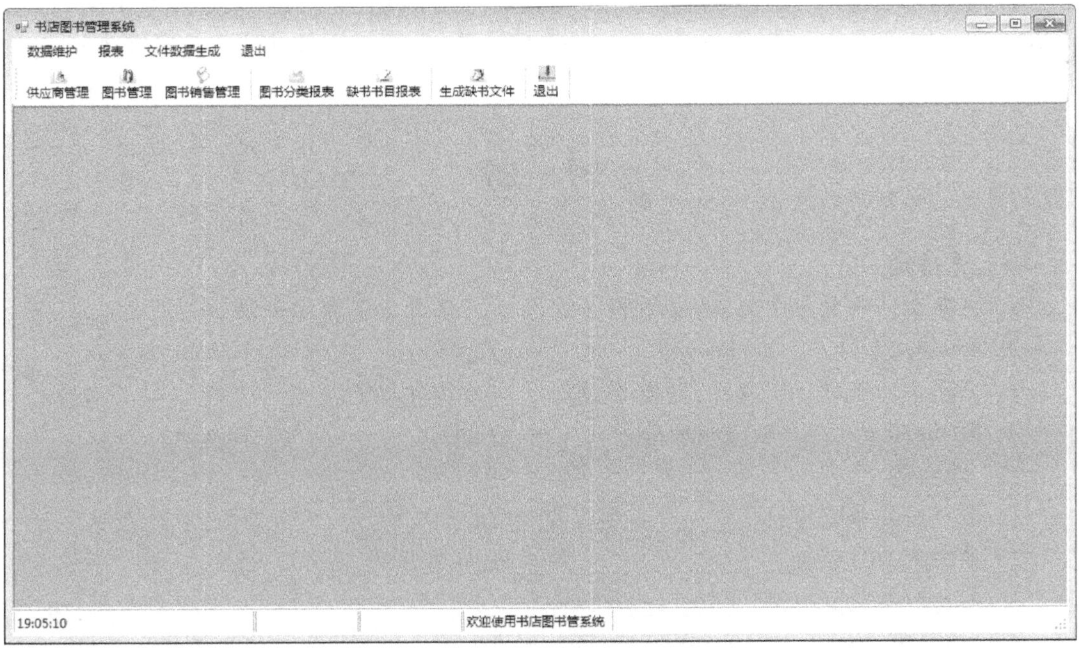

图 6.18　“书店图书管理系统”的主界面

(2) 训练目的

① 掌握窗体界面中菜单栏的设计。

② 掌握窗体界面中工具栏的设计。

③ 掌握窗体界面中状态栏的设计。

④ 掌握 MDI 设计。

⑤ 会编写相应的程序代码。

(3) 训练过程

提示:

① 在窗体上放置 1 个 MenuStrip 控件、1 个 ToolStrip 控件和 1 个 StatusStrip 控件。

② 通过属性窗口设置各个控件的属性。

③ 仿照工作场景中的事件代码编写相应的程序代码。

工作实践常见问题解析

【常见问题 1】在设计菜单时要注意什么?

【答】在设计菜单时要注意以下几点:① 菜单和菜单项的首字母应大写;② 为每个菜单项分配唯一的菜单热键;③ 可为菜单项设置快捷键。

【常见问题 2】系统的启动窗体可以更改吗?

【答】系统的启动窗体是可以更改的。通过选择“项目|项目属性”菜单项,然后在“启动窗体”下拉列表中选择要更改的窗体的对象名,即可更改启动窗体。

【常见问题3】在设计窗体界面时,如何更好地进行窗体布局?

【答】在窗体界面设计时,通过设置相关控件的 Dock 属性来实现窗体布局,使用 Splitter 控件隔离各个控件,对于有多个控件的某部分,还可以使用 Panel 控件来规划布局,但是要注意控件放置的先后顺序。

习　题

一、选择题

1. 将某窗体设置为父窗体,必须将它的(　　)属性设置为 True。

A. Enabled　　B. Locked　　C. TopMost　　D. IsMdiContainer

2. 要在窗体上设计工具栏,则需要添加(　　)控件对象。

A. StatusStrip　　B. ToolStrip　　C. ToolTip　　D. Button

二、填空题

1. 下拉式菜单是通过__________控件创建的。
2. 弹出菜单是通过____________________控件创建的。
3. 创建状态栏是使用__________控件。

三、简答题

1. 有哪几种方法可以在列表框添加选项?
2. 如果要一个定时器每半分钟产生一个 Tick 控件,则 InterVal 属性应设置为多少?
3. 代码中如何判断用户在通用对话框中选择了"取消"按钮?
4. 创建弹出菜单需要什么控件? 通过什么属性才能将控件与弹出菜单建立关联?
5. 如果项目中包含多个窗体,那么如何指定某一个窗体是启动窗体?
6. 如何在工具栏按钮上设置图像?
7. 简述创建 MDI 父窗体和 MDI 子窗体的步骤。
8. 状态栏能显示图标吗?

第7章　供应商管理模块设计

本章要点

1. 类和对象的创建及使用；
2. 类的属性、方法、事件和构造函数；
3. 类的继承、类的多态性；
4. 供应商信息的查询、新增、更新及删除；
5. 供应商价格的查询、新增、更新及删除。

技能目标

1. 掌握类和对象的创建及使用；
2. 掌握类的属性、方法、事件和构造函数；
3. 掌握类的继承；
4. 掌握类的多态性；
5. 掌握使用数据命令实现数据的查询、新增、更新及删除。

7.1　面向对象程序设计

7.1.1　面向对象程序设计的基本特性

面向对象程序设计(Object Oriented Programming,OOP)是一种计算机编程架构,它将数据(即属性)及对数据的操作(即方法)放在一起,作为相互依存、不可分割的整体处理,它采用数据抽象和信息隐藏技术,将对象及对象的操作抽象成一种新的数据类型——类,并且考虑不同对象之间的联系和对象类的重用性。

一个对象的内部结构如图7.1所示。

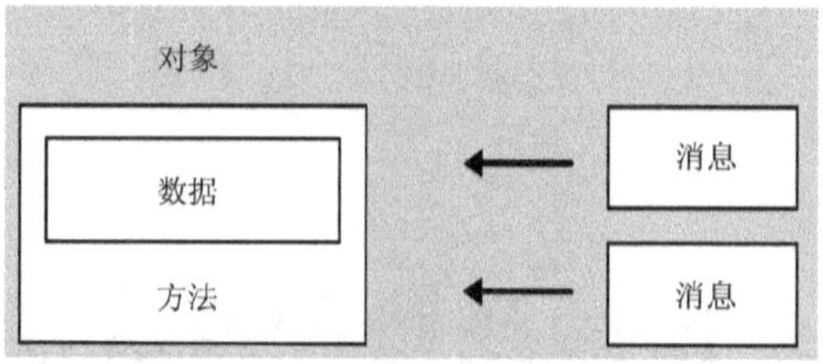

图 7.1 对象的组成结构示意图

面向对象程序设计具有以下 3 个基本特性。

(1) 封装性(Encapsulation):在面向对象的程序设计方法中,封装具有两方面的含义。一方面是指将对象的属性和方法形成一个不可分割的整体;另一方面是指"数据隐藏",即对象只应保留有限的对外接口(即和外界联系的方法),并尽可能隐藏对象内部的具体细节。也就是说,封装在对象和外界之间建立了一道屏障,使得外界只能通过对象所提供的接口(即对象的方法)与之发生联系,而外界不能以其他方式直接修改对象的属性值,从而增加了代码的安全性。

(2) 继承性(Inheritance):在面向对象的程序设计中,允许在已有类的基础上通过增加新特征而派生出新的类,这称为继承。其原有的类称为基类(Base Class),而新建立的类称为派生类。只要将新类说明为某个类的派生类,则该派生类会自动地继承了这个基类的属性和方法,这些内容在新类中可以直接使用而不必重新定义。这显然减少了软件开发的工作量,也实现了代码的重用。

(3) 多态性(Polymorphism):多态性是指基类中定义的属性或行为,被派生类继承之后,可以具有不同的数据类型或表现出不同的行为特征,使得同样的消息可以根据发送消息对象的不同而采用多种不同的行为方式。

7.1.2 类和对象的定义

(1) 类的定义

① 类定义的语法格式

在 VB.NET 中,类是通过 Class…End Class 语句来定义的。

类定义的语法格式如下:

```
[访问修饰符] Class 类名
        数据成员的说明
        属性的定义
        方法的定义
        事件的定义
End Class
```

说明:

● 格式中的"访问修饰符"可以是 Public,Private,Protected,Friend 等,如表 7.1 所示,用于表示类的访问权限,默认是 Private。

表 7.1　类访问修饰符的访问权限

访问修饰符	访问权限
Private	私有访问权限,仅在类体内可被访问,不能在类外访问
Protected	受保护的访问权限,只能在其声明的类及其派生类中访问
Public	公共访问权限,在类内及类外都可以访问,即访问不受限制
Friend	友元,从同一程序集内部访问,而不能从程序集外部访问
Protected Friend	Protected 和 Friend 的联合,派生类或同一程序集内,或两者皆可

● “类名”是用户给定的类的名称,其命名规则同变量的命名规则,每个类都必须有类名。

● 类内部的成员有四种:数据成员、属性、事件和方法。

② 类定义的位置

类实质上就是一个代码块,可以出现在程序的不同位置。比较常见的有以下几种位置:

● 放在窗体的代码窗口中,与窗体类并列定义。

```
Public Class Form1          '窗体类定义开始
…
End Class                   '窗体类定义结束
Class Myclass               '用户自定义类开始
…
End Class                   '用户自定义类结束
```

● 在窗体类中定义类,新类嵌在原有的窗体类中。

```
Public Class Form1          '窗体类定义开始
…
       Class Myclass        '用户自定义类开
       …
       End Class            '用户自定义类结束
…
End Class                   '窗体类定义结束
```

● 创建模块(Module),在其中定义类。

在 VB.NET 集成开发环境下,在菜单栏中单击“项目”菜单项,在出现的下拉菜单中单击“添加新项”或“添加模块”菜单命令,在模块中定义类。

```
Module Module1              '模块定义开始
…
      Class Myclass         '用户自定义类开始
      …
      End Class             '用户自定义类结束
…
End Module                  '模块定义结束
```

● 创建类文件,在其中定义类。

在 VB.NET 集成开发环境下,在菜单栏中单击"项目"菜单项,在出现的下拉菜单中单击"添加类",创建类文件(默认文件名 Class1. vb),单击【添加】命令按钮,这时系统就在类文件 Class1. vb 中生成了类 Class1 的模板,用户可以在此基础上进一步完善该类。

(2) 在类中定义数据成员

类中的数据成员用于存储有关的数据,表示对象的状态和特征,就像在一个过程内部可以定义该过程中的局部变量一样。在类中定义数据成员的基本语法格式如下:

```
[访问修饰符] [Shared] 数据成员名 As 数据类型[ =初始值]
```

其中:

① 访问修饰符可以是 Private,Public,Protected 等,以表示该成员的作用范围。

② 在类中定义数据成员时,也可以在其后面加上" =初始值"的方法对该成员进行初始化,这种初始化方法与普通变量的初始化方法完全相同。

③ 关键字"Shared":表示该数据成员是共享成员,类的所有实例共享该数据成员,而不是在类的每个实例中各自含有该成员的一个拷贝,因此类的共享数据成员可以通过类或类的实例来访问,访问方式是"类名. 数据成员名"或"类的实例名. 数据成员名"。

例如:

```
Public Class Student                          '定义类 Student
    Public Sno As String                      '学号
     Private Sname As String                  '姓名
     Private Speciality As String             '专业
     Private E_Score As Integer               '英语成绩
End Class
```

(3) 对象的定义及其成员的访问

当类定义完毕后,就可以用该类声明(或定义)属于该类的对象(或实例)。

① 定义类的对象的语法格式

用类声明对象的方法,与前面所学习的定义普通变量的方法基本一致,对象的声明形式如下:

```
[Dim |Private |Public] 对象变量名 As [New] 类名
```

说明:

● Dim,Private,Public 的含义与普通变量声明中的含义相同。

● 类可以是 VB.NET 预定义的类(如 Form,TextBox,Label,Button 等),也可以是用户自己定义的类。

● New 关键字用来创建类的实例。如果省略 New 关键字,则表示只声明了变量属于某种类,而不创建类的实例。

● 可以定义对象数组。如:Dim s(5) As New Student。该数组中的所有元素都是 Student 类型的对象实例,每个元素可分别作为一个对象来使用。

② 利用对象访问成员

其一般形式为:

```
对象变量名.成员名
```

需要注意的是,被访问的成员必须在类中被声明为 Public 访问权限,因为只有这种类型的成员才能在类外被访问。

例如,对于上面定义的 Student 类来说,设有如下语句:

```
Dim stu1 As New Student
```

这样就定义了 Student 类的一个对象 stu1,该对象就具有 Student 类的一套成员,即 Sno,Sname,Speciality,Score。要访问其中的成员 Sno 就可以写为 Stul. Sno,但是不能利用 stu1 来访问其他三个成员即 Sname,Speciality,Score。例如,不能写为 stul. Sname,因为这三个成员在类中都是 Private 访问修饰。

(4) 方法的定义及调用

① 在类中定义方法

类的方法(也可称为类的成员函数)就是指类中定义的那些 Sub 过程或 Function 函数过程。

对于没有返回值的方法的定义格式是:

```
[访问修饰符][过程修饰符][Shared] Sub 方法名([形式参数表])
…
End Sub
```

对于有返回值的方法的定义格式是:

```
[访问修饰符][过程修饰符][Shared]Function  方法名([形式参数表]) As 数据类型
…
End Sub
```

说明:

- "访问修饰符"可以是 Public,Private,Protected,Friend 等,用于表示所定义的方法的访问权限。
- "过程修饰符"可以是 Overloads,Overridable,Overrides,NotOverridable,MustOverride 等。
- 关系字"Shared":表示该方法在类的所有实例中属于共享方法,共享方法的调用使用"类名. 方法名"的形式,而不用"对象名. 方法名"的形式。

【实例 7.1】 定义学生类,并在学生类中定义用于输入和输出数据成员值的方法。

```
Public Class Student                    '定义类 Student
   Private Sno As String                '学号
   Private Sname As String              '姓名
   Private Speciality As String         '专业
   Private E_Score As Integer           '英语成绩

   Public Sub InputStudent(ByVal strNumber As String, ByVal strName _
     As String, ByVal strSpc As String)
       Sno = strNumber
       Sname = strName
       Speciality = strSpc
```

```
    End Sub

    Public Sub OutputStudent()
        Dim strTmp As String
        strTmp = Sno & " 号 " & Sname & " 同学 " & Speciality & " 专业 "
        messageBox.Show(strTmp)
    End Sub
End Class
```

② 方法的调用

方法的调用需要利用类的对象来完成，当定义了某类的一个对象后，就可以利用该对象调用其中的方法，格式是：

```
对象名.方法名([实际参数表])
```

【实例7.2】 使用已有的类 Student 定义对象，并通过调用类的方法对相关数据成员进行输入与输出。

```
Private Sub Button1_Click(ByVal sender As System.Object, ByVal e As _
  System.EventArgs) Handles Button1.Click
        Dim stu1 As New Student         '用 Student 类声明一个对象
        stu1.InputStudent("120202101", "陈伟", "计算机应用技术")
        stu1.OutputStudent()
End Sub
```

执行程序代码，运行结果如图 7.2 所示。

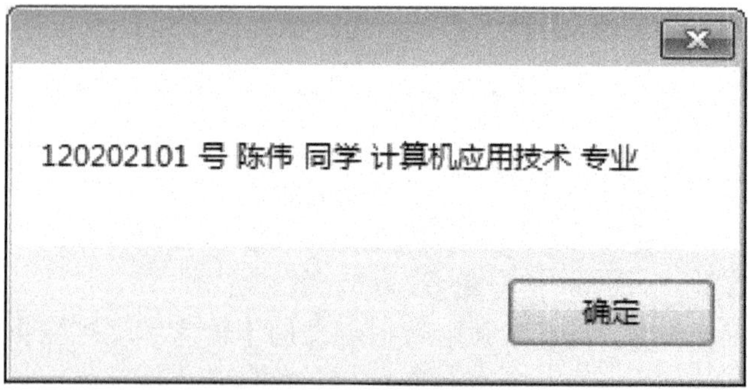

图 7.2 测试 Student 类的运行结果

(5) 属性的定义与使用

类的属性用于描述相关对象的状态特征。在类中定义属性，可用 Property…End Property语句，该语句的格式是：

```
[访问修饰符][属性修饰符][ReadOnly |WriteOnly] Property 属性名(形参列表) As
  数据类型
      Get
      …
      End Get
```

```
        Set(ByVal 形参名 As 数据类型)
        …
        End Set
    End Property
```

说明：

● “访问修饰符”用来指定属性的作用域，可以是 Public（公有）、Private（私有）、Protected（保护）、Friend 等，含义同前。

● “属性修饰符”可以是 Overloads，Overrides，Overridable，NotOverridable，MustOverride。

● Get…End Get 部分用于定义获取属性值的操作。如果没有此部分，则该属性为只写属性，这时属性的定义格式中必须注明 WriteOnly，格式如下：

```
[访问修饰符] WriteOnly Property 属性名(形参列表) As 数据类型
    Set(ByVal 形参名 As 数据类型)
    …
    End Set
End Property
```

● Set…End Set 部分用于设置属性值的操作。如果没有此部分，则该属性为只读属性，这时属性的定义格式中必须注明 ReadOnly，格式如下：

```
[访问修饰符] ReadOnly Property 属性名(形参列表) As 数据类型
    Get
    …
    End Get
End Property
```

【实例 7.3】 为已有的 Student 类添加 Property 过程，并分别测试通过调用类的方法和新定义的属性过程对相关数据成员进行输入与输出。

```
Public Class Student
    Private Sno As String                 '学号
    Private Sname As String               '姓名
    Private Speciality As String          '专业
    Private E_Score As Integer            '英语成绩

    Public Property StuE_Score() As Integer
        Get
            Return E_Score
        End Get
        Set(ByVal value As Integer)
            If value >=0 And value <=100 Then
                E_Score = value
            Else
                MessageBox.Show("输入的成绩不合法!")
```

```
                End If
            End Set
        End Property

        Public Sub InputStudent(ByVal strNumber As String, ByVal strName _
          As String, ByVal strSpc As String)
            Sno = strNumber
            Sname = strName
            Speciality = strSpc
        End Sub

        Public Sub OutputStudent()
            Dim strTmp As String
            strTmp = Sno & " 号 " & Sname & " 同学 " & speciality & " 专业 "
            messageBox.Show(strTmp)
        End Sub
    End Class
    Private Sub Button1_Click(ByVal sender As System.Object, ByVal e As _
      System.EventArgs) Handles Button1.Click
            Dim stu1 As New Student          '用 Student 类声明一个对象
            stu1.InputStudent("120202101", "陈伟", "计算机应用技术")
            stu1.StuE_Score = 90
            stu1.OutputStudent()
    End Sub
```

执行程序代码,运行结果如图 7.3 所示。

图 7.3　测试 Student 类的运行结果

(6) 事件的定义和使用

事件为类和类的实例(即对象)提供向外界发出通知的能力,通过事件对象可以响应用户的操作,与用户进行交互。

事件与方法类似,在声明方式上基本差不多,唯一的差别是在类的定义体中,必须写明该类中方法的实现代码,而事件则是在声明对象后,由程序员针对自己的需要编写相应该对象的事件过程实现代码 。

事件定义与使用的过程是：

① 在类中用 Event 语句定义事件的名称及其相关参数，语法格式是：

```
[访问修饰符] Event 事件名称([形式参数表])
```

② 在类中有关的程序代码中用 RaiseEvent 语句引发事件，语法格式是：

```
RaiseEvent 事件名称([实际参数表])
```

③ 在类的外部，程序代码中所有过程的外部用带有 WithEvents 关键字的语句定义该类的对象，语法格式是：

```
[Dim|Private|Public] WithEvents 对象名 As New 类名
```

④ 在代码编辑窗口中编写③中定义的对象发生了已定义的事件的事件过程代码，也就是编写当该对象发生了前面所定义的事件后应该完成的工作的程序代码。此步与编写窗体中的某个对象的事件过程代码的过程完全一致。

【实例 7.4】 为已有的 Student 类添加一个 ChangeScore 事件的定义，当对类中的成绩成员的值进行修改，超出 0～100 的范围时引发该事件，并对超出值的范围给出提示信息“成绩必须在 0～100 分之间!”。

```
Public Class Student
    Private Sno As String                    '学号
    Private Sname As String                  '姓名
    Private Speciality As String             '专业
    Private E_Score As Integer               '英语成绩

    Event ChangeScore(ByVal valid As Integer)    '声明事件

    Public Sub InputStudent(ByVal strNumber As String, ByVal strName _
      As String, ByVal strSpc As String)
        Sno = strNumber
        Sname = strName
        Speciality = strSpc
    End Sub

    Public Property StuE_Score() As Integer
        Get
            Return E_Score
        End Get
        Set(ByVal value As Integer)
            If value >= 0 And value <= 100 Then
                E_Score = value
            Else
                MessageBox.Show("输入的成绩不合法!")
            End If
        End Set
```

```
        End Property

        Public Sub OutputStudent()
            Dim strTmp As String
            strTmp = Sno & "号" & Sname & "同学" & speciality & "专业" & _
              "  英语成绩:" & E_Score
            MessageBox.Show(strTmp)
        End Sub

        Public Sub validate()
            If E_Score < 0 Or E_Score > 100 Then
                RaiseEvent ChangeScore(1)       '引发事件
            End If
        End Sub
    End Class
```

在窗体代码编辑器窗口中,输入如下代码:

```
    Dim WithEvents sco As New Student       '定义事件对象
    '定义事件处理程序
        Public Sub obj_ChangeScore(ByVal valid As Integer) Handles sco. _
          ChangeScore
            If valid = 1 Then
                MessageBox.Show("成绩必须在 0 ~100 分之间!")
            End If
        End Sub
```

（7）构造函数和析构函数

① 构造函数的基本概念与定义格式

每个类必须有一个构造函数,没有构造函数就不能创建对象。构造函数用来在创建对象时初始化对象,即为对象的成员变量赋初值。

在类中定义构造函数的一般格式如下:

```
    Public Sub New([形式参数表])
    …
    End Sub
```

构造函数的特点如下:

● 构造函数的名称必须是 New,且必须是一个访问权限为 Public 的 Sub 过程。

● 可以重载,即可以在类中定义多个参数个数不同或参数类型不同而名称都为 New 的构造函数。在定义对象时,系统会根据参数的类型及个数选择调用某一种合适的构造函数完成对象的构造。

● 构造函数在创建对象时由系统自动调用,在程序中不能像调用普通函数那样进行显式地直接调用。

② 默认构造函数

● 如果在类中没有显式定义构造函数，则系统自动为该类生成一个默认构造函数，其格式如下：

```
Public Sub New()
End Sub
```

可见，该默认构造函数是不带参数的、函数体为空的函数，它仅负责创建对象，而不做任何初始化工作。

● 只要在类中已经定义过任何形式的构造函数，则系统就不再生成默认构造函数。

③ 析构函数

对象可以被创建，也可以被销毁，就像变量一样，具有生存周期。创建一个对象时，系统会自动为它分配一定的系统资源。若销毁对象，则系统会自动收回所分配资源，如关闭数据文件、释放所配置的内存空间等。

在对象的生存周期结束时，系统将自动调用析构函数完成对象的销毁，析构函数是一个名称为 Finalize 的 Sub 过程。

【实例 7.5】 为 Student 类添加一个构造函数，用于初始化类成员。

```
Public Class Student
    Private Sno As String                  '学号
    Private Sname As String                '姓名
    Private Speciality As String           '专业
    Private E_Score As Integer             '英语成绩

    Sub New(ByVal strNumber As String, ByVal strName As String, ByVal _
      strSpc As String)
        Sno = strNumber
        Sname = strName
        speciality = strSpc
        E_Score = 0
    End Sub

  Public Property StuE_Score() As Integer
        Get
            Return E_Score
        End Get
        Set(ByVal value As Integer)
            If value >= 0 And value <= 100 Then
                E_Score = value
            Else
                MessageBox.Show("输入的成绩不合法!")
            End If
        End Set
```

```
        End Property

        Public Sub OutputStudent()
            Dim strTmp As String
            strTmp = Sno & "号" & Sname & "同学" & speciality & "专业" & _
              "   英语成绩:" & E_Score
            messageBox.Show(strTmp)
        End Sub
    End Class
```

7.1.3 类的继承与派生

(1) 基类与派生类

① 基类和派生类的基本概念

在继承关系中,被继承的类称为基类(Base Class)(或父类),而通过继承关系定义出来的新类则被称为派生类(Derived Class)(或子类)。

② 派生类的定义格式

在 VB.NET 中使用 Inherits 语句来指明派生类的基类,定义派生类的格式是:

```
[访问修饰符] Class 派生类名
          Inherits 基类名
 …
 End Class
```

(2) 派生类的构造函数

由于派生类继承了基类中除构造函数和析构函数之外的全部成员,因此,若需要对派生类对象进行初始化,则需要定义新的构造函数,并且该构造函数负责调用基类的构造函数以完成基类的有关成员的初始化工作,定义派生类的构造函数的一般格式如下:

```
Public Sub New(派生类构造函数总参数表)
    MyBase.New(基类构造函数参数表)
    派生类数据成员的初始化
End Sub
```

【实例7.6】 有一个父类 Student,在 Student 类的基础上派生出一个计算机专业的学生类 ComputerStudent,并编写有关的程序进行测试。

```
Public Class Student                       '父类
    Private Sno As String                  '学号
    Private Sname As String                '姓名
    Private Speciality As String           '专业
    Private E_Score As Integer             '英语成绩

    Sub New(ByVal strNumber As String, ByVal strName As String, ByVal _
      strSpc As String)
        Sno = strNumber
```

```
        Sname = strName
        Speciality = strSpc
        E_Score = 0
    End Sub

    Public Property StuE_Score() As Integer
        Get
            Return E_Score
        End Get
        Set(ByVal value As Integer)
            If value >= 0 And value <= 100 Then
                E_Score = value
            Else
                MessageBox.Show("输入的成绩不合法!")
            End If
        End Set
    End Property

    Public Sub OutputStudent()
        Dim strTmp As String
        strTmp = Sno & " 号 " & Sname & " 同学 " & speciality & " 专业 " & _
          "    英语成绩:" & E_Score
        MessageBox.Show(strTmp)
    End Sub
End Class
'定义一个子类 ComputerStudent,继承于父类 Student
Public Class ComputerStudent
    Inherits Student
    Private C_Score As Integer

    Sub New(ByVal strNumber As String, ByVal strName As String, ByVal _
      strSpc As String)
        MyBase.New(strNumber, strName, strSpc)
        C_Score = 0
    End Sub

    Public Property stuC_Score() As Integer
        Get
            Return C_Score
        End Get
        Set(ByVal value As Integer)
```

```
                If value >=0 And value <=100 Then
                    C_Score = value
                Else
                    MessageBox.Show("输入的分数不合法!")
                End If
            End Set
        End Property

        Public Sub OutputStuScore()
            Dim strTmp As String
            strTmp = "C++成绩:" & C_Score
            MessageBox.Show(strTmp)
        End Sub
    End Class
```

分别为父类 Student 和子类 ComputerStudent 实例化一个对象,观察父类和子类的属性和方法,代码如下:

```
    Private Sub Button1_Click(ByVal sender As System.Object, ByVal e As
      System.EventArgs) Handles Button1.Click
            '用 Student 类声明一个对象,并初始化该对象
            Dim stu1 As New Student("120202101", "陈伟", "计算机应用技术")
            stu1.StuE_Score = 90
            stu1.OutputStudent()
      End Sub

    Private Sub Button2_Click(ByVal sender As System.Object, ByVal e _
      As System.EventArgs) Handles Button2.Click
            Dim stu1 As New ComputerStudent("120202102", "王林霞", _
              "计算机应用技术")
            stu1.StuE_Score = 86
            stu1.stuC_Score = 92
            stu1.OutputStudent()
            stu1.OutputStuScore()
    End Sub
```

执行程序代码,测试父类 Student 的运行结果如图 7.3 所示,测试子类 ComputerStudent 的运行结果如图 7.4 所示。

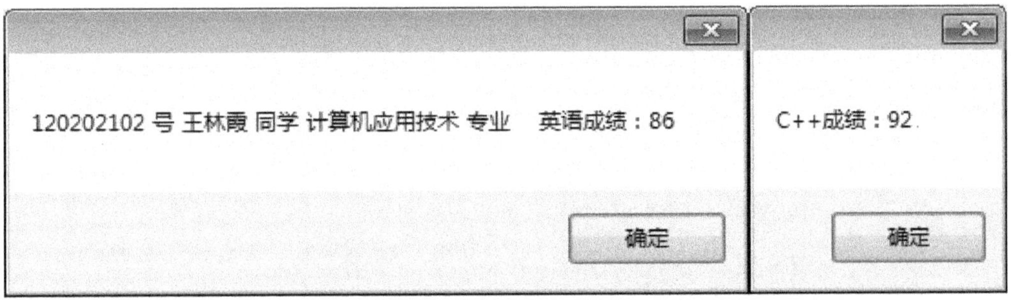

图 7.4　测试子类 ComputerStudent 的运行结果

7.1.4　类的多态性

（1）重载（Overloads）

重载是指在类中存在多个同名的属性或方法的定义，但是这些同名的属性或方法的参数个数或参数的类型应该有所不同，以便编译系统进行区分。

重载有以下两种情况：

① 在同一个类中出现属性或方法的重载，这时在定义属性或方法时可以加上修饰符 Overloads，也可以不加，但是只要其中有一个属性或方法加上了修饰符 Overloads，其他所有的重载属性或方法的定义中也必须都加上修饰符 Overloads。

② 在派生类中重载从基类继承来的属性或方法，这时需要在派生类中的相应属性和方法的定义中加上修饰符 Overloads。

（2）重写（Overrides）

派生类对从基类继承来的属性和方法进行改写。

重写要求被重写的方法或属性的名称、参数的个数和类型都不能改变。

① 在基类定义属性或方法时加上 Overridable，表示此属性或方法可以在派生类中被重写。

② 在派生类中重写从基类继承来的属性或方法时，需要在派生类中的相应属性和方法的定义中加上修饰符 Overrides。

【实例 7.7】　定义一个父类 Operation，在该类定义一个 Add 方法，用于返回两个整数相加的和，再定义一个子类 NewOperation，它既要继承父类 Operation 已有的 Add 方法，还要对 Add 方法进行扩展，使得用 Add 方法可以将两个字符串相加，程序代码如下：

```
Public Class Operation
  Public Function Add(Byval intNuma As Integer,Byval intNumb As _
    Integer) As Integer
      Add = intNuma + intNumb
  End Funtion
End Class


Public Class NewOperation
```

```
    Public Overloads Function Add(Byval intNuma As String,Byval intNumb _
      As String) As String
      Add = intNuma & intNumb
    End Funtion
  End Class
  '用子类实例化对象,分别调用父类和子类的 add 方法
  Private Sub Button1_Click(ByVal sender As System.Object, ByVal e As _
    System.EventArgs) Handles Button1.Click
        Dim obj As New NewOPeration                        '用子类实例化一个对象
        MessageBox.Show(obj.Add(3,5))                       '调用父类的 Add 方法
        MessageBox.Show(obj.Add("Visual ","Basic"))         '调用子类的 Add 方法
    End Sub
```

7.1.5 供应商类的定义

要为供应商定义一个类 ClsSupply,以便在新增供应商信息时提供一个完善的实现,需满足以下条件:一是在操作员输入数据的时候,不能直接赋值给对象的字段,因为要确保对象编程的数据的安全性,避免其他恶意代码的窜改;二是在操作员提交输入的数据时,要判断输入数据的合法性,比如供应商必要的信息不能为空、某些信息不能超过规定的长度等;三是如果检测到操作员输入的数据不合法时,应引发一个事件,该事件关联一个事件处理程序,用于提示操作员出错及纠错提示;四是如果操作员输入的数据是合法的,就可以保存数据。

在"解决方案资源管理器"窗口的 QuoteManager 项目上右击,在弹出的快捷菜单中选择"添加|类"菜单项,然后定义供应商类 ClsSupply,程序代码如下:

```
Public Class ClsSupply
    Private strsupname As String
    Private strsuplinker As String
    Private strsupphone As String
    Private strsupaddress As String

    Public Event invalidProviderData(ByVal valid As Integer)      '声明事件

    Public Property supplyname() As String
        Get
            Return strsupname
        End Get
        Set(ByVal value As String)
            If value <>"" And value.Length <=50 Then
                strsupname = value
            Else
                MessageBox.Show("供应商名称不能为空,也不能多于 50 个字符!")
```

```
        End If
    End Set
End Property
Public Property supplylinker() As String
    Get
        Return strsuplinker
    End Get
    Set(ByVal value As String)
        If value <>"" And value.Length <=50 Then
            strsuplinker = value
        Else
            MessageBox.Show("供应商联系人不能为空,也不能多于50个字符!")
        End If
    End Set
End Property
Public Property supplyphone() As String
    Get
        Return strsupphone
    End Get
    Set(ByVal value As String)
        If value <>"" And value.Length <=50 And IsNumeric _
          (value)=True Then
            strsupphone = value
        Else
            MessageBox.Show("供应商联系人电话不能为空,不能是数字以外的" _
              & "字符,也不能多于50个字符!")
        End If
    End Set
End Property
Public Property supplyaddress() As String
    Get
        Return strsupaddress
    End Get
    Set(ByVal value As String)
        If value <>"" And value.Length <=50 Then
            strsupaddress = value
        Else
            MessageBox.Show("供应商地址不能为空,也不能多于50个字符!")
        End If
    End Set
End Property
```

```
    Public Sub New()
        strsupname = ""
        strsuplinker = ""
        strsupphone = ""
        strsupaddress = ""
    End Sub

    Public Sub inputdata(ByVal strname As String, ByVal strlinker _
      As String, ByVal strphone As String, ByVal straddress As String)
        supplyname = strname
        supplylinker = strlinker
        supplyphone = strphone
        supplyaddress = straddress
    End Sub

    Public Sub showdata()
        Dim strtmp As String
        strtmp = "你输入的供应商信息如下:" & Chr(10)
        strtmp + = "      名称:" & strsupname & Chr(10)
        strtmp + = "      联系人:" & strsuplinker & Chr(10)
        strtmp + = "      电话:" & strsupphone & Chr(10)
        strtmp + = "      地址:" & strsupaddress & Chr(10)
        MessageBox.Show(strtmp)
    End Sub
    Public Sub validatedata()
        If supplyname = "" Then
            RaiseEvent invalidProviderData(1)                    '引发事件
        ElseIf supplylinker = "" Then
            RaiseEvent invalidProviderData(2)
        ElseIf supplyphone = "" Then
            RaiseEvent invalidProviderData(3)
        ElseIf supplyaddress = "" Then
            RaiseEvent invalidProviderData(4)
        End If
    End Sub
End Class
```

7.2　供应商信息管理模块设计

供应商管理功能模块设置了供应商查询、供应商增加、供应商更改、供应商删除及供应商价格管理五个子功能模块，这五个子功能模块实现的程序代码分别组织到供应商主菜单下的五个二级子菜单的 Click 事件程序代码中。

供应商信息管理模块功能需要设计窗体界面来实现，供应商的增加、更改及删除功能在窗体 FrmSupply 中实现，供应商查询子功能是在窗体 FrmSupplyQuery 中实现的，供应商价格管理子功能是在窗体 FrmSupplyPrice 中实现的，供应商供货的物料名称和报价的新增和更改子功能是在窗体 FrmSupplyPriceAM. vb 中实现的。

供应商信息管理模块由于对供应商的信息有效地进行管理，例如，供应商的名称、地址及联系方式等。协同报价管理系统项目中供应商信息管理模块的界面如图 7.5 所示。

图 7.5　供应商信息管理模块窗体界面

【工作过程一】　供应商信息管理窗体的界面设计。

鼠标箭头指向“解决方案资源管理器”窗口中的项目名 QuoteManager 右击，选择“添加|Windows 窗体”菜单命令，将弹出添加新项对话框，在名称栏里将 Form1. vb 改名为 FrmSupply. vb，然后单击【添加】按钮，添加供应商信息管理模块窗体，其窗体的属性设置如表 7.2 所示。

表 7.2 供应商信息管理窗体属性设置

对象	属性名	属性值
Form1	Name	FrmSupply
	Text	供应商信息管理
	BackColor	GradientInactiveCaption
	Size	786，666
	WindowState	Maximized

在供应商信息管理模块窗体 FrmSupply 上添加一个 ToolStrip 控件来设计工具栏，通过 ToolStrip 控件的 Items 属性在工具栏上添加工具按钮。供应商信息管理窗体工具栏如图 7.6 所示。

图 7.6 供应商信息管理窗体界面工具栏

单击工具栏→工具栏右上角出现“ ▸ ”→单击该按钮，选择“编辑项”→弹出“项集合编辑器”对话框设置工具栏按钮属性，如图 7.7 所示。工具栏按钮属性设置如表 7.3 所示。

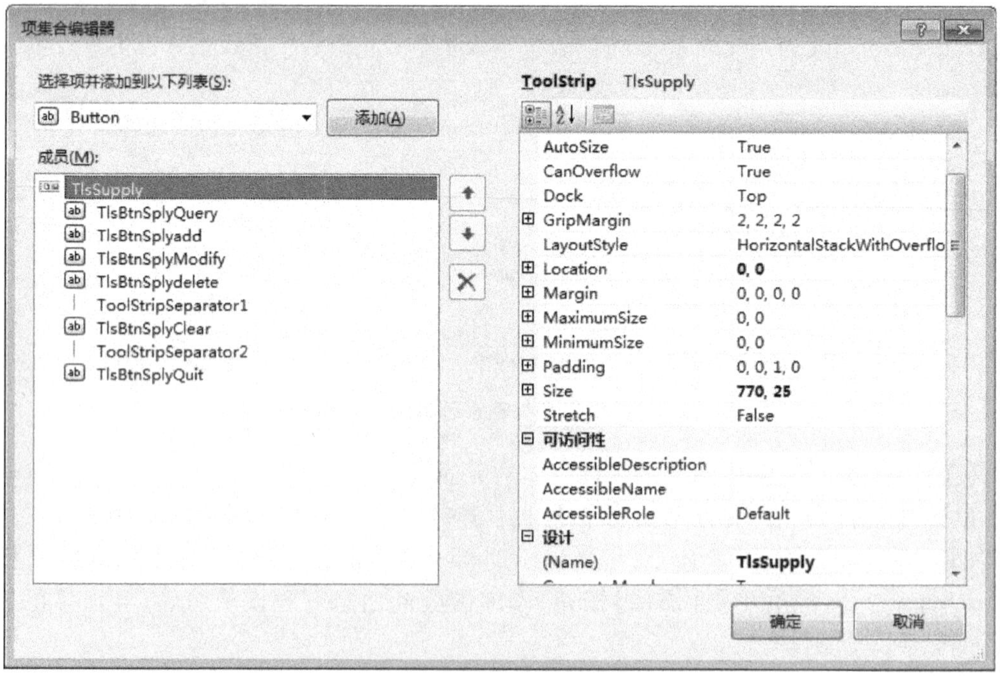

图 7.7 工具栏项集合编辑器

表 7.3　工具栏按钮属性设置

对象	属性名	属性值
ToolStripButton1	Name	TlsBtnSplyQuery
	DisplayStyle	ImageAndText
	Image	QuoteManager. My. Resources. Resources. query
	Text	查询
	TextImageRelation	ImageBeforeText
	ToolTipText	查询供应商
ToolStripButton2	Name	TlsBtnSplyadd
	DisplayStyle	ImageAndText
	Image	QuoteManager. My. Resources. Resources. add
	Text	新增
	TextImageRelation	ImageBeforeText
	ToolTipText	新增供应商
ToolStripButton3	Name	TlsBtnSplyModify
	DisplayStyle	ImageAndText
	Image	QuoteManager. My. Resources. Resources. edit
	Text	修改
	TextImageRelation	ImageBeforeText
	ToolTipText	修改供应商
ToolStripButton4	Name	TlsBtnSplydelete
	DisplayStyle	ImageAndText
	Image	QuoteManager. My. Resources. Resources. del
	Text	删除
	TextImageRelation	ImageBeforeText
	ToolTipText	删除供应商
ToolStripSeparator1	Name	ToolStripSeparator1
ToolStripButton5	Name	TlsBtnSplyClear
	DisplayStyle	ImageAndText
	Image	QuoteManager. My. Resources. Resources. clear
	Text	清除
	TextImageRelation	ImageBeforeText
	ToolTipText	清除文本框信息
ToolStripSeparator2	Name	ToolStripSeparator2
ToolStripButton6	Name	TlsBtnSplyQuit
	DisplayStyle	ImageAndText
	Image	QuoteManager. My. Resources. Resources. close
	Text	关闭
	TextImageRelation	ImageBeforeText
	ToolTipText	关闭窗口

在 FrmSupply 窗体中添加一个 ContextMenuStrip 控件，修改其名称为 CMnuSupply。单击 CMnuSupply 控件对象名，在 CMnuSupply 控件对象中添加若干菜单项 ToolStripMenuItem，并修改其属性，如表 7.4 所示。

表 7.4　CMnuSupply 弹出式菜单项的属性设置

对象	属性	属性值
ToolStripMenuItem2	Name	CMnuSupplymodify
	Text	修改
ToolStripMenuItem3	Name	CMnuSupplydelete
	Text	删除

在供应商信息管理窗体 FrmSupply 中添加一个 Panel 控件对象 Panel1，在属性窗口中修改其 Dock 属性值为 Top，将其调整到合适的高度，然后在此控件中添加如表 7.5 所示的控件。

表 7.5　Panel1 中的控件对象的属性设置

对象	属性	属性值
Label1	Name	LblSplyName
	Text	供应商名称：
Label2	Name	LblSplyPhone
	Text	供应商联系电话：
Label3	Name	LblSplyLinker
	Text	供应商联系人：
Label4	Name	LblSplyAddress
	Text	供应商地址：
Label5	Name	LblSplyNote
	Text	备注：
TextBox1	Name	TxtSplyName
TextBox2	Name	TxtSplyPhone
TextBox3	Name	TxtSplyLinker
TextBox4	Name	TxtSplyAddress
TextBox5	Name	TxtSplyNote

在 FrmSupply 窗体中添加一个 Splitter 控件，在属性窗口中修改其 Dock 属性值为 Top，将 Size 属性值设为 770, 2。

在 FrmSupply 窗体中再添加一个 Panel 控件，在属性窗口中修改其 Dock 属性值为 Fill，然后在这个 Panel 控件对象中添加一个 DataGridView 控件，并在属性窗口中修改其

Name 属性值为 DgvSupply，将 Dock 属性值设置为 Fill，将 AutoSizeColumnsMode 属性值设置为 Fill，将 ContextMenuStrip 属性值设置为 CMnuSupply。为了使 DgvSupply 控件对象中的数据表显示为中文字段名，需要编辑列。另外，允许对该控件中显示的数据新增和删除，但不允许对数据编辑，具体操作为：单击 DgvSupply 控件对象→该对象右上角出现“ ▶ ”→单击该按钮，勾选“启用添加”和“启用删除”，取消勾选“启用编辑”，然后单击“编辑列”→弹出“编辑列”对话框设置列属性，如图 7.8 所示。DgvSupply 控件对象列属性设置如表 7.6 所示。

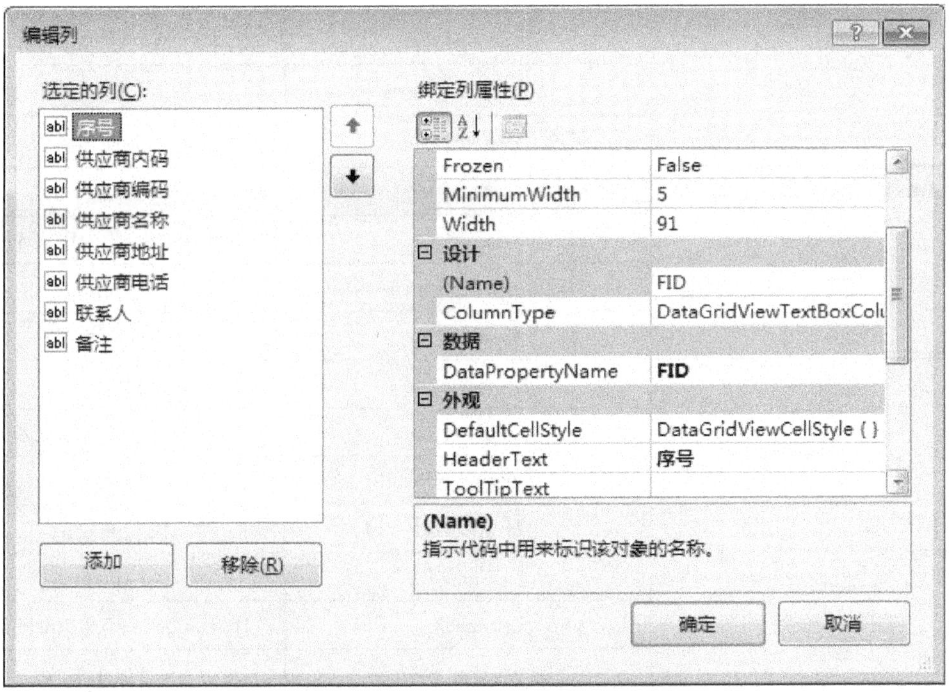

图 7.8　DgvSupply 控件对象的编辑列对话框

表 7.6　DgvSupply 控件对象列属性设置

对象	属性	属性值
Column1	Name	FID
	ColumnType	DataGridViewTextBoxColumn
	DataPropertyName	FID
	HeaderText	序号
Column2	Name	FItemid
	ColumnType	DataGridViewTextBoxColumn
	DataPropertyName	FItemid
	HeaderText	供应商内码

续表

对象	属性	属性值
Column3	Name	FNumber
	ColumnType	DataGridViewTextBoxColumn
	DataPropertyName	FNumber
	HeaderText	供应商编码
Column4	Name	FName
	ColumnType	DataGridViewTextBoxColumn
	DataPropertyName	FName
	HeaderText	供应商名称
Column5	Name	FAddress
	ColumnType	DataGridViewTextBoxColumn
	DataPropertyName	FAddress
	HeaderText	供应商地址
Column6	Name	FPhone
	ColumnType	DataGridViewTextBoxColumn
	DataPropertyName	FPhone
	HeaderText	供应商电话
Column7	Name	FLinker
	ColumnType	DataGridViewTextBoxColumn
	DataPropertyName	FLinker
	HeaderText	联系人
Column8	Name	Fnote
	ColumnType	DataGridViewTextBoxColumn
	DataPropertyName	Fnote
	HeaderText	备注

【工作过程二】 供应商信息管理窗体的 Load 事件过程。

在项目运行时，打开供应商信息管理窗体，访问 QuoteStore 数据库，在该窗体的 DataGridView 控件中显示供应商表(cz_Supply)的信息。为了操作数据库中的数据，首先要创建一个 Connection 对象，建立与数据库的连接，这个可以调用数据库连接的公共过程 sqlcon。然后通过 Command 对象发送数据命令实现对数据库中数据的操作，这里关键是要准备好数据命令，数据命令可以是 SQL 语句，也可以是存储过程。在这个案例里，从 QuoteStore 数据库中查询数据，将查询得到的 cz_Supply 供应商表的所有信息都显示到

DataGridView 控件中，实现查询的 SQL 语句如下：

```
select * from cz_Supply
```

之后，将查询得到的结果通过数据适配器存放到一个数据集中，最后将数据集中的数据显示到 DataGridView 控件中。

在打开供应商信息管理窗体时，将会触发该窗体的 Load 事件，具体程序代码如下：

```
'导入命名空间
Imports System.Data
Imports System.Data.SqlClient
'声明访问数据库的对象
Dim sqlcomm As New SqlCommand
Dim sqldasply As New SqlDataAdapter
Dim dssply As New DataSet
'FrmSupply 窗体的 Load 事件代码
Private Sub FrmSupply_Load(ByVal sender As System.Object, ByVal e As _
  System.EventArgs) Handles MyBase.Load
      Call sqlcon()           '调用公共过程，连接到数据库

       '准备好数据命令
       Dim sql As String
       sql ="select * from cz_Supply"

       '通过 Sqlcommand 对象发送 SQL 数据命令实现对数据库的操作
       sqlcomm = New SqlCommand(sql, conn)
       sqlcomm.ExecuteNonQuery()

       '通过数据适配器填充数据集
       sqldasply = New SqlDataAdapter(sqlcomm)
       dssply.Clear()
       sqldasply.Fill(dssply, "cz_Supply")

       '将对数据库的操作结果显示到数据控件中
       DgvSupply.DataSource = dssply
       DgvSupply.DataMember ="cz_Supply"
       DgvSupply.Refresh()
  End Sub
```

单击标准工具栏中的“启动调试” ▶ 按钮，启动运行程序，对程序进行测试与调试。

【工作过程三】 DgvSupply 数据控件的单击事件过程。

DgvSupply 控件的单击事件代码要实现单击供应商信息管理窗体中的 DgvSupply 数据控件中的某行，即可将该行信息显示到窗体界面对应的文本框中的功能。

获得 DgvSupply 控件中当前行的行索引号的代码如下：

```
DgvSupply.CurrentCell.RowIndex
```

或者：

```
DgvSupply.CurrentRow.Index()
```

DgvSupply 控件的 Click 事件程序代码如下：

```
Private Sub DgvSupply_Click(ByVal sender As Object, ByVal e As _
  System.EventArgs) Handles DgvSupply.Click
      Dim i As Integer
      If DgvSupply.RowCount > 0 Then
          i = DgvSupply.CurrentCell.RowIndex
          Try
              TxtSplyName.Text = dssply.Tables("cz_Supply"). _
                Rows(i)("Fname")
              TxtSplyPhone.Text = dssply.Tables("cz_Supply"). _
                Rows(i)("Fphone")
              TxtSplyLinker.Text = dssply.Tables("cz_Supply"). _
                Rows(i)("Flinker")
              TxtSplyAddress.Text = dssply.Tables("cz_Supply"). _
                Rows(i)("Faddress")
              TxtSplyNote.Text = dssply.Tables("cz_Supply"). _
                Rows(i)("Fnote")
          Catch ex As SqlException
              MsgBox(ex.Message)
          End Try
      End If
  End Sub
```

【工作过程四】 供应商信息管理模块的新增功能。

供应商管理模块的新增功能是实现能够将操作员录入的供应商信息写入到 Quote Store数据库的 cz_Supply 表中，在将供应商信息写入 cz_Supply 表之前，先要判别是否存在同名的供应商。如果存在同名供应商，则给出提示信息；如果不存在同名供应商，则将信息写入 cz_Supply 表中。要实现这个功能，就要首先建立于数据库的连接，然后创建一个 Command 对象，并准备好数据命令，之后通过 Command 对象在已经建立的数据库连接上执行该数据命令，即可将操作员所录入的供应商信息写入数据库中。为了确认是否将所录入的供应商信息写入数据库，可以用数据适配器重新填充数据集，然后将数据集中的信息显示到 DgvSupply 数据控件中，这样就可以看到 cz_Supply 表最新的信息。

实现新增供应商信息的数据命令如下：

```
sql = "exec insertSupply'" & TxtSplyName.Text & "',
  '" & TxtSplyAddress.Text & "','" & TxtSplyPhone.Text & "',
  '" & TxtSplyLinker.Text & "','" & TxtSplyNote.Text & "'"
```

供应商信息管理模块新增功能工具栏按钮的程序代码如下：

```
Dim WithEvents sply As New ClsSupply                    '声明事件对象
Dim sqldasplyname As New SqlDataAdapter
```

```
Dim dssplyname As New DataSet

'编写事件对象的处理程序代码
Public Sub obj_invalidproviderdata(ByVal valid As Integer) Handles _
  sply.invalidProviderData
        If valid = 1 Then
            MsgBox("供应商名称不合法,请重新输入!")
            TxtSplyName.Focus()
        ElseIf valid = 2 Then
            MsgBox("供应商联系人不合法,请重新输入!")
            TxtSplyLinker.Focus()
        ElseIf valid = 3 Then
            MsgBox("供应商联系电话不合法,请重新输入!")
            TxtSplyPhone.Focus()
        ElseIf valid = 4 Then
            MsgBox("供应商地址不合法,请重新输入!")
            TxtSplyAddress.Focus()
        End If
End Sub

'供应商信息管理工具栏中"新增"按钮的单击事件过程
Private Sub TlsBtnSplyadd_Click(ByVal sender As System.Object, ByVal _
  e As System.EventArgs) Handles TlsBtnSplyAdd.Click
        sply.inputdata(TxtSplyName.Text, TxtSplyLinker.Text, _
          TxtSplyAddress.Text)
        sply.validatedata()                    '引用对象的方法

        Dim name As String
        Dim sql As String
        Call sqlcon()      '连接数据库

        '查询是否存在同名的供应商
        name = "select fname from cz_supply where fname = '" & _
          TxtSplyName.Text & "'"
        sqlcomm = New SqlCommand(name, conn)
        sqlcomm.ExecuteNonQuery()

        '通过数据适配器填充数据集
        sqldasplyname = New SqlDataAdapter(sqlcomm)
        dssplyname.Clear()
        sqldasplyname.Fill(dssplyname, "cz_Supplyname")
```

```
'如果存在同名供应商则给出提示,否则就将供应商信息写入到数据库 cz_Supply 表中
        If dssplyname.Tables("cz_Supplyname").Rows.Count >0 Then
            MessageBox.Show("已存在同名的供应商!")
        ElseIf TxtSplyName.Text <>"" Then
          Try
          sql ="exec insertSupply '" & TxtSplyName.Text & "', '" & _
           TxtSplyAddress.Text & "','" & TxtSplyPhone.Text & "', '" & _
           TxtSplyLinker.Text & "','" & TxtSplyNote.Text & "'"
                '发送 SQL 数据命令实现对数据库的操作
                sqlcomm = New SqlCommand(sql, conn)
                sqlcomm.ExecuteNonQuery()

                '清除数据集
                dssply.Clear()

                '重新填充数据集
                sqldasply.Fill(dssply, "cz_supply")
                '将 cz_supply 表最新信息显示到数据控件中
                DgvSupply.DataSource = dssply
                DgvSupply.DataMember ="cz_supply"
                DgvSupply.Refresh()
            Catch ex As SqlException
                MsgBox(ex.Message)
            End Try
        End If
    End Sub
```

单击标准工具栏中的“启动调试”按钮,启动运行程序,对程序进行测试与调试。

【工作过程五】 供应商信息管理模块的修改功能。

为了方便对供应商信息的修改,可以先单击 DgvSupply 数据控件中要修改的行,让该行的供应商信息显示到供应商信息管理窗体界面相应的文本框中,然后对文本框中的数据进行修改,修改完之后,再单击工具栏中的“修改”按钮,将修改后的供应商信息写入到 QuoteStore 数据库的 cz_Supply 表中。

实现修改供应商信息的 SQL 数据命令如下:

```
sql =" update cz_Supply set FName ='" & TxtSplyName.Text & "',Fphone = '" &
 TxtSplyPhone.Text & "',Faddress ='" & TxtSplyAddress.Text & "',
 Flinker ='" & TxtSplyLinker.Text & "' ,Fnote ='" & TxtSplyNote.
 Text & "' where FName ='" & TxtSplyName.Text & "'"
```

供应商信息管理模块的修改功能的工具栏按钮的 Click 事件代码如下:

```
Private Sub TlsBtnSplyModify_Click(ByVal sender As System.Object, _
  ByVal e As System.EventArgs) Handles TlsBtnSplyModify.Click
```

```
        Dim i As Integer
        i = DgvSupply.CurrentRow.Index()  '获得数据控件中当前行的行索引号

       Call sqlcon()
        Try
            Dim sql As String
            sql = "update cz_Supply set FName = '" & TxtSplyName.Text _
              & "',Fphone = '" & TxtSplyPhone.Text & "', Faddress = '" _
              & TxtSplyAddress.Text & "', Flinker = '" _
              & TxtSplyLinker.Text & "' ,Fnote  = '" & _
              TxtSplyNote.Text & '" where FName = '" & TxtSplyName.Text & "'"
            sqlcomm = New SqlCommand(sql, conn)
            sqlcomm.ExecuteNonQuery()

            dssply.Clear()
            sqldasply.Fill(dssply, "cz_Supply")
            DgvSupply.DataSource = dssply
            DgvSupply.DataMember = "cz_Supply"
            DgvSupply.Refresh()
        Catch ex As SqlException
            MsgBox(ex.Message)
        End Try
End Sub
```

单击标准工具栏中的“启动调试” ▶ 按钮，启动运行程序，对程序进行测试与调试。

【工作过程六】 供应商信息管理模块的删除功能。

在维护供应商信息时，允许操作员删除指定的供应商数据。为了方便删除供应商信息，当单击 DgvSupply 数据控件的某一行时，将这行的信息显示到界面相应文本框中，并将这一行的行索引号存放到一个整型变量中，连接数据库，并执行数据命令实现删除。删除某条供应商信息后要将界面文本框清空。注意：删除供应商数据时要慎重，数据一旦被删除是不能恢复的。

实现删除供应商信息的 SQL 数据命令如下：

```
sql = "delete from cz_Supply where Fname = '" & dssply.Tables
  ("cz_Supply").Rows(i)("Fname") & "'"
```

供应商信息管理模块删除功能的工具栏按钮 Click 事件代码如下：

```
Private Sub TlsBtnSplydelete_Click(ByVal sender As System.Object, _
  ByVal e As System.EventArgs) Handles TlsBtnSplyDelete.Click
        Dim i As Integer
        i = DgvSupply.CurrentRow.Index()

        Call sqlcon()
```

```
            Try
                Dim sql As String
               sql ="delete from cz_Supply where Fname ='" & dssply.Tables _
                  ("cz_Supply").Rows(i)("Fname") & "'"
                Dim deletesupply As New SqlCommand(sql, conn)
                deletesupply.ExecuteNonQuery()

                dssply.Clear()
                sqldasply.Fill(dssply, "cz_Supply")

                DgvSupply.DataSource = dssply
                DgvSupply.DataMember ="cz_Supply"
                DgvSupply.Refresh()

                TxtSplyName.Text =""
                TxtSplyLinker.Text =""
                TxtSplyPhone.Text =""
                TxtSplyAddress.Text =""
                TxtSplyNote.Text =""

            Catch ex As SqlException
                MsgBox(ex.Message)
            End Try
        End Sub
```

单击标准工具栏中的“启动调试” ▶ 按钮,启动运行程序,对程序进行测试与调试。

【工作过程七】 供应商信息管理模块的清除功能。

供应商信息管理模块的清除功能是清除窗体界面上文本框中的信息,以方便后续的操作,具体程序代码如下:

```
    Private Sub TlsBtnSplyClear_Click(ByVal sender As System.Object, _
      ByVal e As System.EventArgs) Handles TlsBtnSplyClear.Click
            TxtSplyName.Text =""
            TxtSplyLinker.Text =""
            TxtSplyPhone.Text =""
            TxtSplyAddress.Text =""
            TxtSplyNote.Text =""
    End Sub
```

单击标准工具栏中的“启动调试” ▶ 按钮,启动运行程序,对程序进行测试与调试。

【工作过程八】 供应商信息管理模块的关闭功能。

供应商信息管理模块的关闭功能是在主窗体中关闭供应商管理窗体,具体程序代码如下:

```
Private Sub TlsBtnSplyQuit_Click(ByVal sender As System.Object, ByVal _
  e As System.EventArgs) Handles TlsBtnSplyQuit.Click
        Me.Close()
End Sub
```

单击标准工具栏中的“启动调试” ▶ 按钮，启动运行程序，对程序进行测试与调试。

【工作过程九】 供应商信息管理窗体中 CMnuSupply 快捷菜单项的程序代码。

CMnuSupply 快捷菜单中的“修改”菜单项的功能与供应商信息管理窗体工具栏中【修改】按钮的功能相同，只要在“修改”快捷菜单项的事件代码中调用【修改】按钮的 Click 事件过程就可以实现。在供应商信息管理窗体中，单击控件托盘中的 CMnuSupply 对象名，然后在快捷菜单中双击“修改”菜单项，打开代码编辑器添加程序代码，如下所示：

```
Private Sub CMnuSupplymodify_Click(ByVal sender As System.Object, _
  ByVal e As System.EventArgs) Handles CMnuSupplymodify.Click
        Call TlsBtnSplyModify_Click(sender, e)
End Sub
```

CMnuSupply 快捷菜单中的“删除”菜单项的功能与供应商信息管理窗体工具栏中【删除】按钮的功能相同，只要在“删除”快捷菜单项的事件代码中调用【删除】按钮的 Click 事件过程就可以实现，如下所示：

```
Private Sub CMnuSupplydelete_Click(ByVal sender As System.Object, _
  ByVal e As System.EventArgs) Handles CMnuSupplydelete.Click
        Call TlsBtnSplydelete_Click(sender, e)
End Sub
```

【工作过程十】 完善 MDIForm 主窗体中的供应商菜单的程序代码。

供应商信息管理窗体是 MDIForm 窗体的子窗体，当项目运行时，在 MDIForm 主窗体中单击“供应商”主菜单项下的“供应商增改”、“供应商删除”菜单项或单击主窗体左侧树状结构中的“供应商”时，将在主窗体中打开供应商信息管理窗体 FrmSupply。

MDIForm 主窗体“供应商”主菜单项下的“供应商增改”菜单项的 Click 事件代码如下：

```
Private Sub mnuSupplyAddM_Click(ByVal sender As System.Object, ByVal _
  e As System.EventArgs) Handles mnuSupplyAddM.Click
        FrmSupply.MdiParent = Me          'FrmSupply 窗体的父窗体是当前窗体
        FrmSupply.Show()                  '显示 FrmSupply 窗体
        FrmSupply.Activate()              '激活 FrmSupply 窗体
End Sub
```

MDIForm 主窗体“供应商”主菜单项下的“供应商删除”菜单项的 Click 事件代码如下：

```
Private Sub mnuSupplyDel_Click(ByVal sender As System.Object, ByVal e _
  As System.EventArgs) Handles mnuSupplyDel.Click
        Call mnuSupplyAddM_Click(sender, e)
End Sub
```

主窗体左侧 M_Tree 树状结构控件的事件代码如下：

```
Private Sub M_Tree_AfterSelect(ByVal sender As System.Object, ByVal e _
  As System.Windows.Forms.TreeViewEventArgs) Handles M_Tree.AfterSelect
      If M_Tree.SelectedNode.Name = "M_Supply" Then
          FrmSupply.MdiParent = Me
          FrmSupply.Show()
          FrmSupply.Activate()
      End If
  End Sub
```

【工作过程十一】 保存项目，调试程序。

单击"文件|全部保存"菜单命令，即可保存项目。

单击 Visual Basic 2008 开发环境中的"项目"主菜单下的"QuoteManager 属性"，设置 QuoteManager 项目的启动窗体为 MDIForm，单击标准工具栏中的"启动调试" ▶ 按钮，启动测试程序。主界面的运行结果如图 7.9 所示。

图 7.9 供应商信息管理窗体的运行结果

7.3 供应商查询模块设计

在供应商信息管理窗体的工具栏中，单击"查询"工具按钮，或在主窗体 MDIForm 中单击"供应商"主菜单下的"供应商查询"子菜单，将打开供应商查询窗体，以供操作员查询供应商的详细信息。

协同报价管理系统项目中供应商查询窗体界面如图 7.10 所示。

图 7.10　供应商查询窗体界面

【工作过程一】　供应商查询窗体的界面设计。

鼠标箭头指向“解决方案资源管理器”窗口中的项目名 QuoteManager 右击,选择“添加|Windows”窗体菜单命令,将弹出添加新项对话框,在名称栏里将 Form1. vb 改名为 FrmSupplyQuery. vb,然后单击【添加】按钮,添加供应商查询窗体,其窗体的属性设置如表 7.7 所示。

表 7.7　供应商查询窗体属性设置

对象	属性名	属性值
Form1	Name	FrmSupplyQuery
	Text	供应商查询
	Size	743, 463
	WindowState	Normal

在供应商查询窗体 FrmSupplyQuery 中添加一个 Panel 控件对象 Panel1,在属性窗口中修改其 Dock 属性值为 Top,将其调整到合适的高度,然后在此控件中添加如表 7.8 所示的控件。

表 7.8　Panel1 中的控件对象的属性设置

对象	属性名	属性值
Label1	Name	LblSplyName
	Text	供应商名称:
ComboBox1	Name	CboSplyName
Button1	Name	BtnSupplyQuery
	Text	查询

在 FrmSupplyQuery 窗体中添加一个 Splitter 控件,在属性窗口中修改其 Dock 属性值为 Top,将 Size 属性值设为 727, 2。

在 FrmSupplyQuery 窗体中再添加一个 Panel 控件,在属性窗口中修改其 Dock 属性值为 Fill,然后在这个 Panel 控件对象中添加一个 DataGridView 控件,并在属性窗口中修改其 Name 属性值为 DgvSupplyQuery，将 Dock 属性值设置为 Fill，将 AutoSizeColumnsMode 属性值设置为 Fill。为了使 DgvSupplyQuery 控件对象中的数据表显示为中文字段名，需要编辑列，另外，不允许对该控件中显示的数据新增、修改和删除，具体操作为：单击 DgvSupplyQuery 控件对象→该对象右上角出现“ ▸ ”→单击该按钮，取消勾选“启用添加”“启用删除”和“启用编辑”，然后单击“编辑列”→弹出“编辑列”对话框设置列属性，与图 7.8 相同。DgvSupplyQuery 控件对象列属性设置与表 7.6 相同。

【工作过程二】 供应商查询窗体的 Load 事件过程。

在供应商查询窗体中，为了方便查询供应商的信息，可以在文本框中直接输入供应商名称后查询供应商的信息，也可以在列表框中选择供应商名称后查询供应商的信息，为此，在窗体上放置了一个 ComboBox 控件，当打开供应商查询窗体时，先访问 QuoteStore 数据库，将 cz_Supply 供应商表中供应商名称加载到 ComboBox 控件中。

在供应商查询窗体中，将按供应商的名称进行查询，如果操作员在“供应商名称”组合框中选择或输入了信息，则根据选择或输入的信息从 QuoteStore 数据库中查询满足相应条件的供应商信息，并将查询结果显示在 DgvSupplyQuery 数据控件中；如果操作员没有在“供应商名称”文本框中选择或输入信息，则将 cz_Supply 表的所有信息显示到 DgvSupplyQuery 数据控件中。

实现供应商信息查询的 SQL 数据命令如下：

```
If CboSplyName.Text <>"" Then
        sql ="select * from cz_Supply where Fname like " & "'% " &
         CboSplyName.Text & "% '"
Else
        sql ="select * from cz_Supply"
End If
```

在打开供应商查询窗体时，将会触发该窗体的 Load 事件，具体程序代码如下：

```
'导入命名空间
Imports System.Data
Imports System.Data.SqlClient
'声明对象
Dim sqlcomm As New SqlCommand
Dim sqldasplyname As New SqlDataAdapter
Dim dssplyname As New DataSet
Dim sqldasply As New SqlDataAdapter
Dim dssply As New DataSet
'FrmSupplyQuery 窗体的 Load 事件代码
Private Sub FrmSupplyQuery_Load(ByVal sender As System.Object, ByVal _
  e As System.EventArgs) Handles MyBase.Load
       Call sqlcon()

       Dim sql As String
```

```
            sql ="select Fname   from cz_Supply"

            sqlcomm = New SqlCommand(sql, conn)
            sqlcomm.ExecuteNonQuery()
            sqldasplyname = New SqlDataAdapter(sqlcomm)
            dssplyname.Clear()
            sqldasplyname.Fill(dssplyname, "cz_SupplyName")

            CboSplyName.DataSource = dssplyname.Tables("cz_SupplyName")
            CboSplyName.DisplayMember = "Fname"
            CboSplyName.ValueMember = "Fname"
            CboSplyName.Text = Splyname
    End Sub
```

单击标准工具栏中的“启动调试” ▶ 按钮,启动运行程序,对程序进行测试与调试。

【工作过程三】 供应商查询窗体的查询功能。

在供应商查询窗体中,当在 CboSplyName 组合框中输入供应商名称或选择下拉列表框中的供应商名称,单击 BtnSupplyQuery 命令按钮后,将访问 QuoteStore 数据库,查询供应商的信息。

BtnSupplyQuery 命令按钮的 Click 事件代码如下:

```
    Private Sub BtnSupplyQuery_Click(ByVal sender As System.Object, ByVal _
      e As System.EventArgs) Handles BtnSupplyQuery.Click
            Call sqlcon()
            Dim sql As String
            If CboSplyName.Text <> "" Then
                sql ="select * from cz_Supply where Fname like " & "'% " & _
                  CboSplyName.Text & "% '"
            Else
                sql ="select * from cz_Supply"
            End If

            Try
                sqlcomm = New SqlCommand(sql, conn)
                sqlcomm.ExecuteNonQuery()
                sqldasply = New SqlDataAdapter(sqlcomm)
                dssply.Clear()
                sqldasply.Fill(dssply, "cz_Supply")

                DgvSupplyQuery.DataSource = dssply
                DgvSupplyQuery.DataMember = "cz_Supply"
                DgvSupplyQuery.Refresh()
            Catch ex As SqlException
```

```
            MsgBox(ex.Message)
        End Try
    End Sub
```

单击标准工具栏中的“启动调试” 按钮，启动运行程序，对程序进行测试与调试。

【工作过程四】 完善 FrmSupply 窗体中的“查询”工具按钮的程序代码。

在供应商信息管理窗体中，单击工具栏上的“查询”工具按钮，将弹出供应商查询窗体 FrmSupplyQuery，在 FrmSupplyQuery 窗体中实现供应商信息的查询。FrmSupply 窗体中的“查询”工具按钮的程序代码如下：

```
Private Sub TlsBtnSplyQuery_Click(ByVal sender As System.Object, _
  ByVal e As System.EventArgs) Handles TlsBtnSplyQuery.Click
        FrmSupplyQuery.Show()
        FrmSupplyQuery.Activate()
    End Sub
```

【工作过程五】 完善 MDIForm 主窗体中的供应商菜单的程序代码。

当项目运行时，在 MDIForm 主窗体中单击“供应商”主菜单项下的“供应商查询”，将在主窗体中打开供应商查询窗体 FrmSupplyQuery。

MDIForm 主窗体“供应商”主菜单项下的“供应商查询”菜单项的 Click 事件代码如下：

```
Private Sub mnuSupplyQuery_Click(ByVal sender As System.Object, ByVal _
  e As System.EventArgs) Handles mnuSupplyQuery.Click
        FrmSupplyQuery.MdiParent = Me
        FrmSupplyQuery.Show()
        FrmSupplyQuery.Activate()
  End Sub
```

单击标准工具栏中的“启动调试” 按钮，启动运行程序，对程序进行测试与调试。供应商信息查询的运行结果如图 7.11 所示。

图 7.11 供应商信息查询运行结果

7.4　供应商价格管理模块设计

供应商价格管理模块就是对供应商提供物料的价格有效地进行管理,供应商价格管理模块的功能包括查询供应商供货物料及价格、新增供应商供货物料的价格、更改供应商供货物料的价格以及删除供应商供货物料的价格等。协同报价管理系统项目中供应商报价管理模块的界面如图7.12所示。

图7.12　供应商价格管理模块窗体界面

【工作过程一】　供应商信息管理窗体的界面设计。

鼠标箭头指向“解决方案资源管理器”窗口中的项目名QuoteManager右击,选择“添加|Windows窗体”菜单命令,将弹出添加新项对话框,在名称栏里将Form1.vb改名为FrmSupplyPrice.vb,然后单击【添加】按钮,添加供应商价格管理模块窗体,其窗体的属性设置如表7.9所示。

表7.9　供应商价格管理窗体属性设置

对象	属性名	属性值
Form1	Name	FrmSupplyPrice
	Text	供应商价格管理
	BackColor	GradientInactiveCaption
	Size	768, 430
	WindowState	Maximized

在供应商价格管理模块窗体FrmSupplyPrice上添加一个ToolStrip控件来设计工具栏,通过ToolStrip控件的Items属性在工具栏上添加工具按钮。供应商价格管理窗体工具栏如图7.13所示。

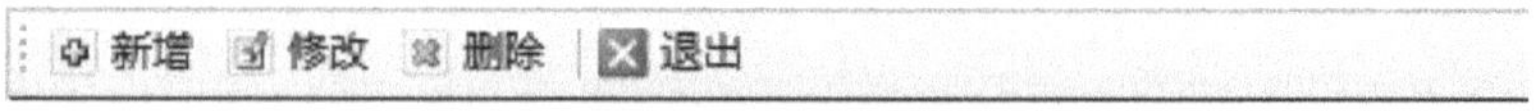

图 7.13 供应商价格管理窗体界面工具栏

单击 FrmSupplyPrice 窗体上的工具栏→工具栏右上角出现“ ”→单击该按钮，选择“编辑项”→弹出“项集合编辑器”对话框设置工具栏按钮属性。工具栏按钮属性设置如表 7.10 所示。

表 7.10 工具栏按钮属性设置

对象	属性名	属性值
ToolStripButton1	Name	TlsBtnSplypriceAdd
	DisplayStyle	ImageAndText
	Image	QuoteManager. My. Resources. Resources. add
	Text	新增
	TextImageRelation	ImageBeforeText
	ToolTipText	新增供应商价格
ToolStripButton2	Name	TlsBtnSplypriceModify
	DisplayStyle	ImageAndText
	Image	QuoteManager. My. Resources. Resources. edit
	Text	修改
	TextImageRelation	ImageBeforeText
	ToolTipText	修改供应商价格
ToolStripButton3	Name	TlsBtnSplypriceDelete
	DisplayStyle	ImageAndText
	Image	QuoteManager. My. Resources. Resources. del
	Text	删除
	TextImageRelation	ImageBeforeText
	ToolTipText	删除供应商价格
ToolStripSeparator1	Name	ToolStripSeparator1
ToolStripButton4	Name	TlsBtnSplypriceQuit
	DisplayStyle	ImageAndText
	Image	QuoteManager. My. Resources. Resources. close
	Text	退出
	TextImageRelation	ImageBeforeText
	ToolTipText	关闭窗口

在 FrmSupplyPrice 窗体中添加一个 ContextMenuStrip 控件，修改其名称为 CMnuSupplyPrice。单击 CMnuSupplyPrice 控件对象名，在 CMnuSupplyPrice 中添加若干菜单项 ToolStripMenuItem，并修改其属性，如表 7.11 所示。

表 7.11 CMnuSupplyPrice 弹出式菜单项的属性设置

对象	属性名	属性值
ContextMenuStrip1	Name	CMnuSupplyPrice
ToolStripMenuItem2	Name	CMnuSupplypriceAdd
	Text	增加
ToolStripMenuItem3	Name	CMnuSupplypriceModify
	Text	修改
ToolStripMenuItem4	Name	CMnuSupplypriceDelete
	Text	删除

在供应商价格管理窗体 FrmSupplyPrice 中添加一个 Panel 控件对象 Panel1，在属性窗口中修改其 Dock 属性值为 Left，将其调整到合适的宽度，然后在这个 Panel 控件对象中添加一个 DataGridView 控件，并在属性窗口中修改其 Name 属性值为 DgvSupplyName，将 Dock 属性值设置为 Fill，将 AutoSizeColumnsMode 属性值设置为 Fill。由于只允许查询供应商名称，不允许做其他操作，所以需要修改 DgvSupplyName 控件的属性，具体操作为：单击 DgvSupplyName 数据控件→DgvSupplyName 数据控件右上角出现“▶”→单击该按钮，将“启用添加”“启用编辑”“启用删除”“启用列重新排序”全部取消勾选。

在 FrmSupplyPrice 窗体中添加一个 Splitter 控件，在属性窗口中修改其 Dock 属性值为 Left，将 Size 属性值设为 2，367。

在 FrmSupplyPrice 窗体中再添加一个 Panel 控件，在属性窗口中修改其 Dock 属性值为 Fill，然后在这个 Panel 控件对象中添加一个 DataGridView 控件，并在属性窗口中修改其 Name 属性值为 DgvSupplyunitPrice，将 Dock 属性值设置为 Fill，将 AutoSizeColumnsMode 属性值设置为 Fill，将 ContextMenuStrip 属性设置为 CMnuSupplyPrice。同样地，只允许查询供应商价格，不允许做其他操作，所以需要修改 DgvSupplyunitPrice 控件的属性，具体操作为：单击 DgvSupplyunitPrice 数据控件→DgvSupplyunitPrice 数据控件右上角出现“▶”→单击该按钮，将“启用添加”、“启用编辑”、“启用删除”和“启用列重新排序”全部取消勾选。

【工作过程二】 供应商价格管理窗体的 Load 事件过程。

在项目运行时，打开供应商价格管理窗体，访问 QuoteStore 数据库，查询 cz_Supply 供应商表，将查询得到的供应商名称显示到该窗体的左侧 DataGridView 控件中。实现查询的 SQL 语句如下：

```
select Fname as 供应商名称 from cz_Supply
```

在打开供应商价格管理窗体时，将会触发该窗体的 Load 事件，具体程序代码如下：

```
'导入命名空间
Imports System.Data
Imports System.Data.SqlClient
'声明访问数据库的对象
Dim sqlcomm As New SqlCommand
Dim sqldasply As New SqlDataAdapter
Dim dssply As New DataSet

Dim sqldasplyprice As New SqlDataAdapter
Dim dssplyprice As New DataSet
'FrmSupplyPrice 窗体的 Load 事件代码
Private Sub FrmSupplyPrice_Load(ByVal sender As System.Object, ByVal _
  e As System.EventArgs) Handles MyBase.Load
        Call sqlcon()

        Dim sql1 As String
        sql1 ="select Fname as 供应商名称 from cz_Supply"

        sqlcomm =New SqlCommand(sql1, conn)
        sqlcomm.ExecuteNonQuery()
        sqldasply =New SqlDataAdapter(sqlcomm)
        dssply.Clear()
        sqldasply.Fill(dssply,"cz_Supply")

        DgvSupplyname.DataSource =dssply
        DgvSupplyname.DataMember ="cz_Supply"
        DgvSupplyname.Refresh()
End Sub
```

单击标准工具栏中的“启动调试” ▶ 按钮,启动运行程序,对程序进行测试与调试。

【工作过程三】 供应商价格的查询功能。

在项目运行时,打开供应商价格管理窗体,单击窗体左侧的 DgvSupplyName 数据控件中的某个供应商名称后,在该窗体右侧的 DgvSupplyunitPrice 数据控件中显示这个供应商所供货物的物料名称和价格。

对应的查询数据命令如下:

```
select FName as 物料名称,FPrice as 单价 from cz_ICItem,
  cz_SPLYPriceEntry where cz_ICItem.FItemID =cz_SPLYPriceEntry.
  FItemID and cz_SPLYPriceEntry.FInterid =(Select FItemid from
  cz_Supply where cz_Supply.Fname ='" & Splyname & "')
```

DgvSupplyName 控件的 Click 事件程序代码如下:

```
Private Sub DgvSupplyName_Click(ByVal sender As Object, ByVal e As _
```

```
System.EventArgs) Handles DgvSupplyName.Click
        Dim i As Integer
        i = DgvSupplyName.CurrentRow.Index()
        Splyname = dssply.Tables("cz_Supply").Rows(i)("供应商名称")

        Call sqlcon()

        Dim sql As String
        sql = "select FName as 物料名称,FPrice as 单价 from cz_ICItem," _
          & "cz_SPLYPriceEntry where cz_ICItem.FItemID = " _
          & "cz_SPLYPriceEntry.FItemID and cz_SPLYPriceEntry.FInterid = " _
          & "(Select FItemid from cz_Supply where cz_Supply.Fname = " _
          & " ' " & Splyname & " ' )"

        sqlcomm = New SqlCommand(sql, conn)
        sqlcomm.ExecuteNonQuery()

        sqldasplyprice = New SqlDataAdapter(sqlcomm)
        dssplyprice.Clear()
        sqldasplyprice.Fill(dssplyprice, "cz_SplyUnitPrice")

        DgvSupplyunitPrice.DataSource = dssplyprice
        DgvSupplyunitPrice.DataMember = "cz_SplyUnitPrice"
        DgvSupplyunitPrice.Refresh()
    End Sub
```

【工作过程四】 供应商价格的删除功能。

若供应商不提供某个物料，或不要某个供应商提供某个物料时，要将该供应商所供物料的价格删除，此前可通过单击 FrmSupplyPrice 窗体右侧的 DgvSupplyunitPrice 数据控件的某一行，即可获取要删除的供应商的物料名称，然后到数据库中将该供应商对应的物料价格删除。

单击供应商价格管理窗体上的 DgvSupplyName 数据控件时，获取供应商名称，将其存放在全局变量 Splyname 中。单击供应商价格管理窗体上的 DgvSupplyunitPrice 数据控件，获取供应商的物料名称，将其存放在全局变量 Itemname 中。这两个全局变量是在 Sqlconn. vb 文件中定义的。DgvSupplyunitPrice 数据控件的 Click 事件程序代码如下：

```
    Private Sub DgvSupplyunitPrice_Click(ByVal sender As Object, ByVal e _
      As System.EventArgs) Handles DgvSupplyunitPrice.Click
        Dim i As Integer
        i = DgvSupplyunitPrice.CurrentRow.Index()
        Itemname = DgvSupplyunitPrice.Rows(i).Cells("物料名称").Value. _
          ToString()
```

```
End Sub
```

实现查询物料内码的数据命令如下：

```
sql ="Select FItemid from cz_ICItem where cz_ICItem.Fname ='" & itemname & "'"
```

实现查询供应商内码的数据命令如下：

```
sql ="Select FItemid from cz_Supply where cz_Supply.Fname ='" & Splyname & "'"
```

实现删除供应商物料价格的数据命令如下：

```
sql =" delete from cz_SPLYPriceEntry where finterid ='" & Fsupplyid & "'
  and FItemID ='" & Fitemid & "'"
```

供应商所供物料价格删除功能的程序代码如下：

```
Private Sub TlsBtnSplypriceDelete_Click(ByVal sender As System.Object, _
  ByVal e As System.EventArgs) Handles TlsBtnSplypriceDelete.Click
    Call sqlcon() '连接到数据库


    Dim sql As String
    Dim FSupplyid As String
    Dim FItemid As String
'查询物料内码并将其存放在 Fitemid 变量中
    sql ="Select FItemid from cz_ICItem where cz_ICItem.Fname ='" _
      & itemname & "'"
    sqlcomm =New SqlCommand(sql, conn)
    sqlcomm.ExecuteNonQuery()
    sqldasplyprice =New SqlDataAdapter(sqlcomm)
    dssplyprice.Clear()
    sqldasplyprice.Fill(dssplyprice, "cz_SplyUnitPrice")
    Fitemid =dssplyprice.Tables("cz_SplyUnitPrice")._
      Rows(0)("fitemid")
'查询供应商内码并将其存放在 Fsupplyid 变量中
    sql ="Select FItemid from cz_Supply where cz_Supply.Fname ='" _
      & Splyname & "'"
    sqlcomm =New SqlCommand(sql, conn)
    sqlcomm.ExecuteNonQuery()
    sqldasplyprice =New SqlDataAdapter(sqlcomm)
    dssplyprice.Clear()
    sqldasplyprice.Fill(dssplyprice, "cz_SplyUnitPrice")
    Fsupplyid =dssplyprice.Tables("cz_SplyUnitPrice")._
     Rows(0)("fitemid")
'删除指定供应商的指定物料价格
    sql ="delete from cz_SPLYPriceEntry where finterid ='" & _
      Fsupplyid & "' and FItemID ='" & Fitemid & "'"
    sqlcomm =New SqlCommand(sql, conn)
    sqlcomm.ExecuteNonQuery()
```

```
        sqldasplyprice = New SqlDataAdapter(sqlcomm)
        dssplyprice.Clear()
        sqldasplyprice.Fill(dssplyprice, "cz_SplyUnitPrice")
'刷新 DgvSupplyunitPrice 数据控件，显示最新的供应商供货物料及价格
        DgvSupplyunitPrice.DataSource = dssplyprice
        DgvSupplyunitPrice.DataMember = "cz_SplyUnitPrice"
        DgvSupplyunitPrice.Refresh()
End Sub
```

单击标准工具栏中的“启动调试” ▶ 按钮，启动运行程序，对程序进行测试与调试。

【工作过程五】 供应商价格的新增与修改功能。

项目运行时，单击供应商价格管理窗体工具栏中的“新增”或“修改”工具按钮，将打开供应商价格增改窗体 FrmSupplyPriceAM。

FrmSupplyPriceAM 窗体工具栏中的“新增”工具按钮的单击事件程序代码如下：

```
Private Sub TlsBtnSplypriceAdd_Click(ByVal sender As System.Object, _
  ByVal e As System.EventArgs) Handles TlsBtnSplypriceAdd.Click
        FrmSupplyPriceAM.Show()
        FrmSupplyPriceAM.Activate()
End Sub
```

FrmSupplyPriceAM 窗体工具栏中的“修改”工具按钮的单击事件程序代码与“新增”工具按钮的单击事件程序代码相同。

【工作过程六】 供应商价格管理窗体中 CMnuSupplyPrice 快捷菜单项的程序代码。

CMnuSupplyPrice 快捷菜单中的“新增”与“修改”菜单项的功能与供应商价格管理窗体工具栏中“新增”按钮的功能相同。在供应商价格管理窗体中，单击控件托盘中的 CMnuSupplyPrice 对象名，然后在快捷菜单中双击“新增”菜单项，打开代码编辑器添加程序代码，如下所示：

```
Private Sub CMnuSupplypriceAdd_Click(ByVal sender As System.Object, _
  ByVal e As System.EventArgs) Handles CMnuSupplypriceAdd.Click
        FrmSupplyPriceAM.Show()
        FrmSupplyPriceAM.Activate()
End Sub
```

“修改”菜单项的程序代码与“新增”菜单项的代码相同。

CMnuSupplyPrice 快捷菜单中的“删除”菜单项的功能与供应商价格管理窗体工具栏中“删除”按钮的功能相同，只要在“删除”快捷菜单项的事件代码中调用“删除”按钮的 Click 事件过程就可以实现，如下所示：

```
Private Sub CMnuSupplypriceDelete_Click(ByVal sender As System.Object, _
  ByVal e As System.EventArgs) Handles CMnuSupplypriceDelete.Click
        Call TlsBtnSplypriceDelete_Click(sender, e)
End Sub
```

单击标准工具栏中的“启动调试” ▶ 按钮，启动运行程序，对程序进行测试与调试。

【工作过程七】 完善 MDIForm 主窗体中的供应商菜单的程序代码。

供应商价格管理窗体是 MDIForm 窗体的子窗体，当项目运行时，在 MDIForm 主窗体中单击“供应商”主菜单项下的“供应商价格管理”菜单项，将在主窗体中打开供应商价格管理窗体 FrmSupplyPrice。

MDIForm 主窗体“供应商”主菜单项下的“供应商价格管理”菜单项的 Click 事件代码如下：

```
Private Sub MnuSupplyPriceManager_Click(ByVal sender As System.Object, _
  ByVal e As System.EventArgs) Handles MnuSupplyPriceManager.Click
       FrmSupplyPrice.MdiParent = Me
       FrmSupplyPrice.Show()
       FrmSupplyPrice.Activate()
End Sub
```

【工作过程八】 保存项目，调试程序。

单击“文件|全部保存”菜单命令，即可保存项目。

单击 Visual Basic 2008 开发环境中的“项目”主菜单下的“QuoteManager 属性”，设置 QuoteManager 项目的启动窗体为 MDIForm，单击标准工具栏中的“启动调试” ▶ 按钮，启动测试程序。供应商价格管理模块的运行结果如图 7.14 所示。

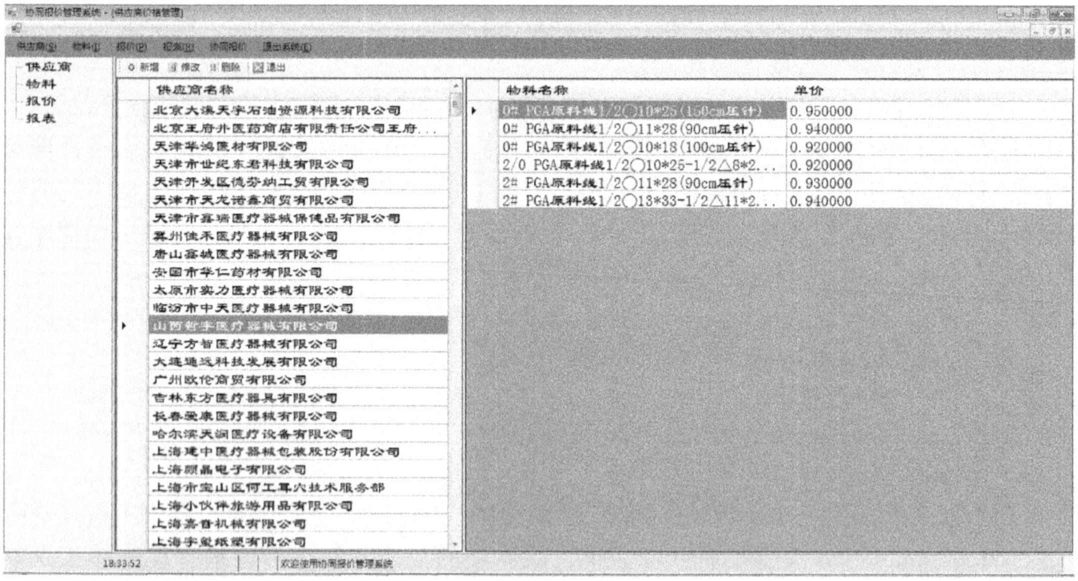

图 7.14 供应商价格管理模块的运行结果

7.5　供应商价格增改模块设计

在供应商价格管理窗体的工具栏中，单击“新增”或“修改”工具按钮，将打开供应商价格增改窗体，以供操作员对供应商价格进行新增或修改。

协同报价管理系统项目中供应商价格增改窗体界面如图 7.15 所示。

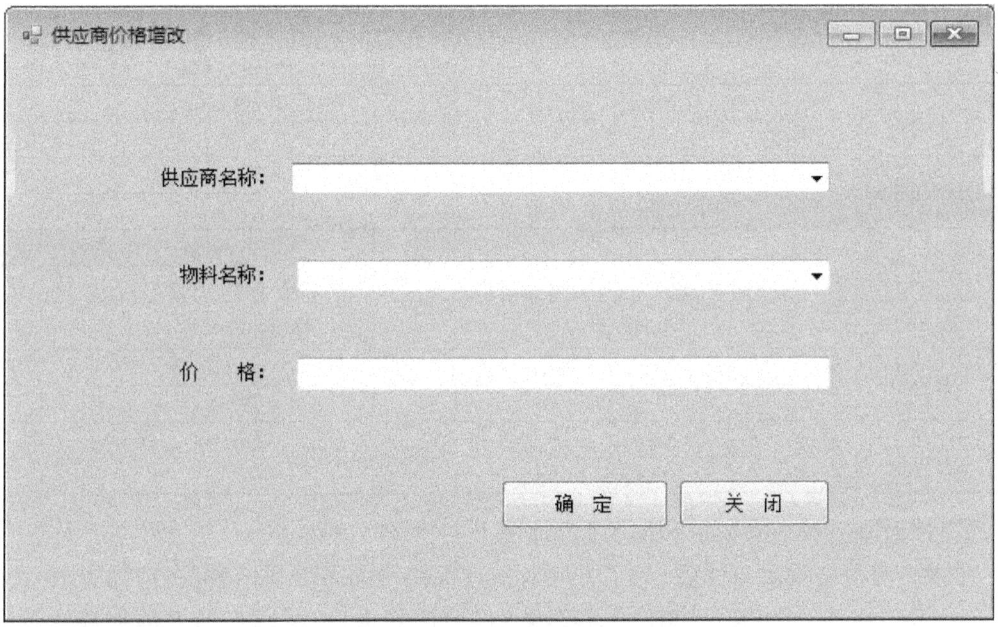

图 7.15　供应商价格增改窗体界面

【工作过程一】　供应商价格增改窗体的界面设计。

鼠标箭头指向“解决方案资源管理器”窗口中的项目名 QuoteManager 右击，选择“添加 | Windows 窗体”菜单命令，将弹出添加新项对话框，在名称栏里将 Form1. vb 改名为 FrmSupplyPriceAM. vb，然后单击【添加】按钮，添加供应商价格增改窗体，其窗体的属性设置如表 7.12 所示。

表 7.12　供应商价格增改窗体属性设置

对象	属性名	属性值
Form1	Name	FrmSupplyPriceAM
	Text	供应商价格增改
	Size	626, 392
	StartPosition	CenterScreen
	WindowState	Normal

在供应商价格增改窗体 FrmSupplyPriceAM 中添加 3 个 Label 控件、2 个 ComboBox 控件、1 个 TextBox 控件和 2 个 Button 控件，并调整各个控件到适当的位置，然后分别设置各个控件的属性，如表 7.13 所示。

表 7.13 FrmSupplyPriceAM 窗体中的控件对象的属性设置

对象	属性名	属性值
Label1	Name	LblSplyName
	Text	供应商名称：
Label2	Name	LblItemName
	Text	物料名称：
Label3	Name	LblItemUnitprice
	Text	价格：
ComboBox1	Name	CboSplyname
	DropDownStyle	DropDown
ComboBox2	Name	CboItemname
	DropDownStyle	DropDownList
TextBox1	Name	TxtItemUnitPrice
Button1	Name	Btnok
	Text	确定
Button2	Name	Btnexit
	Text	关闭

【工作过程二】 供应商价格增改窗体的 Load 事件过程。

在供应商价格增改窗体中，为了方便对供应商价格的新增与修改，在窗体上放置了两个 ComboBox 控件，可以在文本框中直接输入供应商名称，也可以在列表框中选择供应商名称，由于只需要供应商提供所要的物料价格，所以只允许在列表框中选择物料名称，不允许输入物料名称。当打开供应商价格增改窗体时，先访问 QuoteStore 数据库，将 cz_Supply 供应商表中供应商名称加载到 CboSplyname 控件对象中，将 cz_ICItem 物料表中的物料名称加载到 CboItemname 控件对象中。

在打开供应商价格增改窗体时，将会触发该窗体的 Load 事件，具体程序代码如下：

```
'导入命名空间
Imports System.Data
Imports System.Data.SqlClient
'声明对象
Dim sqlcomm As New SqlCommand
Dim sqldasply As New SqlDataAdapter
Dim dssply As New DataSet
'FrmSupplyPriceAM 窗体的 Load 事件代码
Private Sub FrmSupplyPriceAdd_Load(ByVal sender As System.Object, _
  ByVal e As System.EventArgs) Handles MyBase.Load
Call sqlcon()
```

```
'查询供应商名称,并将查询结果添加到供应商名称组合框中
        Dim sql As String
        sql ="select Fname  from cz_Supply"
        sqlcomm =New SqlCommand(sql, conn)
        sqlcomm.ExecuteNonQuery()
        sqldasply =New SqlDataAdapter(sqlcomm)
        dssply.Clear()
        sqldasply.Fill(dssply, "cz_Supply")

        CboSplyname.DataSource =dssply.Tables("cz_Supply")
        CboSplyname.DisplayMember ="Fname"
        CboSplyname.ValueMember ="Fname"
        CboSplyname.Text = Splyname
'查询物料名称,并将查询结果添加到物料名称组合框中
        sql ="select Fname  from cz_ICItem"
        sqlcomm =New SqlCommand(sql, conn)
        sqlcomm.ExecuteNonQuery()
        sqldasply =New SqlDataAdapter(sqlcomm)
        sqldasply.Fill(dssply, "cz_ICItem")
        CboItemname.DataSource =dssply.Tables("cz_ICItem")
        CboItemname.DisplayMember ="Fname"
        CboItemname.ValueMember ="Fname"
        CboItemname.Text = ItemName
End Sub
```

单击标准工具栏中的“启动调试” ▶ 按钮,启动运行程序,对程序进行测试与调试。

【工作过程三】 供应商价格增改窗体的增改功能。

在供应商价格增改窗体中,在供应商组合框中输入或选择了供应商名称,在物料组合框中选择了物料名称,在价格文本框中输入了价格后,单击【确定】按钮,则根据设定的信息从 QuoteStore 数据库的 cz_SPLYPriceEntry 数据表中先查询该供应商之前是否已提供了此物料的价格。如果该供应商之前没有提供此物料价格,则新增此物料的价格信息;如果该供应商之前已提供了此物料的价格,则更新此物料的价格信息。执行完新增或修改供应商价格操作后,将关闭供应商价格增改窗体,回到供应商价格管理窗体,刷新 DgvSupplyunitPrice 数据控件,显示最新的供应商价格。

【确定】按钮的 Click 事件代码如下:

```
Private Sub Btnok_Click(ByVal sender As System.Object, ByVal e As _
  System.EventArgs) Handles Btnok.Click
      Call sqlcon()
        Dim sqldasplyid As New SqlDataAdapter
        Dim dssplyid As New DataSet
        Dim supplyid As String
```

```
        Dim itemid As String
        Dim unitid As String
        Dim sql As String, sqlid As String
'查询供应商内码,将其保存到变量中
        sqlid ="select FItemid from cz_Supply where Fname ='" _
           + CboSplyname.Text + "'"
        sqlcomm = New SqlCommand(sqlid, conn)
        sqlcomm.ExecuteNonQuery()
        sqldasplyid = New SqlDataAdapter(sqlcomm)
        dssplyid.Clear()
        sqldasplyid.Fill(dssplyid, "cz_splyid")
        supplyid = dssplyid.Tables("cz_splyid").Rows(0)("FItemid")
'查询物料内码及物料计量单位,分别将其保存到变量中
        sqlid ="select FItemId,FUnitId from cz_ICItem where Fname ='" _
           + CboItemname.Text + "'"
        sqlcomm = New SqlCommand(sqlid, conn)
        sqlcomm.ExecuteNonQuery()
        sqldasplyid = New SqlDataAdapter(sqlcomm)
        dssplyid.Clear()
        sqldasplyid.Fill(dssplyid, "cz_item")
        itemid = dssplyid.Tables("cz_item").Rows(0)("FItemid")
        unitid = dssplyid.Tables("cz_item").Rows(0)("Funitid")
'查询供应商是否已提供物料价格
        sqlid ="select fprice from cz_SPLYPriceEntry where finterid ='" _
          & supplyid & "' and fitemid ='" & itemid & "'"
        sqlcomm = New SqlCommand(sqlid, conn)
        sqlcomm.ExecuteNonQuery()
        sqldasplyid = New SqlDataAdapter(sqlcomm)
        dssplyid.Clear()
        sqldasplyid.Fill(dssplyid, "cz_item")
'如果供应商没有提供物料价格,则新增物料价格信息;否则更新物料价格信息
        If dssplyid.Tables("cz_item").Rows.Count <=0 Then
            sql ="insert into cz_SPLYPriceEntry(FInterid,FItemId," _
              & "FUnitId,FPrice,FSDate,FEDate,Fnote) values('" + supplyid + _
               "','" + itemid + "','" + unitid + "','" + TxtItemUnitPrice. _
              Text + "',getdate(),'2100/4/1 0:00:00','')"
        Else
            sql ="update cz_SPLYPriceEntry set FPrice ='" + _
              TxtItemUnitPrice.Text + "' where cz_SPLYPriceEntry." _
              & "FItemID ='" & itemid & "'"
        End If
```

```
            sqlcomm = New SqlCommand(sql, conn)
            sqlcomm.ExecuteNonQuery()
        '查询最新的供应商价格,并显示到 DgvSupplyunitPrice 数据控件中
            sql = "select FName as 物料名称,FPrice as 单价 from cz_ICItem," _
              & "cz_SPLYPriceEntry where cz_ICItem.FItemID = " _
              & "cz_SPLYPriceEntry.FItemID and cz_SPLYPriceEntry.FInterid = " _
              & "'" & supplyid & "'"
            sqlcomm = New SqlCommand(sql, conn)
            sqlcomm.ExecuteNonQuery()
            sqldasply = New SqlDataAdapter(sqlcomm)
            dssply.Clear()
            sqldasply.Fill(dssply, "cz_SplyUnitPrice")
            FrmSupplyPrice.DgvSupplyunitPrice.DataSource = dssply
            FrmSupplyPrice.DgvSupplyunitPrice.DataMember = "cz_SplyUnitPrice"
            FrmSupplyPrice.DgvSupplyunitPrice.Refresh()
        '关闭当前窗口
            Me.Close()
        End Sub
```

【工作过程四】 供应商价格增改窗体的关闭功能。

当单击【关闭】按钮时,将关闭供应商价格增改窗体,返回到供应商价格管理窗体。

【关闭】按钮的 Click 事件程序代码如下:

```
Private Sub Btnexit_Click(ByVal sender As System.Object, ByVal e As _
  System.EventArgs) Handles Btnexit.Click
        Me.Close()
End Sub
```

单击标准工具栏中的"启动调试" ▶ 按钮,启动运行程序,对程序进行测试与调试。供应商价格增改功能的运行结果如图 7.16 所示。

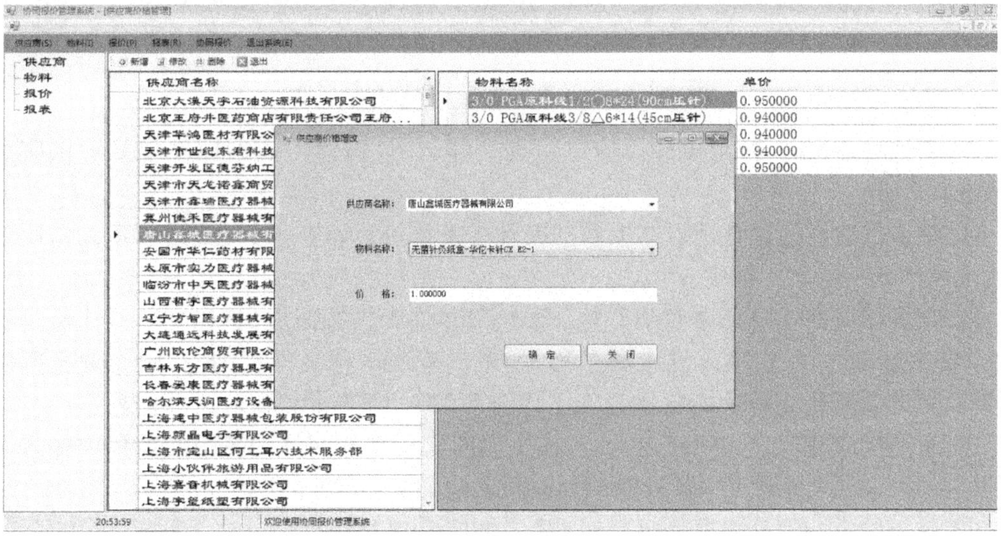

图 7.16　供应商价格增改运行结果

7.6 工作实训营

训练实例

(1) 训练内容

① 在 MDIForm 主窗体中,单击工具栏上的“供应商管理”工具按钮,或者单击“数据维护”主菜单下的“供应商管理”菜单项后,将打开供应商信息管理窗体。

② 设计“书店图书管理系统”的供应商信息管理功能模块,供应商信息管理窗体的运行界面如图 7.17 所示。

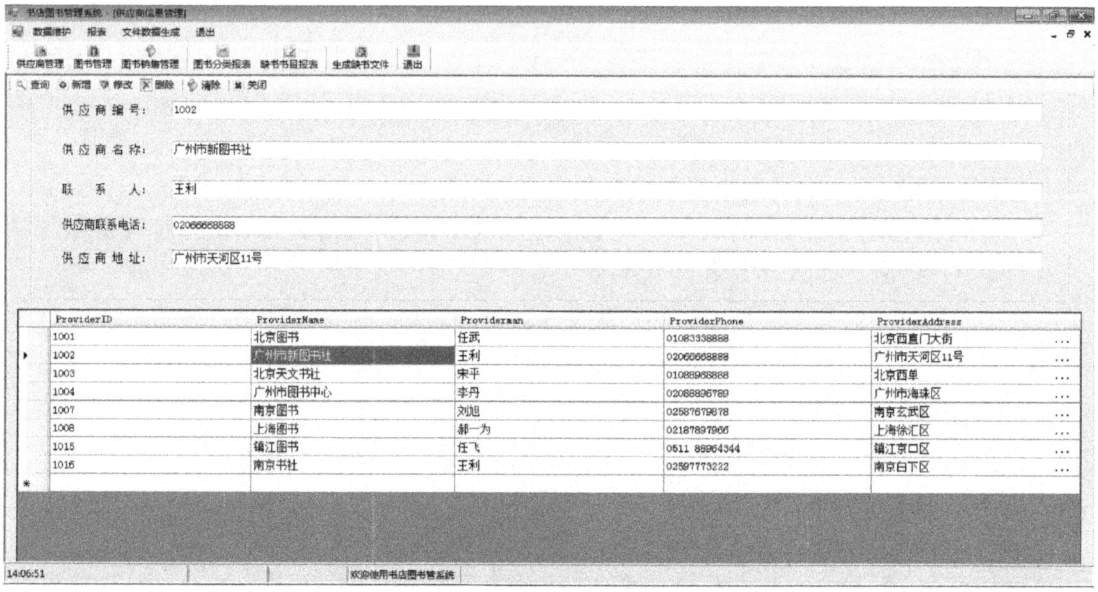

图 7.17 供应商信息管理窗体运行界面

③ 当项目运行时,打开供应商信息管理窗体,在该窗体的数据控件中显示供应商表的信息。

④ 单击供应商信息管理窗体上数据控件中的某一行,这一行的数据显示到供应商信息管理窗体对应的文本框中。

⑤ 查询供应商信息。项目运行时,单击“查询”工具按钮后,首先判断操作员是否已经在“供应商名称”栏中输入供应商名称,如果供应商名称文本框为空,则查询全部供应商信息;如果供应商名称文本框中输入了供应商名称,则查询该供应商的信息。

⑥ 新增供应商信息。项目运行时,在供应商信息管理窗体的各个文本框中输入了正确的信息后,单击“新增”工具按钮即可将供应商信息保存到数据库中。

⑦ 更新供应商信息。项目运行时,单击供应商信息管理窗体中数据表的某一行,这一行的信息将显示到相应文本框中,修改信息后,单击“修改”工具按钮即可将修改后的

供应商信息保存到数据库中。

⑧ 删除供应商信息。项目运行时,单击供应商信息管理窗体中数据表的某一行,这一行的信息将显示到相应文本框中,单击“删除”工具按钮将这一行的信息从数据库中删除。删除供应商信息时一定要慎重,一旦删除就不可恢复。

⑨ 清除供应商信息窗体界面文本框中的内容。为了方便操作,项目运行时单击“清除”工具按钮,文本框将清空。

⑩ 关闭当前窗体功能。项目运行时,单击“关闭”工具按钮即可关闭当前窗体。

(2) 训练目的

① 掌握窗体界面的设计。

② 掌握查询供应商信息的 SQL 数据命令。

③ 掌握新增供应商信息的 SQL 数据命令。

④ 掌握更新供应商信息的 SQL 数据命令。

⑤ 掌握删除供应商信息的 SQL 数据命令。

⑥ 掌握 ADO.NET 数据库的访问技术。

⑦ 会编写相应的事件代码。

(3) 训练过程

提示:仿照教学案例完成训练实例。

>>> 工作实践常见问题解析

【常见问题 1】VB.NET 中的事件处理程序是如何生效的?

【答】VB.NET 程序是事件驱动的,任何能引发事件的对象都是事件源,事件处理程序是相应事件发生时调用的过程,用户可以将任何有效的子过程用作事件处理程序,但在事件处理程序生效之前,必须使用 Handls 或 AddHandler 语句将它与事件关联。

【常见问题 2】VB.NET 中 WithEvents 语句和 Handles 子句的区别是什么?

【答】WithEvents 语句和 Handles 子句提供了陈述性指定事件处理程序的方法。WithEvents 所声明的对象引发的事件可以由任何子过程通过命名此事件的 Handles 子句处理。Handles 子句是关联事件与事件处理程序的标准方法,但它仅限于在编译时关联事件与事件处理程序。WithEvents 指示被声明的对象可以引发事件,Handles 用于声明处理指定的事件的过程。

习　题

一、简述题

1. 什么是类?如何定义类?

2. 什么是对象?类与对象有什么关系?

3. 面向对象的重要特性是什么?

4. 什么是对象的属性、方法、事件?它们有何区别?

5. 什么是继承？继承有什么优点？
6. 子类能继承多个父类吗？
7. 什么是重载？
8. 覆盖与重载有什么区别？
9. 什么是多态性？

二、编程题

创建一个供应商类 Provider，它包括 ProviderID，ProviderName，ProviderAddress，ProviderTel，ProviderLinker 属性。这个类包括一个带有供应商编号、名称、地址及联系电话的构造函数，并有如下的过程：

① setProviderLinker；

② getProviderLinker；

③ OutputProvider( )'输出 Provider 的信息。

请完善这个类的代码，并用 Provider 类创建对象，测试程序的正确性。

第8章　物料管理模块设计

本章要点

1. 物料信息的查询、新增、更新及删除；
2. 物料清单 BOM 的查询、新增、更新及删除。

技能目标

掌握使用数据命令实现物料数据的查询、新增、更新及删除。

8.1　物料信息管理模块设计

物料管理功能模块设置了物料查询、物料新增、物料更新、物料删除和物料清单 BOM 管理五个子功能模块，这五个子功能模块实现的程序代码分别编辑到主窗体界面物料主菜单下的四个二级子菜单的 Click 事件程序代码中。

物料信息管理模块功能需要通过设计窗体界面来实现，物料的新增、更新及删除功能在窗体 FrmICItem 中实现，物料查询子功能在窗体 FrmICItemQuery 中实现，物料清单 BOM 管理子功能是窗体 FrmICItemBOM 中实现，物料清单 BOM 的新增和更新子功能在窗体 FrmICItemBOMAM中实现。

物料信息管理模块就是对物料信息进行有效的管理，例如，有哪些物料，物料的规格型号、计量单位等。协同报价管理系统项目中物料信息管理模块的界面如图 8.1 所示。

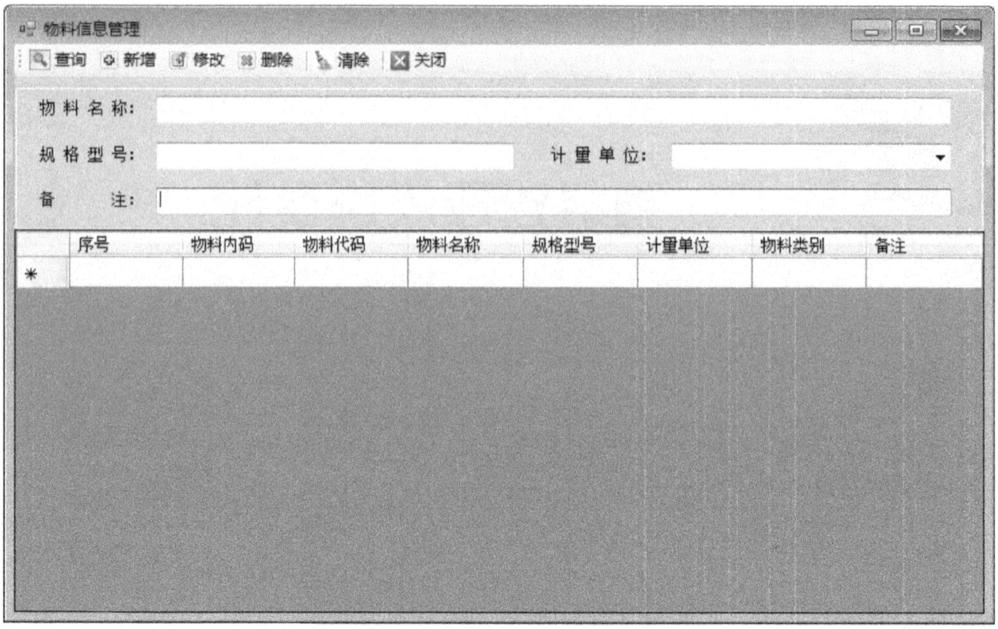

图 8.1 物料信息管理模块窗体界面

【工作过程一】 物料信息管理窗体的界面设计。

鼠标箭头指向“解决方案资源管理器”窗口中的项目名 QuoteManager 右击,选择“添加|Windows 窗体”菜单命令,将弹出添加新项对话框,在名称栏里将 Form1. vb 改名为 FrmICItem. vb,然后单击【添加】按钮,添加物料信息管理模块窗体,其窗体的属性设置如表 8.1 所示。

表 8.1 物料信息管理窗体属性设置

对象	属性名	属性值
Form1	Name	FrmICItem
	Text	物料信息管理
	BackColor	GradientInactiveCaption
	Size	752,702
	WindowState	Maximized

在物料信息管理模块窗体 FrmICItem 上添加一个 ToolStrip 控件来设计工具栏,通过 ToolStrip 控件的 Items 属性在工具栏上添加工具按钮。物料信息管理窗体工具栏如图 8.2 所示。

图 8.2 物料信息管理窗体界面工具栏

单击工具栏→工具栏右上角出现“▸”→单击该按钮，选择“编辑项”→弹出“项集合编辑器”对话框设置工具栏按钮属性，如图 8.3 所示。工具栏按钮属性设置如表 8.2 所示。

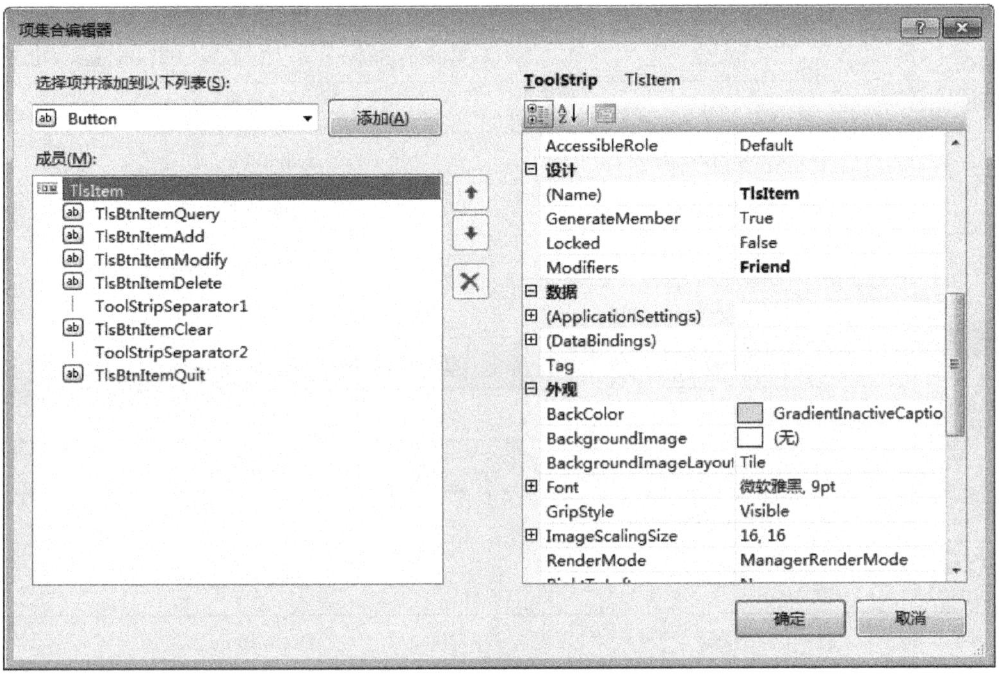

图 8.3　工具栏项集合编辑器

表 8.2　工具栏按钮属性设置

对象	属性名	属性值
ToolStrip-Button1	Name	TlsBtnItemQuery
	DisplayStyle	ImageAndText
	Image	QuoteManager. My. Resources. Resources. query
	Text	查询
	TextImageRelation	ImageBeforeText
	ToolTipText	物料查询
ToolStrip-Button2	Name	TlsBtnItemAdd
	DisplayStyle	ImageAndText
	Image	QuoteManager. My. Resources. Resources. add
	Text	新增
	TextImageRelation	ImageBeforeText
	ToolTipText	新增物料

续表

对象	属性名	属性值
ToolStrip-Button3	Name	TlsBtnItemModify
	DisplayStyle	ImageAndText
	Image	QuoteManager. My. Resources. Resources. edit
	Text	修改
	TextImageRelation	ImageBeforeText
	ToolTipText	修改物料
ToolStrip-Button4	Name	TlsBtnItemDelete
	DisplayStyle	ImageAndText
	Image	QuoteManager. My. Resources. Resources. del
	Text	删除
	TextImageRelation	ImageBeforeText
	ToolTipText	删除物料
ToolStrip-Separator1	Name	ToolStripSeparator1
ToolStrip-Button5	Name	TlsBtnItemClear
	DisplayStyle	ImageAndText
	Image	QuoteManager. My. Resources. Resources. clear
	Text	清除
	TextImageRelation	ImageBeforeText
	ToolTipText	清除文本框信息
ToolStrip-Separator2	Name	ToolStripSeparator2
ToolStrip-Button6	Name	TlsBtnItemQuit
	DisplayStyle	ImageAndText
	Image	QuoteManager. My. Resources. Resources. close
	Text	关闭
	TextImageRelation	ImageBeforeText
	ToolTipText	关闭窗口

在 FrmICItem 窗体中添加一个 ContextMenuStrip 控件，修改其名称为 CMnuICItem。单击 CMnuICItem 控件对象名，在 CMnuICItem 控件对象中添加若干菜单项 ToolStripMenuItem，并修改其属性，如表 8.3 所示。

表 8.3　CMnuICItem 弹出式菜单项的属性设置

对象	属性名	属性值
ToolStripMenuItem2	Name	CMnuICItemModify
	Text	修改
ToolStripMenuItem3	Name	CMnuICItemDelete
	Text	删除

在物料信息管理窗体 FrmICItem 中添加一个 Panel 控件对象 Panel1，在属性窗口中修改其 Dock 属性值为 Top，将其调整到合适的高度，然后在此控件中添加如表 8.4 所示的控件。

表 8.4　Panel1 中的控件对象的属性设置

对象	属性名	属性值
Label1	Name	LblItemName
	Text	物料名称：
Label2	Name	LblItemModel
	Text	规格型号：
Label3	Name	LblItemUnit
	Text	计量单位：
Label4	Name	LblItemNote
	Text	备注：
TextBox1	Name	TxtItemName
TextBox2	Name	TxtItemModel
TextBox3	Name	TxtItemNote
ComboBox1	Name	CboItemUnit

在 FrmICItem 窗体中添加一个 Splitter 控件，在属性窗口中修改其 Dock 属性值为 Top，将 Size 属性值设为 736，2。

在 FrmICItem 窗体中再添加一个 Panel 控件，在属性窗口中修改其 Dock 属性值为 Fill，然后在这个 Panel 控件对象中添加一个 DataGridView 控件，并在属性窗口中修改其 Name 属性值为 DgvItem，将 Dock 属性值设置为 Fill，将 AutoSizeColumnsMode 属性值设置为 Fill，将 ContextMenuStrip 属性值设置为 CMnuICItem。为了使 DgvItem 控件对象中的数据表显示为中文字段名，需要编辑列。另外，允许对该控件中显示的数据新增和删除，但不允许对数据编辑，具体操作为：单击 DgvItem 控件对象→该对象右上角出现“▸”→单击该按钮，勾选“启用添加”和“启用删除”，取消勾选“启用编辑”，然后单击“编辑列”→弹出“编辑列”对话框设置列属性，如图 8.4 所示。DgvItem 控件对象列属性设置如表 8.5 所示。

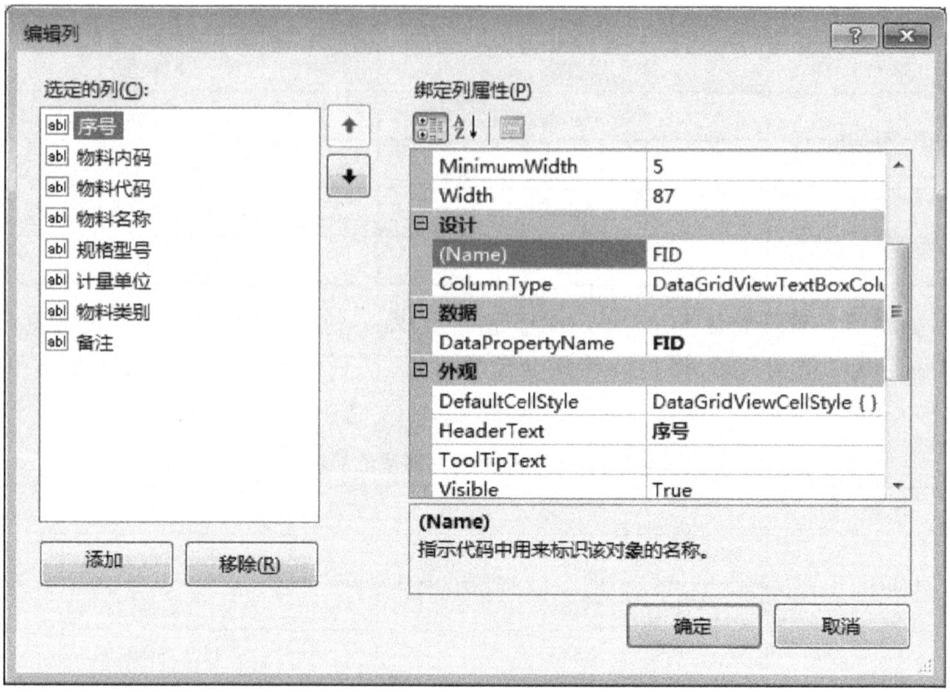

图 8.4 DgvItem 控件对象的编辑列对话框

表 8.5 DgvItem 控件对象列属性设置

对象	属性名	属性值
Column1	Name	FID
	DataPropertyName	FID
	HeaderText	序号
Column2	Name	FItemid
	DataPropertyName	FItemid
	HeaderText	物料内码
Column3	Name	FNumber
	DataPropertyName	FNumber
	HeaderText	物料代码
Column4	Name	FName
	DataPropertyName	FName
	HeaderText	物料名称
Column5	Name	FModel
	DataPropertyName	FModel
	HeaderText	规格型号

续表

对象	属性名	属性值
Column6	Name	FUnitID
	DataPropertyName	FUnitID
	HeaderText	计量单位
Column7	Name	FItemType
	DataPropertyName	FItemType
	HeaderText	物料类别
Column8	Name	Fnote
	DataPropertyName	Fnote
	HeaderText	备注

【工作过程二】 物料信息管理窗体的 Load 事件过程。

在项目运行中，当打开物料信息管理窗体时，访问 QuoteStore 数据库，在该窗体的 DataGridView控件中显示物料表（cz_ICItem）的信息。为了操作数据库中的数据，首先要创建一个 Connection 对象，建立与数据库的连接，这个可以调用数据库连接的公共过程 sqlcon。然后通过 Command 对象发送数据命令实现对数据库中数据的操作，这里关键是要准备好数据命令，数据命令可以是 SQL 语句，也可以是存储过程。在这个案例里，从 QuoteStore 数据库中查询数据，将查询得到的 cz_ICItem 物料表的所有信息都显示到 DataGridView 控件中，由于物料表 cz_ICItem 中的计量单位字段值是计量单位内码，而不是中文的计量单位，所以需要物料表 cz_ICItem 与计量单位表 cz_Unit 两表联查，实现物料查询的 SQL 语句如下：

```
select t1.FID,t1.FItemID,t1.FNumber,t1.FName,t1.FModel,t2.FName as
  Funitid,t1.FItemType,t1.FNote from cz_ICItem t1 inner join cz_Unit t2
  on t1.FUnitID = t2.FItemID
```

之后，将查询得到的结果通过数据适配器存放到一个数据集中，最后将数据集中的数据显示到 DataGridView 控件中。

在打开物料信息管理窗体时，将会触发该窗体的 Load 事件，具体程序代码如下：

```
'导入命名空间
Imports System.Data
Imports System.Data.SqlClient
'声明访问数据库的对象
Dim sqlcomm As New SqlCommand
Dim sqldaItem As New SqlDataAdapter
Dim dsItem As New DataSet
Dim sqldaicitem As New SqlDataAdapter
 Dim dsicitem As New DataSet
'FrmICItem 窗体的 Load 事件代码
```

```
Private Sub FrmICItem_Load(ByVal sender As System.Object, ByVal e As _
  System.EventArgs) Handles MyBase.Load
      Call sqlcon()

'准备好查询数据命令,以便将计量单位添加到窗体界面的组合框控件中
      Dim sql As String
      sql ="select Fname  from cz_Unit"
      sqlcomm = New SqlCommand(sql, conn)
      sqlcomm.ExecuteNonQuery()
      sqldaItem = New SqlDataAdapter(sqlcomm)
      dsItem.Clear()
      sqldaItem.Fill(dsItem, "cz_Unitname")

      CboItemUnit.DataSource = dsItem.Tables("cz_Unitname")
      CboItemUnit.DisplayMember = "Fname"
      CboItemUnit.ValueMember = "Fname"
      CboItemUnit.Text = ""

      sql ="select t1.FID,t1.FItemID,t1.FNumber,t1.FName," _
        & "t1.FModel,t2.FName as Funitid,t1.FItemType,t1.FNote from" _
        & "cz_ICItem t1 inner join cz_Unit t2 on t1.FUnitID = t2.FItemID"

'通过 Sqlcommand 对象发送 SQL 数据命令实现对数据库的操作
      sqlcomm = New SqlCommand(sql, conn)
      sqlcomm.ExecuteNonQuery()
'通过数据适配器填充数据集
      sqldaicitem = New SqlDataAdapter(sqlcomm)
      dsicitem.Clear()
      sqldaicitem.Fill(dsicitem, "cz_ICItem")
'将对数据库的操作结果显示到数据控件中
      DgvItem.DataSource = dsicitem
      DgvItem.DataMember = "cz_ICItem"
      DgvItem.Refresh()
End Sub
```

单击标准工具栏中的“启动调试” ▶ 按钮,启动运行程序,对程序进行测试与调试。

【工作过程三】 DgvItem 数据控件的单击事件过程。

DgvItem 控件的 Click 事件代码要实现单击物料信息管理窗体中的 DgvItem 数据控件中的某行,即可将该行信息显示到窗体界面对应的控件中的功能。

获得 DgvItem 控件中当前行的行索引号的代码如下:

```
DgvItem.CurrentCell.RowIndex
```

或者:

```
DgvItem.CurrentRow.Index()
```

DgvItem 控件的 Click 事件程序代码如下：

```
Private Sub DgvItem_Click(ByVal sender As Object, ByVal e As System. _
  EventArgs) Handles DgvItem.Click
       Dim i As Integer
       If DgvItem.RowCount >0 Then

           i = DgvItem.CurrentCell.RowIndex
           Try
               TxtItemName.Text = dsicitem.Tables("cz_ICItem"). _
                 Rows(i)("Fname")
               TxtItemModel.Text = IIf(dsicitem.Tables _
                 ("cz_ICItem").Rows(i)("Fmodel") Is Nothing, "", _
                 dsicitem.Tables("cz_ICItem").Rows(i) _
                 ("Fmodel").ToString())
               CboItemUnit.Text = dsicitem.Tables("cz_ICItem"). _
                 Rows(i)("FUnitID")
               TxtItemNote.Text = dsicitem.Tables("cz_ICItem"). _
                 Rows(i)("Fnote")
           Catch ex As SqlException
               MsgBox(ex.Message)
           End Try
       End If
    End Sub
```

【工作过程四】 物料信息管理模块的新增功能。

物料管理模块的新增功能是实现能够将操作员录入的物料信息写入到 QuoteStore 数据库的 cz_ICItem 表中，在将物料信息写入 cz_ICItem 表之前，先要判别是否存在同名的物料名。如果存在同名物料名，则给出提示信息；如果不存在同名物料名，则将信息写入 cz_ICItem 表中。要实现这个功能，首先要建立于数据库的连接，然后创建一个 Command 对象，并准备好数据命令，之后通过 Command 对象，在已经建立的数据库连接上执行该数据命令，即可将操作员所录入的物料信息写入数据库中。为了确认是否将所录入的物料信息写入到数据库，用数据适配器重新填充数据集，然后将数据集中的信息显示到 DgvItem 数据控件中，这样就可以看到 cz_ICItem 表最新的信息。

实现新增物料信息的数据命令如下：

```
exec insertICItem '" & TxtItemName.Text & "','" & TxtItemModel.Text & "
  ','" & dsitemid.Tables("cz_unit").Rows(0)("Fitemid") & "','','" &
  TxtItemNote.Text & "'
```

物料信息管理工具栏中"新增"工具按钮的程序代码如下：

```
Private Sub TlsBtnItemadd_Click(ByVal sender As System.Object, ByVal _
  e As System.EventArgs) Handles TlsBtnItemAdd.Click
       Dim sql As String
```

```
Dim sqldaitemid As New SqlDataAdapter
Dim dsitemid As New DataSet
Call sqlcon()
sql ="select FName from cz_ICItem where Fname ='"+ _
  TxtItemName.Text + "'"
sqlcomm =New SqlCommand(sql, conn)
sqlcomm.ExecuteNonQuery()
sqldaitemid =New SqlDataAdapter(sqlcomm)
dsitemid.Clear()
sqldaicitem.Fill(dsitemid, "cz_item")
Try
    If dsitemid.Tables("cz_item").Rows.Count >0 Then
        MessageBox.Show("已存在同名的物料!")
    ElseIf TxtItemName.Text <>"" And CboItemUnit.Text <>"" Then
        sql ="select Fitemid from cz_Unit where cz_Unit.Fname =" _
          & "'" +CboItemUnit.Text + "'"
        sqlcomm =New SqlCommand(sql, conn)
        sqlcomm.ExecuteNonQuery()
        dsitemid.Clear()
        sqldaitemid =New SqlDataAdapter(sqlcomm)
        sqldaitemid.Fill(dsitemid, "cz_unit")

        sql ="exec insertICItem '" & TxtItemName.Text & "','" & _
          TxtItemModel.Text & "','" & dsitemid.Tables _
          ("cz_unit").Rows(0)("Fitemid") & "','','" _
          & TxtItemNote.Text & "'"
        '发送 SQL 数据命令实现对数据库的操作
        sqlcomm =New SqlCommand(sql, conn)
        sqlcomm.ExecuteNonQuery()
        'sqldaicitem =New SqlDataAdapter(sqlcomm)

        '清除数据集
        dsicitem.Clear()

        '重新填充数据集
        sqldaicitem.Fill(dsicitem, "cz_ICItem")
        '将新增后的 Book 表显示到数据控件中
    End If
    DgvItem.DataSource =dsicitem
    DgvItem.DataMember ="cz_ICItem"
    DgvItem.Refresh()
```

```
            Catch ex As SqlException
                MsgBox(ex.Message)
            End Try
        End Sub
```

单击标准工具栏中的“启动调试” ▶ 按钮，启动运行程序，对程序进行测试与调试。

【工作过程五】 物料信息管理模块的修改功能。

为了方便对物料信息的修改，可以先单击 DgvItem 数据控件中要修改的行，让该行的物料信息显示到物料信息管理窗体界面相应的文本框中，然后对文本框中的数据进行修改，修改完之后，再单击工具栏中的“修改”工具按钮，将修改后的物料信息写入到 QuoteStore 数据库的 cz_ICItem 表中。

实现修改物料信息的 SQL 数据命令如下：

```
update cz_ICItem set FName ='" & TxtItemName.Text & "',FModel ='" &
  TxtItemModel.Text & "',FUnitID ='" & dsunit.Tables("cz_unit").
  Rows(0)("Fitemid") & "',FItemType ='',Fnote ='" & TxtItemNote.Text
  & "' where FName ='" & TxtItemName.Text & "'
```

物料信息管理模块的“修改”功能的工具按钮的 Click 事件代码如下：

```
Private Sub TlsBtnItemModify_Click(ByVal sender As System.Object, _
  ByVal e As System.EventArgs) Handles TlsBtnItemModify.Click
        Dim i As Integer
        i = DgvItem.CurrentRow.Index()
        Call sqlcon()
        Dim sqldaunit As New SqlDataAdapter
        Dim dsunit As New DataSet
        Dim sql As String
        sql ="select FItemid from cz_unit where fname ='" & _
          CboItemUnit.Text & "'"
        sqlcomm = New SqlCommand(sql, conn)
        sqlcomm.ExecuteNonQuery()
        sqldaunit = New SqlDataAdapter(sqlcomm)
        dsunit.Clear()
        sqldaunit.Fill(dsunit, "cz_unit")

        Try
            sql ="update cz_ICItem set FName ='" & TxtItemName.Text _
              & "',FModel ='" & TxtItemModel.Text & "',FUnitID ='" _
              & dsunit.Tables("cz_unit").Rows(0)("Fitemid") & _
              "', FItemType ='',Fnote ='" & TxtItemNote.Text & _
              "' where FName ='" & TxtItemName.Text & "'"
            sqlcomm = New SqlCommand(sql, conn)
            sqlcomm.ExecuteNonQuery()
```

```
            dsicitem.Clear()
            sqldaicitem.Fill(dsicitem, "cz_ICItem")
            DgvItem.DataSource = dsicitem
            DgvItem.DataMember = "cz_ICItem"
            DgvItem.Refresh()
        Catch ex As SqlException
            MsgBox(ex.Message)
        End Try
        End Sub
```

单击标准工具栏中的“启动调试” ▶ 按钮,启动运行程序,对程序进行测试与调试。

【工作过程六】 物料信息管理模块的删除功能。

在维护物料信息时,允许操作员删除指定的物料数据。为了方便删除物料信息,当单击 DgvItem 数据控件的某一行时,将这行的信息显示到界面相应文本框中,并将这一行的行索引号存放到一个整型变量中,连接数据库并执行数据命令实现删除。删除某条物料信息后要将界面文本框清空。注意:删除物料数据时要慎重,数据一旦被删除就不能恢复。

实现删除物料信息的 SQL 数据命令如下:

```
delete from cz_ICItem where Fname = '" & dsItem.Tables("cz_ICItem").
  Rows(i)("Fname") & "'
```

物料信息管理模块删除功能的工具栏按钮 Click 事件代码如下:

```
Private Sub TlsBtnItemdelete_Click(ByVal sender As System.Object, _
  ByVal e As System.EventArgs) Handles TlsBtnItemDelete.Click
        Dim i As Integer
        i = DgvItem.CurrentRow.Index()

        Call sqlcon()
        Try
            Dim sql As String

            sql = "delete from cz_ICItem where Fname = '" & dsItem. _
              Tables("cz_ICItem").Rows(i)("Fname") & "'"
            sqlcomm = New SqlCommand(sql, conn)
            sqlcomm.ExecuteNonQuery()

            dsicitem.Clear()
            sqldaicitem.Fill(dsicitem, "cz_ICItem")

            DgvItem.DataSource = dsicitem
            DgvItem.DataMember = "cz_ICItem"
            DgvItem.Refresh()
```

```
            TxtItemName.Text = ""
            TxtItemModel.Text = ""
            CboItemUnit.Text = ""
            TxtItemNote.Text = ""

        Catch ex As SqlException
            MsgBox(ex.Message)
        End Try
    End Sub
```

单击标准工具栏中的“启动调试”▶按钮，启动运行程序，对程序进行测试与调试。

【工作过程七】 物料信息管理模块的清除功能。

物料信息管理模块的清除功能是清除窗体界面上文本框中的信息，以方便后续的操作，具体程序代码如下：

```
Private Sub TlsBtnItemClear_Click(ByVal sender As System.Object, _
  ByVal e As System.EventArgs) Handles TlsBtnItemClear.Click
        TxtItemName.Text = ""
        TxtItemModel.Text = ""
        CboItemUnit.Text = ""
        TxtItemNote.Text = ""
End Sub
```

单击标准工具栏中的“启动调试”▶按钮，启动运行程序，对程序进行测试与调试。

【工作过程八】 物料信息管理模块的关闭功能。

供应商信息管理模块的关闭功能是在主窗体中关闭供应商管理窗体，具体程序代码如下：

```
Private Sub TlsBtnItemQuit_Click(ByVal sender As System.Object, ByVal _
  e As System.EventArgs) Handles TlsBtnItemQuit.Click
        Me.Close()
End Sub
```

单击标准工具栏中的“启动调试”▶按钮，启动运行程序，对程序进行测试与调试。

【工作过程九】 物料信息管理窗体中 CMnuICItem 快捷菜单项的程序代码。

CMnuICItem 快捷菜单中的“修改”菜单项的功能与物料信息管理窗体工具栏中“修改”工具按钮的功能相同，只要在“修改”快捷菜单项的事件代码中调用【修改】按钮的 Click 事件过程就可以实现。在物料信息管理窗体中，单击控件托盘中的 CMnuICItem 对象名，然后在快捷菜单中双击“修改”菜单项，打开代码编辑器添加程序代码，如下所示：

```
Private Sub CMnuICItemModify_Click(ByVal sender As System.Object, _
  ByVal e As System.EventArgs) Handles CMnuICItemModify.Click
        Call TlsBtnItemModify_Click(sender, e)
End Sub
```

CMnuICItem 快捷菜单中的“删除”菜单项的功能与物料信息管理窗体工具栏中“删

除”工具按钮的功能相同，只要在“删除”快捷菜单项的事件代码中调用“删除”工具按钮的 Click 事件过程就可以实现，如下所示：

```
Private Sub CMnuICItemDelete_Click(ByVal sender As System.Object, _
  ByVal e As System.EventArgs) Handles CMnuICItemDelete.Click
      Call TlsBtnItemdelete_Click(sender, e)
End Sub
```

【工作过程十】 完善 MDIForm 主窗体中的供应商菜单的程序代码。

物料信息管理窗体是 MDIForm 窗体的子窗体，当项目运行时，在 MDIForm 主窗体中单击“物料”主菜单项下的“物料增改”、“物料删除”菜单项或单击主窗体左侧树状结构中的“物料”时，将在主窗体中打开物料信息管理窗体 FrmICItem。

```
Private Sub mnuItemAdd_Click(ByVal sender As System.Object, ByVal e _
  As System.EventArgs) Handles mnuItemAddM.Click
      FrmICItem.MdiParent = Me       'FrmICItem 窗体的父窗体是当前窗体
      FrmICItem.Show()               '显示 FrmICItem 窗体
      FrmICItem.Activate()           '激活 FrmICItem 窗体
End Sub
```

MDIForm 主窗体“物料”主菜单项下的“物料删除”菜单项的 Click 事件代码如下：

```
Private Sub mnuItemDel_Click(ByVal sender As System.Object, ByVal e _
  As System.EventArgs) Handles mnuItemDel.Click
      Call mnuItemAdd_Click(sender, e)
End Sub
```

主窗体左侧 M_Tree 树状结构控件的事件代码如下：

```
Private Sub M_Tree_AfterSelect(ByVal sender As System.Object, ByVal e As _
  System.Windows.Forms.TreeViewEventArgs) Handles M_Tree.AfterSelect
      If M_Tree.SelectedNode.Name = "M_Supply" Then
          FrmSupply.MdiParent = Me
          FrmSupply.Show()
          FrmSupply.Activate()
      ElseIf M_Tree.SelectedNode.Name = "M_ICItem" Then
          FrmICItem.MdiParent = Me
          FrmICItem.Show()
          FrmICItem.Activate()
      End If
  End Sub
```

【工作过程十一】 保存项目，调试程序。

单击“文件|全部保存”菜单命令，即可保存项目。

单击 Visual Basic 2008 开发环境中的“项目”主菜单下的“QuoteManager 属性”，设置 QuoteManager 项目的启动窗体为 MDIForm，单击标准工具栏中的“启动调试” ▶ 按钮，启动测试程序，单击主界面左侧的“物料”，程序的运行结果如图 8.5 所示。

图 8.5　物料信息管理窗体运行结果示意图

8.2　物料查询模块设计

在物料信息管理窗体的工具栏中，单击【查询】按钮，或在主窗体 MDIForm 中单击“物料”主菜单下的“物料查询”子菜单，将打开物料查询窗体，以供操作员查询物料的详细信息。

协同报价管理系统项目中物料查询窗体界面如图 8.6 所示。

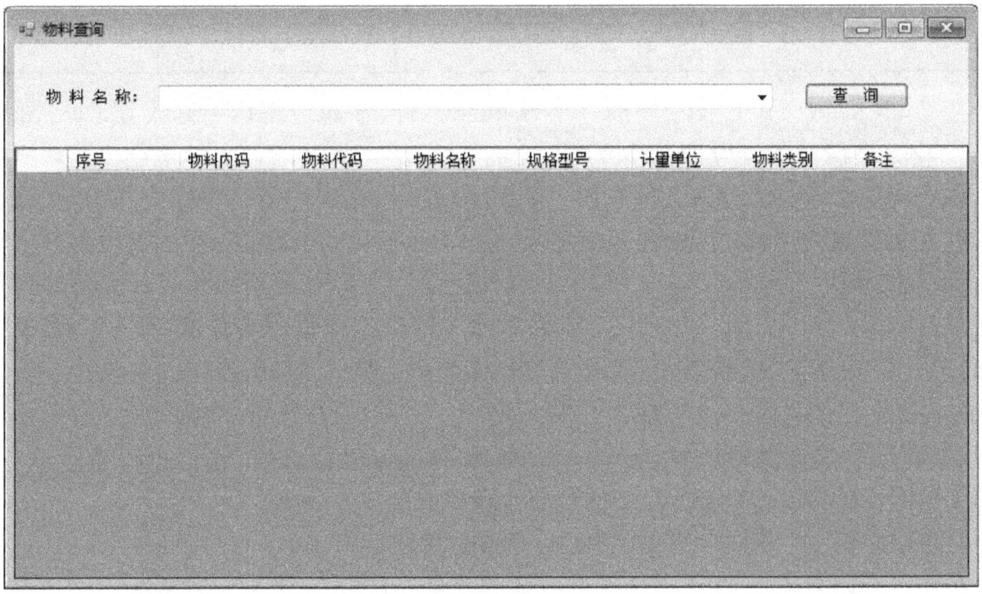

图 8.6　物料查询窗体界面

【工作过程一】 物料查询窗体的界面设计。

鼠标箭头指向“解决方案资源管理器”窗口中的项目名 QuoteManager 右击，选择“添加|Windows 窗体”菜单命令，将弹出添加新项对话框，在名称栏里将 Form1. vb 改名为 FrmICItemQuery. vb，然后单击【添加】按钮，添加物料查询窗体，其窗体的属性设置如表 8.6所示。

表 8.6 物料查询窗体属性设置

对象	属性名	属性值
Form1	Name	FrmICItemQuery
	Text	物料查询
	Size	765, 463
	WindowState	Normal

在物料查询窗体 FrmICItemQuery 中添加一个 Panel 控件对象 Panel1，在属性窗口中修改其 Dock 属性值为 Top，将其调整到合适的高度，然后在此控件中添加如表 8.7 所示的控件。

表 8.7 Panel1 中的控件对象的属性设置

对象	属性名	属性值
Label1	Name	LblItemName
	Text	物料名称:
ComboBox1	Name	CboItemName
Button1	Name	BtnItemQuery
	Text	查询

在 FrmICItemQuery 窗体中添加一个 Splitter 控件，在属性窗口中修改其 Dock 属性值为 Top，将 Size 属性值设为 727, 2。

在 FrmICItemQuery 窗体中再添加一个 Panel 控件，在属性窗口中修改其 Dock 属性值为 Fill，然后在这个 Panel 控件对象中添加一个 DataGridView 控件，并在属性窗口中修改其 Name 属性值为 DgvItemQuery，将 Dock 属性值设置为 Fill，将 AutoSizeColumnsMode 属性值设置为 Fill。为了使 DgvItemQuery 控件对象中的数据表显示为中文字段名，需要编辑列，另外，不允许对该控件中显示的数据新增、修改和删除，具体操作为：单击 DgvItemQuery 控件对象→该对象右上角出现“▸”→单击该按钮，取消勾选“启用添加”、“启用删除”和“启用编辑”，然后单击“编辑列”→弹出“编辑列”对话框设置列属性，与图 8.4 相同。DgvItemQuery 控件对象列属性设置与表 8.5 相同。

【工作过程二】 物料查询窗体的 Load 事件过程。

在物料查询窗体中，为了方便查询物料的信息，可以在文本框中直接输入物料名称后查询物料的信息，也可以在列表框中选择物料名称后查询物料的信息。为此，在窗体上放置了一个 ComboBox 控件，当打开物料查询窗体时，先访问 QuoteStore 数据库，将 cz_ICItem 物料表中物料名称加载到 ComboBox 控件中。

在物料查询窗体中将按物料的名称进行查询，如果操作员在“物料名称”组合框中选择或输入了信息，则根据选择或输入的信息从 QuoteStore 数据库中查询满足相应条件的物料信息，并将查询结果显示在 DgvItemQuery 数据控件中；如果操作员没有在“物料名称”文本框中选择或输入信息，则将 cz_ICItem 表的所有信息显示到 DgvItemQuery 数据控件中。

实现物料信息查询的 SQL 数据命令如下：

```
select * from cz_ICItem where Fname like " & "'%" & CboItemName.Text & "%'
```

在打开物料查询窗体时，将会触发该窗体的 Load 事件，具体程序代码如下：

```
'导入命名空间
Imports System.Data
Imports System.Data.SqlClient
'声明对象
Dim sqlcomm As New SqlCommand
Dim sqldaItem As New SqlDataAdapter
Dim dsItem As New DataSet
Dim sqldaICItem As New SqlDataAdapter
Dim dsICItem As New DataSet
'FrmICItemQuery 窗体的 Load 事件代码
Private Sub FrmICItemQuery_Load(ByVal sender As System.Object, ByVal _
  e As System.EventArgs) Handles MyBase.Load
        DgvItemQuery.AutoGenerateColumns = False
        Call sqlcon()

        Dim sql As String
        sql ="select Fname  from cz_ICItem"

        sqlcomm = New SqlCommand(sql, conn)
        sqlcomm.ExecuteNonQuery()
        sqldaItem = New SqlDataAdapter(sqlcomm)
        dsItem.Clear()
        sqldaItem.Fill(dsItem, "cz_ICItemName")

        CboItemName.DataSource = dsItem.Tables("cz_ICItemName")
        CboItemName.DisplayMember = "Fname"
        CboItemName.ValueMember = "Fname"
        CboItemName.Text = ItemName
End Sub
```

单击标准工具栏中的“启动调试” ▶ 按钮，启动运行程序，对程序进行测试与调试。

【工作过程三】 物料查询窗体的查询功能。

在物料查询窗体中，当在 CboItemName 组合框中输入物料名称或选择下拉列表框中的物料名称，单击 BtnItemQuery 命令按钮后，将访问 QuoteStore 数据库，查询物料的信息。

BtnItemQuery 命令按钮的 Click 事件代码如下：

```
Private Sub BtnItemQuery_Click(ByVal sender As System.Object, ByVal e _
  As System.EventArgs) Handles BtnItemQuery.Click
      Call sqlcon()
      Dim sql As String
      If CboItemName.Text <>"" Then
          Sql ="select * from cz_ICItem where Fname like " & "'%" & _
            CboItemName.Text & "%'"
      Else
          sql ="select * from cz_ICItem"
      End If

      Try
          sqlcomm = New SqlCommand(sql, conn)
          sqlcomm.ExecuteNonQuery()
          sqldaICItem = New SqlDataAdapter(sqlcomm)
          dsICItem.Clear()
          sqldaICItem.Fill(dsICItem, "cz_ICItem")

          DgvItemQuery.DataSource = dsICItem
          DgvItemQuery.DataMember ="cz_ICItem"
          DgvItemQuery.Refresh()
      Catch ex As SqlException
          MsgBox(ex.Message)
      End Try
End Sub
```

单击标准工具栏中的“启动调试” ▶ 按钮，启动运行程序，对程序进行测试与调试。

【工作过程四】 完善 FrmICItem 窗体中的【查询】按钮的程序代码。

在物料信息管理窗体中，单击工具栏上的【查询】按钮，将弹出物料查询窗体 FrmICItemQuery，在 FrmICItemQuery 窗体中实现物料信息的查询。FrmICItem 窗体中的【查询】按钮的程序代码如下：

```
Private Sub TlsBtnItemQuery_Click(ByVal sender As System.Object, _
  ByVal e As System.EventArgs) Handles TlsBtnItemQuery.Click
      FrmICItemQuery.Show()
      FrmICItemQuery.Activate()
 End Sub
```

【工作过程五】 完善 MDIForm 主窗体中的物料菜单的程序代码。

当项目运行时，在 MDIForm 主窗体中单击“物料”主菜单项下的“物料查询”，将在主窗体中打开物料查询窗体 FrmICItemQuery。

MDIForm 主窗体“物料”主菜单项下的“物料查询”菜单项的 Click 事件代码如下：

```
Private Sub mnuItemQuery_Click(ByVal sender As System.Object, ByVal e _
  As System.EventArgs) Handles mnuItemQuery.Click
        FrmICItemQuery.MdiParent = Me
        FrmICItemQuery.Show()
        FrmICItemQuery.Activate()
End Sub
```

单击标准工具栏中的“启动调试” ▶ 按钮，启动运行程序，对程序进行测试与调试。物料信息查询的运行结果如图 8.7 所示。

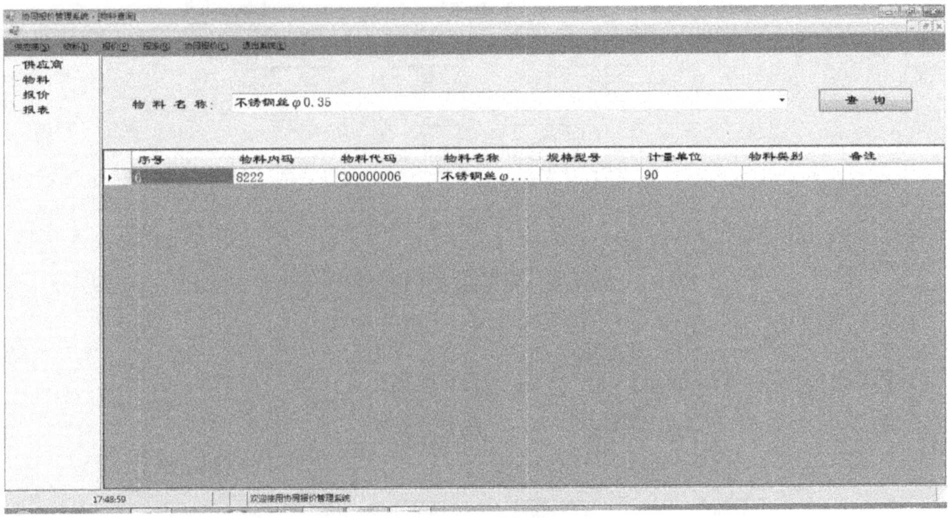

图 8.7 物料信息查询运行结果

8.3 物料清单 BOM 管理模块设计

物料清单(Bill of Materials，BOM)是描述企业产品组成的技术文件。在生产加工制造行业，它表明了产品的总装件、分装件、组件、部件、零件直到原材料之间的结构关系，以及所需的数量。在化工、制药和食品行业，产品组成则是对主要原料、中间体、辅助材料及其配方和所需数量的说明。BOM 是将用图表示的产品组成改用数据表格的形式表示出来，它是 MRPII 系统中计算 MRP 过程中的重要控制文件。

(1) 物料清单 BOM 的定义

狭义上的 BOM 通常称为“物料清单”，就是产品结构(Product Structure)，仅仅表述的是对物料物理结构按照一定的划分规则进行简单的分解，描述了物料的物理组成。一般按照功能进行层次的划分和描述。

广义上的 BOM 是产品结构和工艺流程的结合体,二者不可分割。离开工艺流程谈产品结构,没有现实意义。要客观科学地通过 BOM 来描述某一制造业产品,必须从制造工艺入手,只有这样才能准确描述和体现产品的结构。

(2) 物料清单 BOM 的公式

BOM(Bill of Manufacturing) = 工艺流程(Routing)(= 工序的集合)(= 工作中心的集合) + 工作中心的设备和人员 + 产品结构(Prod. Structure)(= 物料的集合) + 物料的成本信息

(3) 物料清单 BOM 结构

物料清单 BOM 用于说明一个最终产品是由哪些零部件、原材料所构成的,以及这些零部件的时间、数量上的相互关系,如图 8.8 所示。产品结构如图 8.9 所示。

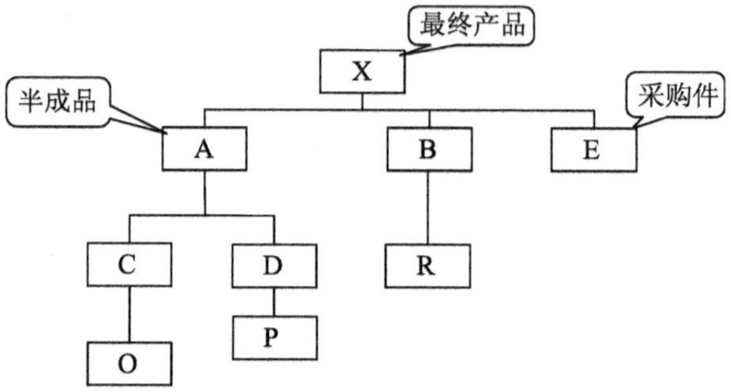

图 8.8 物料清单(BOM)

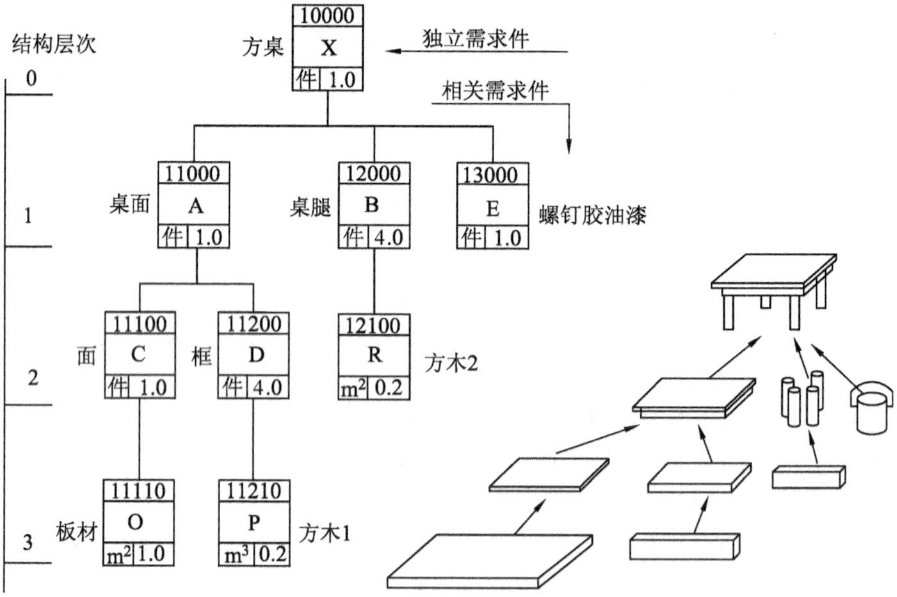

图 8.9 物料清单 BOM 产品结构

（4）物料清单类型

① 标准物料清单:标准物料的物料清单。标准物料是指包含在物料清单上除计划物料、选项类或模型之外的物料,如采购件、自制件、委外件等。标准物料清单是最常用的清单类型,其列有法定的子件、每个子件的需求数量、在制品控制信息、物料计划等功能。

② 计划物料清单:计划物料的物料清单。计划物料代表一个产品系列的物料类型,其物料清单中包含子件物料和子件计划百分比。可以使用计划清单来帮助执行主计划和(或)物料需求计划。

③ 模型物料清单:模型物料的物料清单。模型物料是指在订购该物料时,其物料清单会列出可选用的选项和选类的物料。模型物料清单列出了模型所具有的选项类、选项和标准物料,可以在销售系统中按客户要求订购不同的产品配置。模型清单可以是按订单装配(Assemble-to-order,ATO)或按订单挑库(Pick-to-order,PTO)类型的,ATO 与 PTO 模型的区别在于,ATO 需选配后下达生产订单组装完成再出货,PTO 则按选配子件直接出货。

④ 选项类物料清单:包含一系列相关选项的选项类物料的物料清单。选项类就是物料清单上对可选子件的一个分类。选项类作为一个物料,成为模型物料清单中的一层。

（5）虚拟 BOM

虚拟件:虚拟件是一个无库存的装配件,它可以将其母件所需物料组合在一起,产生一个子装配件。MPS/MRP 系统可以通过虚拟件直接展开到该虚拟件的子件,就好似这些子件直接连在该虚拟件的母件上,如图 8.10 所示。虚拟件作为共用件,可让物料清单较容易维护,使产品结构清晰,并减少工作量。

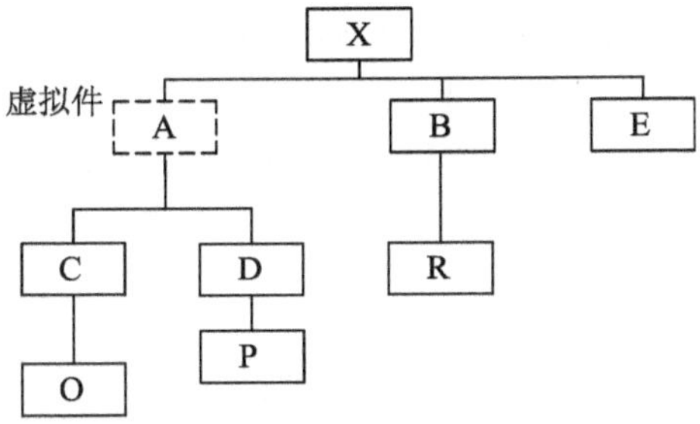

图 8.10　虚拟 BOM

公用物料清单:任何具有同一清单类型的两个物料均可以共享公用物料清单。如果两个不同的物料共享同一清单,那么只需定义好一个物料的清单,就可供另一物料公用,但这两个物料应该具有相同的 BOM 类型。定义新的母件的物料清单时,可将另一母件作为公用物料清单来引用,而不需在物料清单中输入任何信息,以节省输入时间并方便维护,如图 8.11 所示。

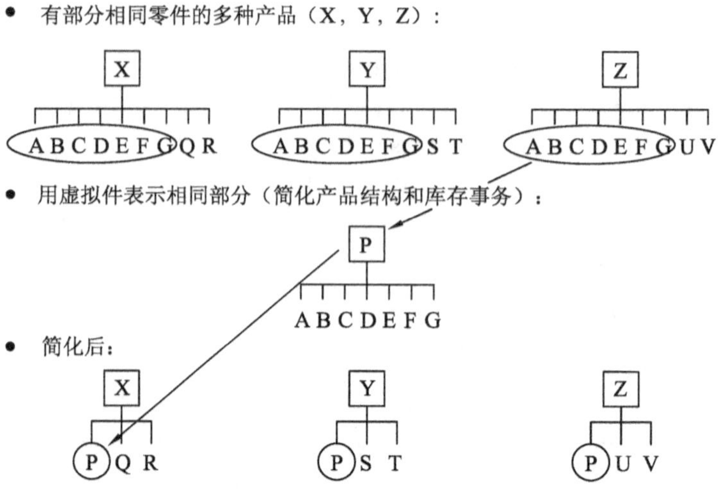

图 8.11　虚拟件的应用

采用计算机辅助生产管理时，首先要使计算机能够读出企业所制造的产品构成和所有要涉及的物料，这时 BOM 就必须由传统的图示表达转化为某种数据结构。为了计算机处理和管理的方便，BOM 必须具有某种合理的组织形式。此外，BOM 还是 CIMS/MIS 与 CAD，CAPP，PDM 等子系统的重要接口，是系统集成的关键。因此，用计算机进行 BOM 管理时，必须充分考虑与其他子系统的信息交换问题。

一般情况下，构建 BOM 时应注意以下几方面问题：

① 在 BOM 中，每一个项目（零件）必须有一个唯一的编码。

② 为了管理方便，有时可以将同一零件的不同状态看作几个不同的项目构建在产品的 BOM 中。

③ 根据生产实际情况，为了强化某些工装、模具的准备工作，还可将这些工具构建在 BOM 中。

④ 为了满足不同部门获取零件的不同信息，可以灵活设计 BOM 中每个项目的属性，如计划、成本、库存、订单等。BOM 的数据输入计算机后，就可对其进行查询，并能根据用户的不同要求以不同的格式显示出来。

（6）物料清单 BOM 的作用

物料清单是一个制造企业的核心文件。各个部门的活动都要用到物料清单，生产部门要根据物料清单来生产产品，库房要根据物料清单进行发料，财务部门要根据物料清单来计算成本，销售和订单录入部门要通过物料清单确定客户定制产品的构形，维修服务部门要通过物料清单了解需要什么备件，质量控制部门要根据物料清单保证产品正确生产，计划部门要根据物料清单来计划物料和能力的需求，等等。

企业根据生产计划的要求，输入库存记录及产品结构，由计算机进行物料需求计算，输出零部件的生产计划、原材料与外购件的采购计划以及辅助报告，这是企业生产管理的一种基本模式。在此基础上，以信息共享为基础，对整个企业范围的经营资源进行综合管理，把客户需求和企业内部的制造活动以及供应商的制造资源整合在一起，形成一个完整的价值链，这就是企业资源计划（ERP），实行 ERP 是企业管理现代化的一个重要标志。

BOM 作为计算机可以识别的产品结构数据文件，是 ERP 的主导文件。作为 ERP 系统中最重要的基础数据，BOM 是否完善正确、格式设计是否合理、功能发挥如何，直接影响系统的运行质量。ERP 系统中 BOM 主要包括五类：缩排式 BOM、汇总的 BOM、反查用 BOM、成本 BOM、计划 BOM。随着企业管理水平的提高，人们对 BOM 的管理与使用提出了更高的要求，如要对复杂的 BOM 进行分阶，客户化 BOM 管理，跟 PDM 等功能结合自动生成物料清单，能够跟工艺信息结合、计算直接人工等，而 ERP 系统的发展与完善也是与解决上述问题紧密结合在一起的。因此，BOM 是实行 ERP 的基础与关键。BOM 的作用可以归结如下：

① BOM 是 ERP 系统识别各个物料的工具。

② BOM 是 MRP 运行的最重要的基础数据之一，是 MPS 转变成 MRP 的关键环节。

③ 各个物料的工艺路线通过 BOM 可以生成最终产品项目的工艺路线。

④ BOM 是物料采购的依据。

⑤ BOM 是零组件外协加工的依据。

⑥ BOM 是仓库进行原材料、零组件配套的依据。

⑦ BOM 是加工领料的依据。

⑧ BOM 可以包含各个项目的成本信息，是成本计算的重要依据。

⑨ BOM 是制定产品销售价格的基础。

⑩ BOM 是质量管理中从最终产品追溯零件、组件和原材料的工具。

协同报价管理系统项目中的物料清单 BOM 管理模块就是对物料 BOM 有效地进行管理，物料清单 BOM 管理模块的功能包括查询子项物料信息、新增物料清单 BOM、更改物料清单 BOM 及删除物料清单 BOM 等。协同报价管理系统项目中物料清单 BOM 管理模块的界面如图 8.12 所示。

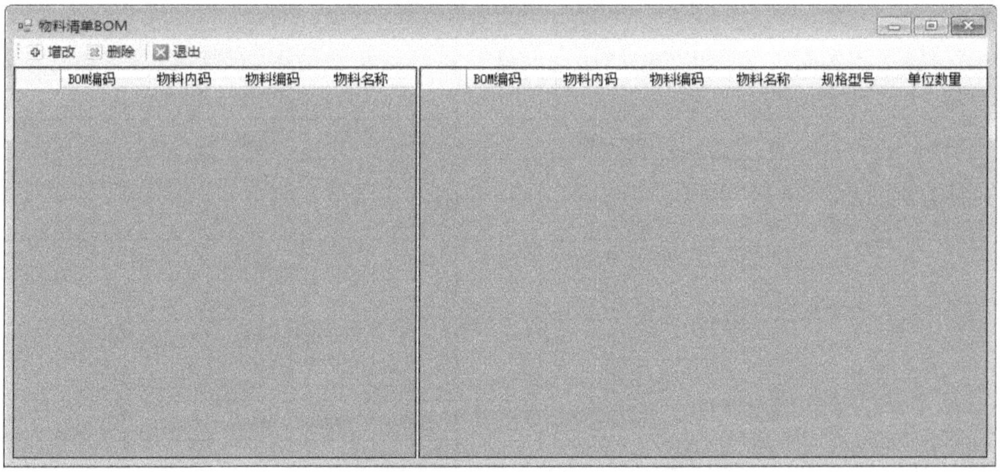

图 8.12　物料清单 BOM 管理模块窗体界面

【工作过程一】 物料信息管理窗体的界面设计。

鼠标箭头指向“解决方案资源管理器”窗口中的项目名 QuoteManager 右击，选择“添加|Windows 窗体”菜单命令，将弹出添加新项对话框，在名称栏里将 Form1. vb 改名为 FrmICItemBOM. vb，然后单击【添加】按钮，添加物料清单 BOM 管理模块窗体，其窗体的属性设置如表 8.8 所示。

表 8.8 物料清单 BOM 管理窗体属性设置

对象	属性名	属性值
Form1	Name	FrmICItemBOM
	Text	物料清单 BOM
	BackColor	GradientInactiveCaption
	Size	743 , 418
	WindowState	Maximized

在物料清单 BOM 管理模块窗体 FrmICItemBOM 上添加一个 ToolStrip 控件来设计工具栏，通过 ToolStrip 控件的 Items 属性在工具栏上添加工具按钮。物料清单 BOM 管理窗体工具栏如图 8.13 所示。

图 8.13 物料清单 BOM 管理窗体界面工具栏

单击 FrmICItemBOM 窗体上的工具栏→工具栏右上角出现“ ▸ ”→单击该按钮，选择“编辑项”→弹出“项集合编辑器”对话框设置工具栏按钮属性。工具栏按钮属性设置如表 8.9 所示。

表 8.9 工具栏按钮属性设置

对象	属性名	属性值
ToolStripButton1	Name	TlsBtnItemBOMAddM
	DisplayStyle	ImageAndText
	Image	QuoteManager. My. Resources. Resources. add
	Text	增改
	TextImageRelation	ImageBeforeText
	ToolTipText	新增或修改物料清单
ToolStripButton2	Name	TlsBtnItemBOMDelete
	DisplayStyle	ImageAndText
	Image	QuoteManager. My. Resources. Resources. del
	Text	删除
	TextImageRelation	ImageBeforeText
	ToolTipText	删除物料清单

续表

对象	属性名	属性值
ToolStripSpearator1	Name	ToolStripSeparator1
ToolStripButton3	Name	TlsBtnItemBOMQuit
	DisplayStyle	ImageAndText
	Image	QuoteManager. My. Resources. Resources. close
	Text	关闭
	TextImageRelation	ImageBeforeText
	ToolTipText	关闭窗口

在物料清单 BOM 管理窗体 FrmICItemBOM 中添加一个 Panel 控件对象 Panel1，在属性窗口中修改其 Dock 属性值为 Left，将其调整到合适的宽度，然后在这个 Panel 控件对象中添加一个 DataGridView 控件，并在属性窗口中修改其 Name 属性值为 DgvICBOM，将 Dock 属性值设置为 Fill，将 AutoSizeColumnsMode 属性值设置为 Fill。单击 DgvICBOM 数据控件→该数据控件右上角出现“ ”→单击该按钮，将“启用添加”、“启用编辑”、“启用删除”和“启用列重新排序”全部取消勾选，然后单击“编辑列”→弹出“编辑列”对话框设置列属性，如图 8.14 所示。DgvICBOM 控件对象列属性设置如表 8.10 所示。

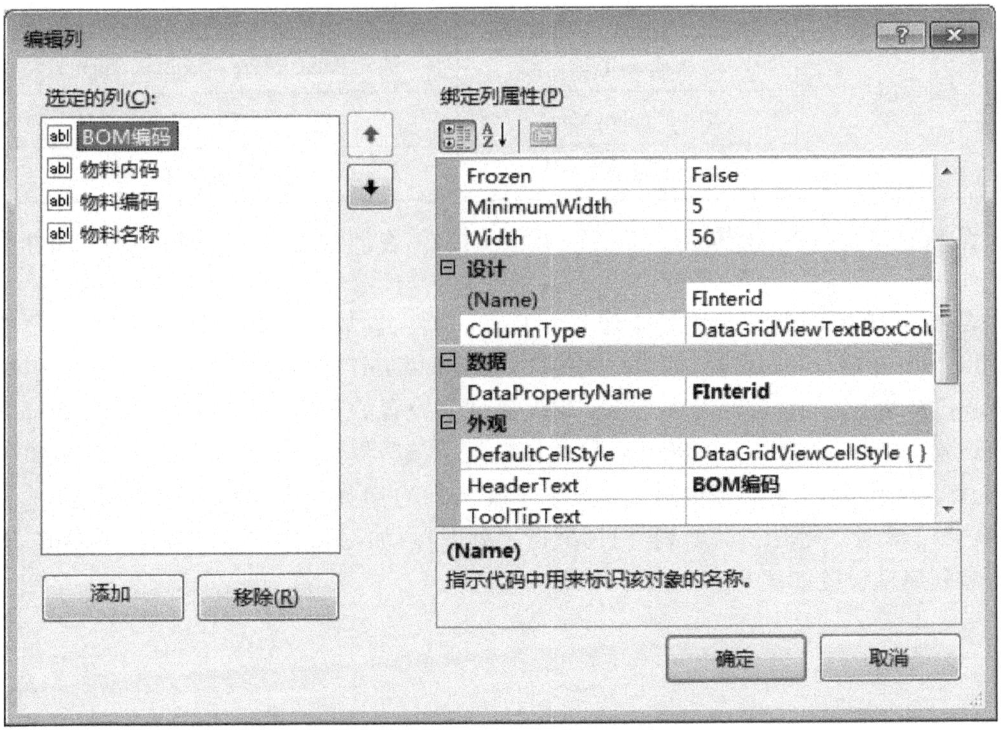

图 8.14　DgvICBOM 控件对象的编辑列对话框

表 8.10　DgvICBOM 控件对象列属性设置

对象	属性名	属性值
Column1	Name	FInterid
	ColumnType	DataGridViewTextBoxColumn
	DataPropertyName	FInterid
	HeaderText	BOM 编码
Column2	Name	FItemid
	ColumnType	DataGridViewTextBoxColumn
	DataPropertyName	FItemid
	HeaderText	物料内码
Column3	Name	FNumber
	ColumnType	DataGridViewTextBoxColumn
	DataPropertyName	FNumber
	HeaderText	物料编码
Column4	Name	FName
	ColumnType	DataGridViewTextBoxColumn
	DataPropertyName	FName
	HeaderText	物料名称

在 FrmICItemBOM 窗体中添加一个 Splitter 控件,在属性窗口中修改其 Dock 属性值为 Left,将 Size 属性值设为 2,355。

在 FrmICItemBOM 窗体中再添加一个 Panel 控件,在属性窗口中修改其 Dock 属性值为 Fill,然后在这个 Panel 控件对象中添加一个 DataGridView 控件,并在属性窗口中修改其 Name 属性值为 DgvICBOMBody,将 Dock 属性值设置为 Fill,将 AutoSizeColumnsMode 属性值设置为 Fill。单击 DgvICBOMBody 数据控件→该数据控件右上角出现“”→单击该按钮,将“启用添加”、“启用编辑”、“启用删除”和“启用列重新排序”全部取消勾选。然后单击“编辑列”→弹出“编辑列”对话框设置列属性,如图 8.15 所示。DgvICBOMBody 控件对象列属性设置如表 8.11 所示。

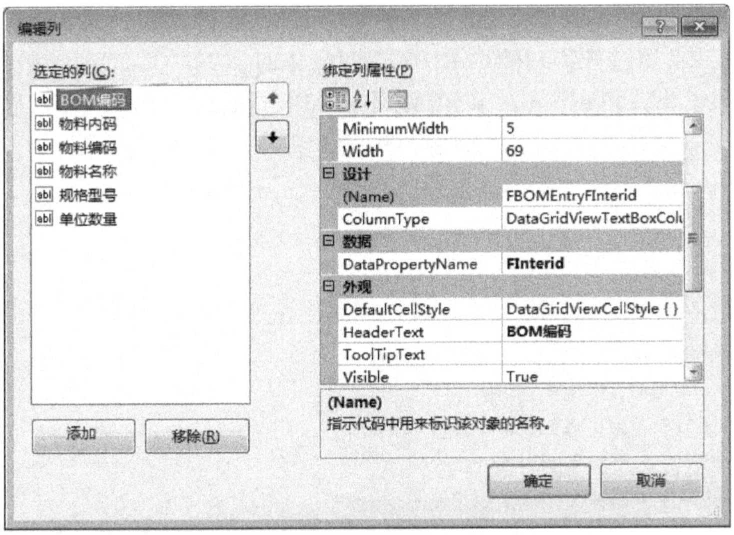

图 8.15　DgvICBOMBody 控件对象的编辑列对话框

表 8.11　DgvICBOMBody 控件对象列属性设置

对象	属性名	属性值
Column1	Name	FBOMEntryFInterid
	ColumnType	DataGridViewTextBoxColumn
	DataPropertyName	FInterid
	HeaderText	BOM 编码
Column2	Name	FICItemid
	ColumnType	DataGridViewTextBoxColumn
	DataPropertyName	FItemid
	HeaderText	物料内码
Column3	Name	Fno
	ColumnType	DataGridViewTextBoxColumn
	DataPropertyName	FNumber
	HeaderText	物料编码
Column4	Name	FICname
	ColumnType	DataGridViewTextBoxColumn
	DataPropertyName	Fname
	HeaderText	物料名称
Column5	Name	FICModel
	ColumnType	DataGridViewTextBoxColumn
	DataPropertyName	FModel
	HeaderText	规格型号
Column6	Name	FICQty
	ColumnType	DataGridViewTextBoxColumn
	DataPropertyName	FQty
	HeaderText	单位数量

【工作过程二】 物料清单 BOM 管理窗体的 Load 事件过程。

在项目运行中，当打开物料清单 BOM 管理窗体时，访问 QuoteStore 数据库，查询物料表 cz_ ICItem 和物料清单表头 cz_ ICBOM，将查询得到的母件物料 BOM 显示到该窗体的左侧 DataGridView 控件中。实现查询的 SQL 语句如下：

```
select cz_ICBOM.Finterid,cz_ICBOM.FItemID,cz_ICItem.FNumber,
  cz_ICItem.Fname  from cz_ICBOM,cz_ICItem where cz_ICBOM.FItemID
  =cz_ICItem.FItemID
```

在打开物料清单 BOM 管理窗体时，将会触发该窗体的 Load 事件，具体程序代码如下：

```
    '导入命名空间
    Imports System.Data
    Imports System.Data.SqlClient
    '声明访问数据库的对象
    Dim sqlcomm As New SqlCommand
    Dim sqldaIcbom As New SqlDataAdapter
    Dim dsIcbom As New DataSet

    Dim sqldaIcbomBody As New SqlDataAdapter
    Dim dsIcbomBody As New DataSet
'FrmICItemBOM 窗体的 Load 事件代码
Private Sub FrmICItemBOM_Load(ByVal sender As System.Object, ByVal e _
  As System.EventArgs) Handles MyBase.Load
        Call sqlcon()

        '准备好查询数据命令
        Dim sql As String
        sql ="select cz_ICBOM.Finterid,cz_ICBOM.FItemID,cz_ICItem." _
          & "FNumber,cz_ICItem.Fname  from cz_ICBOM,cz_ICItem where" _
          & "cz_ICBOM.FItemID=cz_ICItem.FItemID"

        '通过 Sqlcommand 对象发送 SQL 数据命令实现对数据库的操作
        sqlcomm=New SqlCommand(sql, conn)
        sqlcomm.ExecuteNonQuery()
        '通过数据适配器填充数据集
        sqldaIcbom=New SqlDataAdapter(sqlcomm)
        dsIcbom.Clear()
        sqldaIcbom.Fill(dsIcbom, "cz_ICBOM")

        '将对数据库的操作结果显示到数据控件中
        DgvICBOM.DataSource=dsIcbom
        DgvICBOM.DataMember="cz_ICBOM"
        DgvICBOM.Refresh()
```

```
End Sub
```

单击标准工具栏中的“启动调试”按钮,启动运行程序,对程序进行测试与调试。

【工作过程三】 物料清单 BOM 的查询功能。

在项目运行时,打开物料清单 BOM 管理窗体,单击窗体左侧的 DgvICBOM 数据控件中的某个母件物料 BOM 后,在该窗体右侧的 DgvICBOMBody 数据控件中显示子件物料清单 BOM。

对应的查询数据命令如下:

```
Select cz_ICBOMEntry.FInterid,cz_ICBOMEntry.FItemID,cz_icitem.
  FNumber,cz_icitem.FName,cz_icitem.FModel,cz_ICBOMEntry.FQty
  from cz_ICBOMEntry,cz_ICItem where cz_ICBOMEntry.FItemID =
  cz_icitem.FItemID and cz_ICBOMEntry.FInterid = '" & dsIcbom.Tables
  ("cz_ICBOM").Rows(i)("Finterid") & "'
```

DgvICBOM 控件的 Click 事件程序代码如下:

```
Private Sub DgvICBOM_Click(ByVal sender As Object, ByVal e As _
  System.EventArgs) Handles DgvICBOM.Click
        Dim i As Integer
        Dim sql As String
        If DgvICBOM.RowCount > 0 Then

            i = DgvICBOM.CurrentCell.RowIndex
            Try
               sql = "Select cz_ICBOMEntry.FInterid,cz_ICBOMEntry." _
                 & "FItemID,cz_icitem.FNumber,cz_icitem.FName," _
                 & "cz_icitem.FModel,cz_ICBOMEntry.FQty from" _
                 & "cz_ICBOMEntry,cz_ICItem where cz_ICBOMEntry." _
                 & "FItemID = cz_icitem.FItemID and cz_ICBOMEntry." _
                 & "FInterid = '" & dsIcbom.Tables("cz_ICBOM"). _
                 Rows(i)("Finterid") & "'"
                sqlcomm = New SqlCommand(sql, conn)
                sqlcomm.ExecuteNonQuery()
                sqldaIcbomBody = New SqlDataAdapter(sqlcomm)
                dsIcbomBody.Clear()
                sqldaIcbomBody.Fill(dsIcbomBody, "cz_ICBOMEntry")

                DgvICBOMBody.DataSource = dsIcbomBody
                DgvICBOMBody.DataMember = "cz_ICBOMEntry"
                DgvICBOMBody.Refresh()
            Catch ex As SqlException
                MsgBox(ex.Message)
            End Try
        End If
    End Sub
```

【工作过程四】 物料清单 BOM 的删除功能。

若物料清单 BOM 中不需要某个子件物料，要将该物料删除。要实现删除功能，需要单击 FrmICItemBOM 窗体右侧的 DgvICBOMBody 数据控件的某一行以获取要删除的子件物料 BOM 编码和物料内码，然后到数据库中将该行对应的 BOM 文件物料删除。

实现删除子件物料清单 BOM 的数据命令如下：

```
delete from cz_ICBOMEntry where FInterid ='" & dsIcbomBody.Tables
  ("cz_ICBOMEntry").Rows(i)("FInterid") & "' and FItemID ='" &
  dsIcbomBody.Tables("cz_ICBOMEntry").Rows(i)("FItemID") & "'
```

子件物料清单 BOM 删除功能的单击事件程序代码如下：

```
Private Sub TlsBtnItemBOMDelete_Click(ByVal sender As System.Object, _
  ByVal e As System.EventArgs) Handles TlsBtnItemBOMDelete.Click
        Dim i As Integer
        i = DgvICBOMBody.CurrentRow.Index()

        Call sqlcon()
        Try
            Dim sql As String
            sql ="delete from cz_ICBOMEntry where FInterid ='" & _
              dsIcbomBody.Tables("cz_ICBOMEntry").Rows(i) _
              ("FInterid") & "' and FItemID ='" & dsIcbomBody.Tables _
              ("cz_ICBOMEntry").Rows(i)("FItemID") & "'"
            sqlcomm = New SqlCommand(sql, conn)
            sqlcomm.ExecuteNonQuery()

            dsIcbomBody.Clear()
            sqldaIcbomBody.Fill(dsIcbomBody, "cz_ICBOMEntry")

            DgvICBOMBody.DataSource = dsIcbomBody
            DgvICBOMBody.DataMember ="cz_ICBOMEntry"
            DgvICBOMBody.Refresh()
        Catch ex As SqlException
            MsgBox(ex.Message)
        End Try
End Sub
```

单击标准工具栏中的“启动调试” ▶ 按钮，启动运行程序，对程序进行测试与调试。

【工作过程五】 物料清单 BOM 的新增与修改功能。

项目运行时，单击物料清单 BOM 管理窗体工具栏中的“增改”工具按钮，将打开物料清单 BOM 增改窗体 FrmICItemBOMAM。

FrmICItemBOM 窗体工具栏中的“增改”工具按钮的 Click 事件程序代码如下：

```
Private Sub TlsBtnItemBOMAddM_Click(ByVal sender As System.Object, _
  ByVal e As System.EventArgs) Handles TlsBtnItemBOMAddM.Click
        FrmICItemBOMAM.Show()
        FrmICItemBOMAM.Activate()
    End Sub
```

【工作过程六】　物料清单 BOM 的关闭功能。

项目运行时,单击物料清单 BOM 管理窗体工具栏中的“关闭”工具按钮,将关闭物料清单 BOM 窗体。

FrmICItemBOM 窗体工具栏中的“关闭”工具按钮的 Click 事件程序代码如下:

```
Private Sub TlsBtnItemBOMQuit_Click(ByVal sender As System.Object, _
  ByVal e As System.EventArgs) Handles TlsBtnItemBOMQuit.Click
      Me.Close()
End Sub
```

单击标准工具栏中的“启动调试” 按钮,启动运行程序,对程序进行测试与调试。物料清单 BOM 管理模块的运行结果如图 8.16 所示。

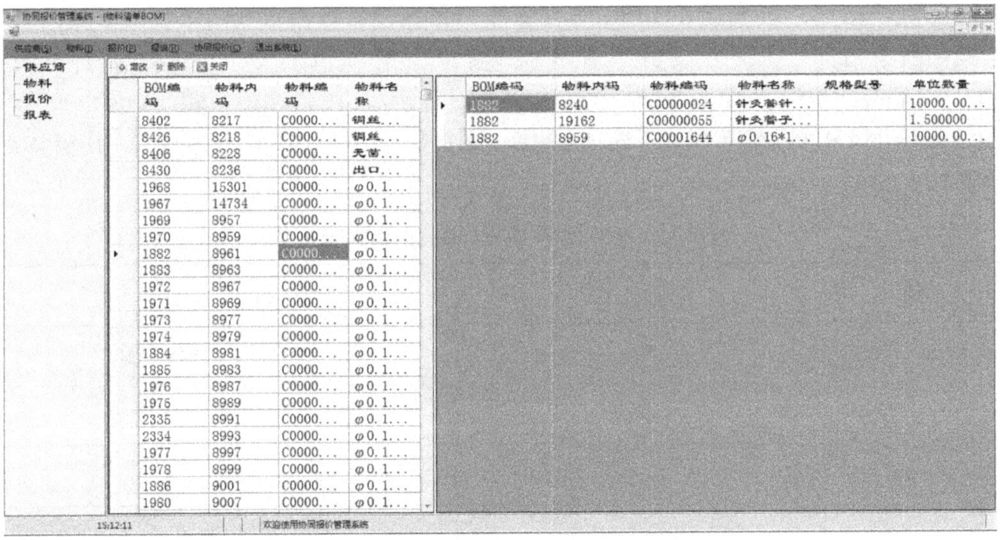

图 8.16　物料清单 BOM 管理模块的运行结果

8.4　物料清单 BOM 增改模块设计

在物料清单 BOM 管理窗体的工具栏中,单击“增改”工具按钮,将打开物料清单 BOM 增改窗体,以供操作员对物料清单 BOM 进行新增或修改。

协同报价管理系统项目中物料清单 BOM 增改窗体界面如图 8.17 所示。

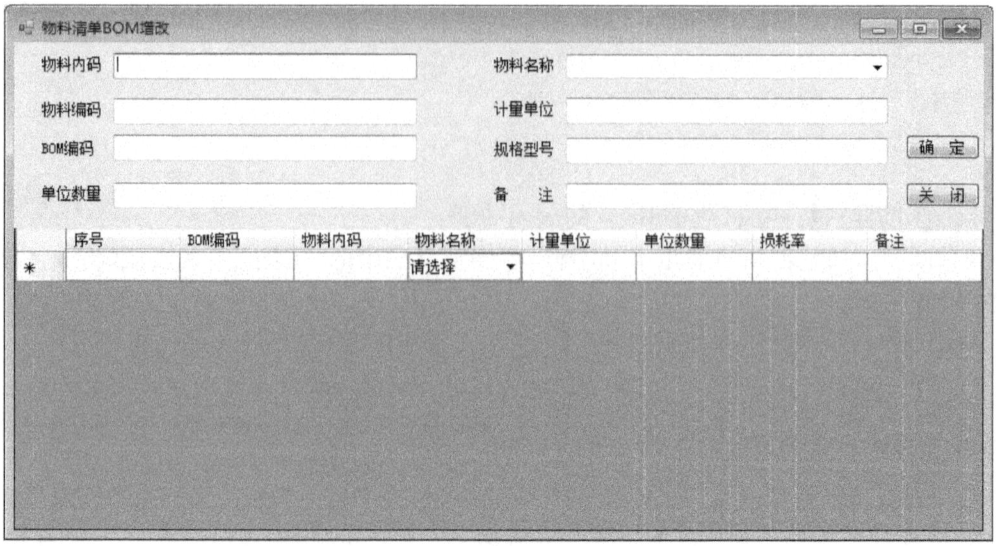

图 8.17 物料清单 BOM 增改窗体界面

【工作过程一】 物料清单 BOM 增改窗体的界面设计。

鼠标箭头指向“解决方案资源管理器”窗口中的项目名 QuoteManager 右击，选择“添加|Windows 窗体”菜单命令，将弹出添加新项对话框，在名称栏里将 Form1. vb 改名为 FrmICItemBOMAM. vb，然后单击【添加】按钮，添加物料清单 BOM 增改窗体，其窗体的属性设置如表 8.12 所示。

表 8.12 物料清单 BOM 增改窗体属性设置

对象	属性名	属性值
Form1	Name	FrmICItemBOMAM
	Text	物料清单 BOM 增改
	Size	786, 428
	StartPosition	CenterScreen
	WindowState	Normal

在物料清单 BOM 增改窗体 FrmICItemBOMAM 中添加一个 Panel 控件对象 Panel1，在属性窗口中修改其 Dock 属性值为 Top，将其调整到合适的高度，然后在此控件中添加如表 8.13 所示的控件。

表 8.13　Panel1 中的控件对象的属性设置

对象	属性名	属性值
Label1	Name	LblItemBOMId
	Text	物料内码
Label2	Name	LblItemBOMName
	Text	物料名称
Label3	Name	LblBOMbillno
	Text	物料编码
Label4	Name	LblItemBOMUnit
	Text	计量单位
Label5	Name	LblBOMId
	Text	BOM 编码
Label6	Name	LblItemBOMModel
	Text	规格型号
Label7	Name	LblItemBOMQty
	Text	单位数量
Label8	Name	LblItemBOMNote
	Text	备注
TextBox1	Name	TxtItemId
TextBox2	Name	TxtBOMbillno
TextBox3	Name	TxtItemBOMUnit
TextBox4	Name	TxtBOMId
TextBox5	Name	TxtItemModel
TextBox6	Name	TxtItemBOMQty
TextBox7	Name	TxtItemBOMNote
TextBox8	Name	txt_UnitID
	Visible	False
ComboBox1	Name	CboItemName
Button1	Name	BtnOk
	Text	确定
Button2	Name	BtnQuit
	Text	关闭

在 FrmICItemBOMAM 窗体中添加一个 Splitter 控件，在属性窗口中修改其 Dock 属性值为 Top，将 Size 属性值设为 770，2。

在 FrmICItemBOMAM 窗体中再添加一个 Panel 控件，在属性窗口中修改其 Dock 属性值为 Fill，然后在这个 Panel 控件对象中添加一个 DataGridView 控件，并在属性窗口中修改其 Name 属性值为 DgvICBOMEntry，将 Dock 属性值设置为 Fill，将 AutoSizeColumnsMode 属性值设置为 Fill。为了使 DgvItem 控件对象中的数据表显示为中文字段名，需要编辑列，具体操作为：单击 DgvICBOMEntry 控件对象→该对象右上角出现"▸"→单击该按钮，单击"编辑列"→弹出"编辑列"对话框设置列属性，如图 8.18 所示。DgvICBOMEntry 控件对象列属性设置如表 8.14 所示。

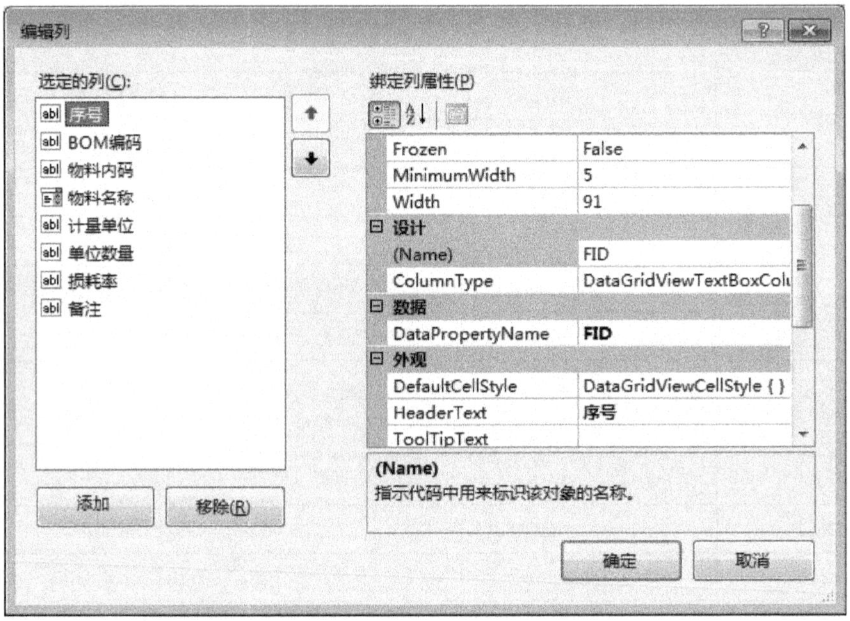

图 8.18 DgvICBOMEntry 控件对象的编辑列对话框

表 8.14 DgvICBOMEntry 控件对象列属性设置

对象	属性名	属性值
Column1	Name	FID
	DataPropertyName	FID
	ColumnType	DataGridViewTextBoxColumn
	HeaderText	序号
Column2	Name	FInterID
	DataPropertyName	FInterID
	ColumnType	DataGridViewTextBoxColumn
	HeaderText	BOM 编码

续表

对象	属性名	属性值
Column3	Name	FItemID
	DataPropertyName	FItemID
	ColumnType	DataGridViewTextBoxColumn
	HeaderText	物料内码
Column4	Name	FItemName
	DataPropertyName	FName
	ColumnType	DataGridViewComboBoxColumn
	HeaderText	物料名称
Column5	Name	FUnitName
	DataPropertyName	FUnitName
	ColumnType	DataGridViewTextBoxColumn
	HeaderText	计量单位
Column6	Name	FQty
	DataPropertyName	FQty
	ColumnType	DataGridViewTextBoxColumn
	HeaderText	单位数量
Column7	Name	FAttrRate
	DataPropertyName	FAttrRate
	ColumnType	DataGridViewTextBoxColumn
	HeaderText	损耗率
Column8	Name	Fnote
	DataPropertyName	Fnote
	ColumnType	DataGridViewTextBoxColumn
	HeaderText	备注

【工作过程二】 物料清单 BOM 增改窗体的 Load 事件过程。

在物料清单 BOM 增改窗体中，为了方便物料清单 BOM 的新增与修改，在窗体上放置了一个 ComboBox 控件，既可以在物料名称文本框中直接输入母件物料名称，也可以在列表框中选择母件物料名称。当打开物料清单 BOM 增改窗体时，先访问 QuoteStore 数据库，查询 cz_ICItem 物料表，将查询结果中的物料名称加载到 CboItemName 控件对象中，同时也显示到数据控件 DgvICBOMEntry 中数据表的物料名称组合框中。

在打开物料清单 BOM 增改窗体时，将会触发该窗体的 Load 事件，具体程序代码如下：

```
'导入命名空间
Imports System.Data
Imports System.Data.SqlClient
'声明对象
Dim interid As String, number As String

Dim sqlcomm As New SqlCommand
Dim sqldaItem As New SqlDataAdapter
Dim dsItem As New DataSet

Dim dsItemID As New DataSet

Dim dsItemUnitname As New DataSet

Dim dsFInterId As New DataSet

Dim sqldaICBOM As New SqlDataAdapter
Dim dsICBOM As New DataSet

Dim sqldaBOMEntry As New SqlDataAdapter
Dim dsBOMEntry As New DataSet

Dim sqldabombody As New SqlDataAdapter
Dim dsbombody As New DataSet
'FrmICItemBOMAM 窗体的 Load 事件代码
Private Sub FrmICItemBOMAdd_Load(ByVal sender As System.Object, ByVal _
  e As System.EventArgs) Handles MyBase.Load
        Call sqlcon()
        '准备好查询数据命令
        Dim sql As String
        sql ="select *  from cz_ICItem"

        sqlcomm =New SqlCommand(sql, conn)
        sqlcomm.ExecuteNonQuery()
        sqldaItem =New SqlDataAdapter(sqlcomm)
        dsItem.Clear()
        sqldaItem.Fill(dsItem, "cz_ICItemname")

        '在组合框中显示物料名称
        CboItemName.DataSource =dsItem.Tables("cz_ICItemname")
        CboItemName.DisplayMember ="Fname"
```

```
        CboItemName.ValueMember ="Fname"

        FItemName.DataSource = dsItem.Tables("cz_ICItemname")
        FItemName.DisplayMember ="Fname"
        FItemName.ValueMember ="Fname"
    End Sub
```

单击标准工具栏中的“启动调试” 按钮,启动运行程序,对程序进行测试与调试。

【工作过程三】 物料清单 BOM 增改窗体的组合框控件的事件过程。

当在物料名称组合框中选择了母件物料后,将访问 QuoteStore 数据库,查询物料内码、物料编码、BOM 编码、计量单位内码、计量单位、规格型号和备注,并将查询结果显示到窗体对应的文本框中。物料的单位数量由操作员手动输入。

组合框 CboItemName 的 DropDownClosed 事件过程程序代码如下:

```
Private Sub CboItemBOMName_DropDownClosed(ByVal sender As Object, _
  ByVal e As System.EventArgs) Handles CboItemName.DropDownClosed
        Dim sql As String
        If CboItemName.Text <>"" Then

            '准备好查询数据命令
            sql ="select t1.FItemID,t1.Fmodel,t2.Fname as FUnitname," _
              & "t1.funitid from cz_ICItem t1 inner join cz_Unit t2 on" _
              & "t1.FUnitID = t2.FItemid where t1.fname ='" & _
              CboItemName.Text & "'"
            sqlcomm = New SqlCommand(sql, conn)
            sqlcomm.ExecuteNonQuery()
            sqldaItem = New SqlDataAdapter(sqlcomm)
            dsItemID.Clear()
            sqldaItem.Fill(dsItemID, "cz_ICItem")

            TxtItemId.Text = dsItemID.Tables("cz_ICItem")._
              Rows(0)("FItemID").ToString()
            TxtItemModel.Text = dsItemID.Tables("cz_ICItem")._
              Rows(0)("Fmodel").ToString()
            TxtItemBOMUnit.Text = dsItemID.Tables("cz_ICItem")._
              Rows(0)("FUnitname").ToString()
            txt_UnitID.Text = dsItemID.Tables("cz_ICItem").Rows(0) _
              ("funitid").ToString()
        End If
        '查询 BOM 编码
        sql ="select FBillno,FInterID from cz_ICBOM where FItemID ='" _
          & TxtItemId.Text & "'"
        sqlcomm = New SqlCommand(sql, conn)
```

```
sqlcomm.ExecuteNonQuery()
sqldaItem = New SqlDataAdapter(sqlcomm)
dsFInterId.Clear()
sqldaItem.Fill(dsFInterId, "cz_ICBOM")
'如果母件的 BOM 编码不存在,则创建母件的 BOM 编码和 BOM 编号
If dsFInterId.Tables("cz_ICBOM").Rows.Count < 1 Then
    interid = "Declare @Finterid int declare @Fnumber" _
      & "varchar(100) Exec GetICMaxNum 'cz_ICBOM', @Finterid" _
      & "out select @Finterid as Finterid"
    sqlcomm = New SqlCommand(interid, conn)
    sqlcomm.ExecuteNonQuery()
    sqldaICBOM = New SqlDataAdapter(sqlcomm)
    dsICBOM.Clear()
    sqldaICBOM.Fill(dsICBOM, "cz_ICBOMID")
    interid = dsICBOM.Tables("cz_ICBOMID").Rows(0)("Finterid")

    number = "declare @Fnumber varchar(100) Exec GetICMaxNum" _
      & " 'cz_ICBOM', @Fnumber out select @Fnumber = 'B' + right" _
      & "('00000000' + convert(varchar(100), convert(int,substring" _
      & "(max(Fbillno),2,len(max(Fbillno)))) + 1),8) from" _
      & "cz_ICBOM select @SFnumber as FBillno"
    sqlcomm = New SqlCommand(number, conn)
    sqlcomm.ExecuteNonQuery()
    sqldaICBOM = New SqlDataAdapter(sqlcomm)
    dsICBOM.Clear()
    sqldaICBOM.Fill(dsICBOM, "cz_ICBOMID")
    number = dsICBOM.Tables("cz_ICBOMID").Rows(0)("FBillno")

    TxtBOMbillno.Text = number
    TxtBOMId.Text = interid

Else
    TxtBOMbillno.Text = dsFInterId.Tables("cz_ICBOM").Rows(0) _
      ("Fbillno")
    TxtBOMId.Text = dsFInterId.Tables("cz_ICBOM").Rows(0) _
      ("FInterId")

    '如果 cz_ICBOMEntry 表中有部分子件物料 BOM,则显示到 dgvICBOMEntry
      '数据控件中
    sql = "select t1.FID,t1.FInterid,t1.Fitemid,t2.Fnumber," _
      + "t2.fname,t2.fmodel,t3.fname as FUnitName,t1.Fqty," _
```

```
            + "t1.FAttrRate,t1.Fnote from cz_ICBOMEntry t1 " _
            + "inner join cz_icitem t2 on t1.fitemid = t2.fitemid " _
            + "inner join dbo.cz_Unit t3 on t3.fitemid = t1.Funitid" _
            + "where t1.FInterId = '" & TxtBOMId.Text & "'"
        sqlcomm = New SqlCommand(sql, conn)
        sqlcomm.ExecuteNonQuery()
        sqldaBOMEntry = New SqlDataAdapter(sqlcomm)
        dsBOMEntry.Clear()
        sqldaBOMEntry.Fill(dsBOMEntry, "cz_ICBOMEntry")
        DgvICBOMEntry.AutoGenerateColumns = False
        DgvICBOMEntry.DataSource = dsBOMEntry.Tables _
          ("cz_ICBOMEntry")
        DgvICBOMEntry.Refresh()
    End If
End Sub
```

【工作过程四】 物料清单BOM增改窗体的DgvICBOMEntry数据控件的事件过程。

在物料清单BOM增改窗体的DgvICBOMEntry数据控件的物料名称组合框中选择子件物料名称后，在DgvICBOM Entry数据控件的其他单元格单击鼠标左键，将BOM编码显示到DgvICBOMEntry数据控件的BOM编码列中，并访问QuoteStore数据库，查询物料内码和计量单位，将查询结果显示到DgvICBOMEntry数据控件的对应列中。DgvICBOMEntry数据控件中的单位数量和损耗率由操作员手动输入。DgvICBOMEntry数据控件的CellEndEdit事件过程程序代码如下：

```
Private Sub DgvICBOMEntry_CellEndEdit(ByVal sender As System. _
  Object, ByVal e As System.Windows.Forms.DataGridViewCellEventArgs) _
  Handles DgvICBOMEntry.CellEndEdit
      Dim sql As String
      If TxtItemId.Text <> "" Then

         '将 BOM 编码显示到 DgvICBOMEntry 数据控件的 BOM 编码列中
         If dsFInterId.Tables("cz_ICBOM").Rows.Count < 1 Then
             DgvICBOMEntry.Rows(e.RowIndex).Cells("FInterId"). _
               Value = interid
         Else
             DgvICBOMEntry.Rows(e.RowIndex).Cells("FInterId"). _
               Value = dsFInterId.Tables("cz_ICBOM").Rows(0)("FInterID")
         End If

'如果在 DgvICBOMEntry 数据控件的物料名称列中选择了物料名称,则访问数据库,查询物
  '料内码、计量单位并显示到 DgvICBOMEntry 数据控件的对应列中
         If DgvICBOMEntry.Rows(e.RowIndex).Cells("FItemName"). _
           Value IsNot Nothing Then
```

```
                sql ="select t1.FItemID,t1.FUnitID,t2.FName as" _
                 + "FunitName from cz_ICItem t1 inner join cz_unit t2 on" _
                 + "t1.funitid =t2.fitemid where t1.Fname ='" & _
                  DgvICBOMEntry.Rows(e.RowIndex).Cells("FItemName"). _
                  Value & "'"
                sqlcomm =New SqlCommand(sql, conn)
                sqlcomm.ExecuteNonQuery()
                sqldabombody =New SqlDataAdapter(sqlcomm)
                dsbombody.Clear()
                sqldabombody.Fill(dsbombody, "cz_ICBOMbody")

                DgvICBOMEntry.Rows(e.RowIndex).Cells("FItemID").Value _
                   =dsbombody.Tables("cz_ICBOMbody").Rows(0)("FItemID")
                DgvICBOMEntry.Rows(e.RowIndex).Cells("FUnitname").Value _
                   =dsbombody.Tables("cz_ICBOMbody").Rows(0) _
                  ("FunitName")
            End If
        End If
    End Sub
```

【工作过程五】 物料清单BOM增改窗体的增改功能。

在物料清单BOM增改窗体中,在物料组合框中输入或选择母件物料名称,并输入单位数量,在DgvICBOMEntry数据控件中编辑好子件物料,单击【确定】按钮后,将DgvICBOMEntry数据控件中的数据添加到物料清单表体cz_ICBOMEntry中。

【确定】命令按钮的Click事件代码如下:

```
    Private Sub BtnOk_Click(ByVal sender As System.Object, ByVal e As _
      System.EventArgs) Handles BtnOk.Click
        Dim sql As String, sqlunitname As String
        Dim i As Integer
        Dim sqldaunit As New SqlDataAdapter
        Dim dsunit As New DataSet

        '将cz_ICBOM数据表中的母件物料清单删除,将cz_ICBOMEntry数据表中的子
        '件物料清单删除,将母件物料清单重新写入cz_ICBOM数据表中
        sql ="delete from cz_ICBOM where finterid ='" +TxtBOMId.Text _
           + "'delete from cz_ICBOMEntry where finterid ='" +TxtBOMId. _
          Text + "'"
        sql =sql + "insert into cz_ICBOM(Fbillno,FInterID,FItemID," _
           + "FUnitID,FQty,FNote) values('" & TxtBOMbillno.Text & _
          "','" & TxtBOMId.Text & "','" & TxtItemId.Text & "','" & _
          txt_UnitID.Text & "','" & TxtItemBOMQty.Text & "','" & _
          TxtItemBOMNote.Text & "')"
```

```
            sqlcomm = New SqlCommand(sql, conn)
            sqlcomm.ExecuteNonQuery()

        '使用循环语句,将 DgvICBOMEntry 数据控件中的子件物料清单写入 cz_ICBOMEntry
        '数据表中
            For i = 0 To DgvICBOMEntry.Rows.Count - 1
             If DgvICBOMEntry.Rows(i).Cells("FItemID").Value IsNot _
                Nothing Then
                 sqlunitname = "select Fitemid from cz_Unit where Fname = '" _
                   & DgvICBOMEntry.Rows(i).Cells("Funitname"). _
                   Value.ToString() & "'"
                 sqlcomm = New SqlCommand(sqlunitname, conn)
                 sqlcomm.ExecuteNonQuery()
                 sqldaunit = New SqlDataAdapter(sqlcomm)
                 dsunit.Clear()
                 sqldaunit.Fill(dsunit, "cz_unitID")

                 sql = "insert into cz_icbomentry(Finterid,Fitemid," _
                    + "Funitid,Fqty,FattrRate,Fnote)values" _
                    + "('" & TxtBOMId.Text & "','" & DgvICBOMEntry.Rows(i). _
                   Cells("FItemID").Value.ToString() & "','" & dsunit. _
                   Tables("cz_unitID").Rows(0)("Fitemid").ToString() & _
                   "','" & DgvICBOMEntry.Rows(i).Cells("Fqty").Value. _
                   ToString() & "','" & DgvICBOMEntry.Rows(i). _
                   Cells("FAttrRate"). Value.ToString() & "','" _
                   & DgvICBOMEntry.Rows(i).Cells("Fnote").Value. _
                   ToString() & "')"
                 Debug.Print(sql)
                 sqlcomm = New SqlCommand(sql, conn)
                 sqlcomm.ExecuteNonQuery()
             End If
            Next
            MessageBox.Show("已成功插入物料 BOM 信息!")
    End Sub
```

【工作过程六】 物料清单 BOM 增改窗体的关闭功能。

若单击"关闭"工具按钮,将关闭物料清单 BOM 增改窗体。

"关闭"工具按钮的 Click 事件程序代码如下:

```
    Private Sub Btnexit_Click(ByVal sender As System.Object, ByVal e As _
      System.EventArgs) Handles Btnexit.Click
            Me.Close()
    End Sub
```

单击标准工具栏中的“启动调试” 按钮，启动运行程序，对程序进行测试与调试。物料清单 BOM 增改窗体的运行结果如图 8.19 所示。

图 8.19　物料清单 BOM 增改窗体运行结果

8.5　工作实训营

训练实例

(1) 训练内容

① 在 MDIForm 主窗体中，单击工具栏上的“图书管理”工具按钮，或单击“数据维护”主菜单下的“图书管理”菜单项后，将打开图书信息管理窗体。

② 设计“书店图书管理系统”的图书信息管理功能模块，图书信息管理窗体的运行界面如图 8.20 所示。

③ 当项目运行时，打开图书管理窗体，在该窗体的数据控件中显示图书表的信息。

④ 单击图书管理窗体上数据控件中的某一行，这一行的数据显示到图书管理窗体上对应的文本框中。

⑤ 查询图书信息。项目运行时，单击“查询”工具按钮后，首先判断操作员是否已经在“图书名称”栏中输入图书名称，如果图书名称文本框为空，则查询全部图书信息；如果图书名称文本框中输入了图书名称，则查询该图书的信息。

⑥ 新增图书信息。项目运行时，在图书信息管理窗体的各个文本框中输入正确的信息后，单击“新增”工具按钮即可将图书信息保存到数据库中。

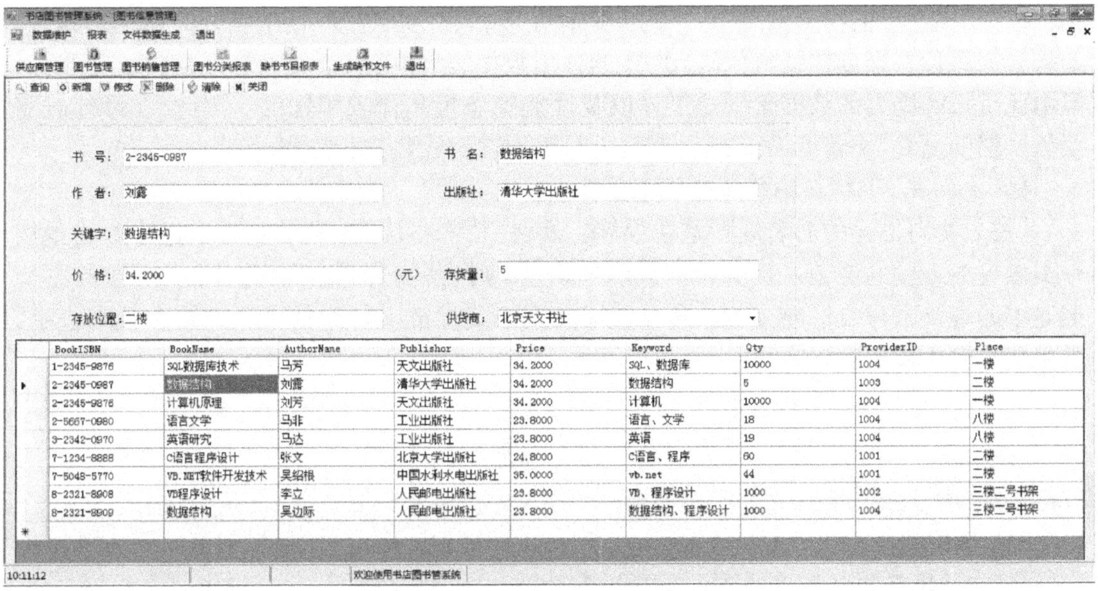

图 8.20　图书信息管理窗体运行界面

⑦ 更新图书信息。项目运行时,单击图书信息管理窗体中数据表的某一行,这一行的信息将显示到相应文本框中,修改信息后,单击“修改”工具按钮即可将修改后的图书信息保存到数据库中。

⑧ 删除图书信息。项目运行时,单击图书信息管理窗体中数据表的某一行,这一行的信息将显示到相应文本框中,单击“删除”工具按钮将这一行的信息从数据库中删除。删除图书信息时一定要慎重,一旦删除就不可恢复。

⑨ 清除图书信息窗体界面文本框中的内容。为了方便操作,项目运行时,单击“清除”工具按钮,文本框将清空。

⑩ 关闭当前窗体功能。项目运行时,单击“关闭”工具按钮即可关闭当前窗体。

(2) 训练目的

① 掌握窗体界面的设计。

② 掌握查询图书信息的 SQL 数据命令。

③ 掌握新增图书信息的 SQL 数据命令。

④ 掌握更新图书信息的 SQL 数据命令。

⑤ 掌握删除图书信息的 SQL 数据命令。

⑥ 掌握 ADO.NET 数据库访问技术。

⑦ 会编写相应的事件代码。

(3) 训练过程

提示:仿照教学内容完成训练实例。

工作实践常见问题解析

【常见问题 1】设计物料清单 BOM 的注意事项是什么?

【答】在企业的物料管理中，当同类物料在形态、材质、物理、化学等方面存在差异时，如果根据每种差异创建物料代码、BOM 的公用数据，虽然可以很准确管理物料及其业务，但由此带来的庞大的数据量维护工作以及性能隐患也是让人担忧的。因此，在设计时需要提供辅助属性、配置 BOM、特性配置、批号等方案对物料进行分类管理。

【常见问题 2】物料描述命名规则是什么？

【答】物料描述的命名规则是在“品名_规格_特殊备注”原则的基础上把主要物料按种类做更细一层的规范。例如，商标管的描述规则为“商标管_品名_规格_特殊备注”。描述中的规格书写要标准、严密，参考使用其图纸或标准文件中的个别关键参数来表示，避免使用较含糊的表达方式。

习 题

一、填空题

1. 物料需求计划制定的 5R 原则分别有________、________、________、________、________。

2. 物料需求计划输入的三个文件是________、________、________。

3. 主产品出产进度计划所覆盖的时间长度要不少于________。

4. BOM 组件必须包括的两个参数是________、________。

二、简答题

1. 物料需求计划的原理图是什么？
2. 编制物料需求计划的条件有哪些？简述这些条件。
3. 编制物料计划的目的有哪些？
4. 企业物料管理的精髓是什么？
5. 如何控制 BOM 的有效版本？

第9章 报价管理模块设计

本章要点

1. 报价信息的查询；
2. 报价信息的新增。

技能目标

1. 掌握使用 SQL 数据命令实现报价信息的查询；
2. 掌握使用 SQL 数据命令实现报价信息的新增。

报价在销售过程中为客户提供报价记录，是整个销售过程的一个重要环节。报价管理包括报价信息管理、新增报价和查询客户报价。

对于新客户，可通过报价新增管理模块创建报价单；对于老客户，可迅速直观地显示历史报价记录。

协同报价管理系统中的报价管理模块包括报价信息管理模块、报价查询模块和报价新增模块。

9.1 报价信息管理模块设计

报价信息管理模块可以显示所有客户以及客户报价详情、审核报价。协同报价管理系统项目中报价信息管理模块的界面如图 9.1 所示。

图 9.1 报价信息管理模块窗体界面

【工作过程一】 报价信息管理窗体的界面设计。

鼠标箭头指向“解决方案资源管理器”窗口中的项目名 QuoteManager 右击，选择“添加|Windows 窗体”菜单命令，将弹出添加新项对话框，在名称栏里将 Form1. vb 改名为 FrmQuote. vb，然后单击【添加】按钮，添加报价信息管理模块窗体，其窗体的属性设置如表 9.1 所示。

表 9.1 报价信息管理窗体属性设置

对象	属性名	属性值
Form1	Name	FrmQuote
	Text	报价信息管理
	BackColor	Control
	Size	763, 486
	WindowState	Maximized

在报价信息管理模块窗体 FrmQuote 上添加一个 ToolStrip 控件来设计工具栏，通过 ToolStrip 控件的 Items 属性在工具栏上添加工具按钮。报价信息管理窗体工具栏如图 9.2 所示。

图 9.2 报价信息管理窗体界面工具栏

单击工具栏→工具栏右上角出现“”→单击该按钮，选择“编辑项”→弹出“项集合编辑器”对话框设置工具栏按钮属性，如图 9.3 所示。工具栏按钮属性设置如表 9.2

所示。

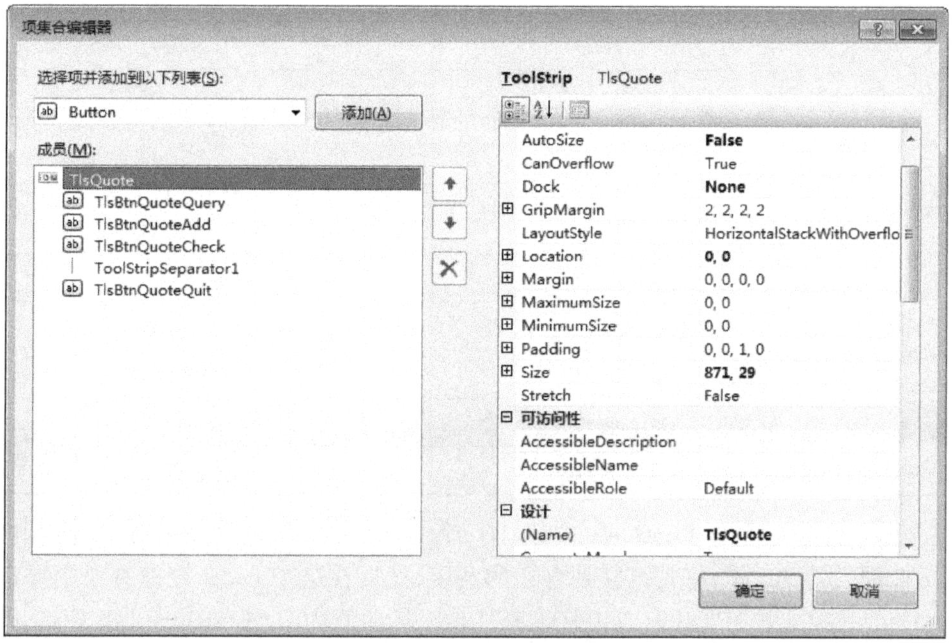

图 9.3　工具栏项集合编辑器

表 9.2　工具栏按钮属性设置

对象	属性名	属性值
ToolStripButton1	Name	TlsBtnQuoteQuery
	DisplayStyle	ImageAndText
	Image	QuoteManager. My. Resources. Resources. query
	Text	查询
	TextImageRelation	ImageBeforeText
	ToolTipText	查询报价
ToolStripButton2	Name	TlsBtnQuoteAdd
	DisplayStyle	ImageAndText
	Image	QuoteManager. My. Resources. Resources. add
	Text	新增
	TextImageRelation	ImageBeforeText
	ToolTipText	新增报价
ToolStripButton3	Name	TlsBtnQuoteCheck
	DisplayStyle	ImageAndText
	Image	QuoteManager. My. Resources. Resources. check

续表

对象	属性名	属性值
ToolStripButton3	Text	审核
	TextImageRelation	ImageBeforeText
	ToolTipText	审核报价
ToolStripSeparator1	Name	ToolStripSeparator1
ToolStripButton4	Name	TlsBtnQuoteQuit
	DisplayStyle	ImageAndText
	Image	QuoteManager. My. Resources. Resources. close
	Text	关闭
	TextImageRelation	ImageBeforeText
	ToolTipText	关闭窗口

在报价信息管理窗体 FrmQuote 中添加一个 Panel 控件对象 Panel1，在属性窗口中修改其 Dock 属性值为 Left，将其调整到合适的宽度，然后在这个 Panel 控件对象中添加一个 DataGridView 控件，并在属性窗口中修改其 Name 属性值为 DgvCostQuote，将 Dock 属性值设置为 Fill，将 AutoSizeColumnsMode 属性值设置为 Fill。为了使 DgvItem 控件对象中的数据表显示为中文字段名，需要编辑列。另外，不允许对数据新增、编辑和删除，具体操作为：单击 DgvCostQuote 控件对象→该对象右上角出现“ ”→单击该按钮，取消勾选“启用添加”、“启用删除”和“启用编辑”，然后单击“编辑列”→弹出“编辑列”对话框设置列属性，如图 9.4 所示。DgvCostQuote 控件对象列属性设置如表 9.3 所示。

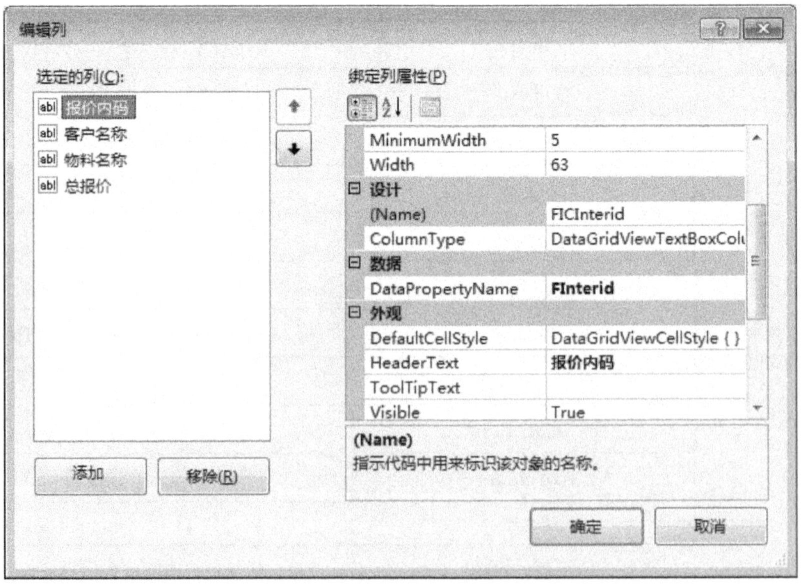

图 9.4 DgvCostQuote 控件对象的编辑列对话框

表9.3 DgvCostQuote 控件对象列属性设置

对象	属性名	属性值
Column1	Name	FICInterid
	DataPropertyName	FInterid
	HeaderText	报价内码
Column2	Name	Fcustomer
	DataPropertyName	Fcustomer
	HeaderText	客户名称
Column3	Name	FICName
	DataPropertyName	FName
	HeaderText	物料名称
Column4	Name	FTotalPrice
	DataPropertyName	Fprice
	HeaderText	总报价

在 FrmQuote 窗体中添加一个 Splitter 控件,在属性窗口中修改其 Dock 属性值为 Left,将 Size 属性值设为 2, 419。

在 FrmQuote 窗体中再添加一个 Panel 控件,在属性窗口中修改其 Dock 属性值为 Fill,然后在这个 Panel 控件对象中添加一个 DataGridView 控件,并在属性窗口中修改其 Name 属性值为 DgvCostQuoteBody,将 Dock 属性值设置为 Fill,将 AutoSizeColumnsMode 属性值设置为 Fill。为了使 DgvCostQuoteBody 控件对象中的数据表显示为中文字段名,需要编辑列。另外,不允许对该控件中显示的数据新增、删除和编辑,具体操作为:单击 Dgv-CostQuoteBody 控件对象→该对象右上角出现"▸"→单击该按钮,取消勾选"启用添加""启用删除""启用编辑",然后单击"编辑列"→弹出"编辑列"对话框设置列属性,如图9.5所示。DgvCostQuoteBody 控件对象列属性设置如表9.4 所示。

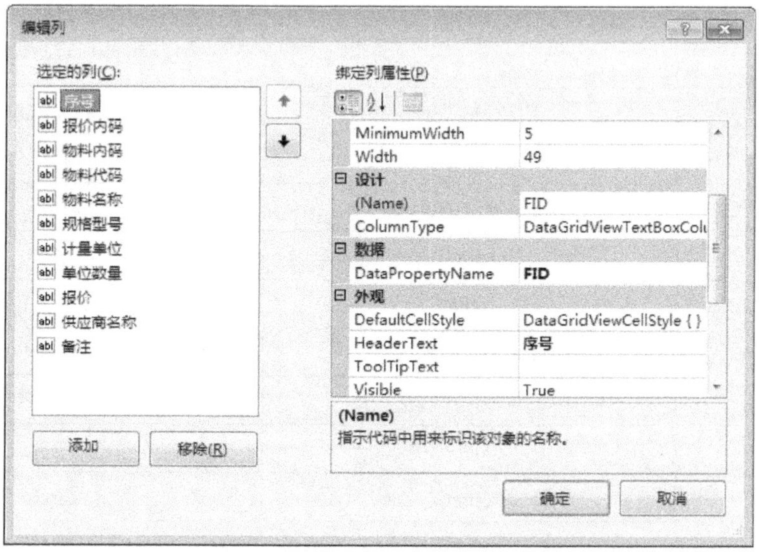

图9.5 DgvCostQuoteBody 控件对象的编辑列对话框

表 9.4 DgvCostQuoteBody 控件对象列属性设置

对象	属性名	属性值
Column1	Name	FID
	DataPropertyName	FID
	HeaderText	序号
Column2	Name	FInterID
	DataPropertyName	FInterID
	HeaderText	报价内码
Column3	Name	FItemid
	DataPropertyName	FItemid
	HeaderText	物料内码
Column4	Name	FNumber
	DataPropertyName	FNumber
	HeaderText	物料代码
Column5	Name	FName
	DataPropertyName	FName
	HeaderText	物料名称
Column6	Name	FModel
	DataPropertyName	FModel
	HeaderText	规格型号
Column7	Name	FUnitName
	DataPropertyName	FUnitName
	HeaderText	计量单位
Column8	Name	FQty
	DataPropertyName	FQty
	HeaderText	单位数量
Column9	Name	FPrice
	DataPropertyName	FPrice
	HeaderText	报价
Column10	Name	FSupply
	DataPropertyName	FSupply
	HeaderText	供应商名称
Column11	Name	FNote
	DataPropertyName	FNote
	HeaderText	备注

【工作过程二】　报价信息管理窗体的 Load 事件过程。

在项目运行时，打开报价信息管理窗体，访问 QuoteStore 数据库，在该窗体的 DgvCostQuote 数据控件中显示报价表头 cz_CostQuotation 中的信息。实现报价查询的 SQL 语句如下：

```
select cz_CostQuotation.FInterId,cz_CostQuotation.FCustomer,
  cz_ICItem.FName,cz_CostQuotation.FPrice from cz_CostQuotation,
  cz_ICItem where cz_CostQuotation.FItemID = cz_ICItem.FItemID
```

在打开报价信息管理窗体时，将会触发该窗体的 Load 事件，具体程序代码如下：

```
'导入命名空间
Imports System.Data
Imports System.Data.SqlClient
'声明访问数据库的对象
Dim sqlcomm As New SqlCommand
Dim sqldacostquote As New SqlDataAdapter
Dim dscostquote As New DataSet

Dim sqldacostquotebody As New SqlDataAdapter
Dim dscostquotebody As New DataSet
'FrmQuote 窗体的 Load 事件代码
Private Sub FrmQuote_Load(ByVal sender As System.Object, ByVal e As _
  System.EventArgs) Handles MyBase.Load
       Try
           Call sqlcon()

           '准备好查询数据命令
           Dim sql As String
           sql = "select cz_CostQuotation.FInterId,cz_CostQuotation." _
              + "FCustomer,cz_ICItem.FName,cz_CostQuotation." _
              + "FPrice from cz_CostQuotation,cz_ICItem where" _
              + "cz_CostQuotation.FItemID = cz_ICItem.FItemID"

           '通过 Sqlcommand 对象发送 SQL 数据命令实现对数据库的操作
           sqlcomm = New SqlCommand(sql, conn)
           sqlcomm.ExecuteNonQuery()

           '通过数据适配器填充数据集
           sqldacostquote = New SqlDataAdapter(sqlcomm)
           dscostquote.Clear()
           sqldacostquote.Fill(dscostquote,"cz_CostQuotation")

           '将对数据库的操作结果显示到数据控件中
```

```
            DgvCostQuote.DataSource = dscostquote
            DgvCostQuote.DataMember = "cz_CostQuotation"
            DgvCostQuote.Refresh()
        Catch ex As SqlException
            MsgBox(ex.Message)
        End Try
    End Sub
```

单击标准工具栏中的“启动调试” ▶ 按钮，启动运行程序，对程序进行测试与调试。

【工作过程三】 DgvCostQuote 数据控件的 Click 事件过程。

DgvCostQuote 控件的 Click 事件代码要实现单击报价信息管理窗体中的 DgvCostQuote 数据控件中的某行，即可将该行客户的报价信息显示到窗体界面的另一个数据控件 DgvCostQuoteBody 中。

DgvCostQuote 控件的 Click 事件程序代码如下：

```
Private Sub DgvCostQuote_Click(ByVal sender As Object, ByVal e As _
  System.EventArgs) Handles DgvCostQuote.Click
    On Error GoTo err1

    Dim i As Integer
    Dim sql As String
    If DgvCostQuote.RowCount > 0 Then
        '获得 DgvCostQuote 控件中当前行的行索引号
        i = DgvCostQuote.CurrentCell.RowIndex
        '查询客户报价信息
        sql = "select t1.FID,t1.FInterid,t1.Fitemid,t2.Fnumber,t2." _
          + "fname,t2.fmodel,t3.fname as FUnitName,t1.Fqty,t1." _
          + "fprice,t4.fName as FSupply,t1.Fnote" _
          + "from cz_CostQuotationEntry t1" _
          + "inner join cz_icitem t2 on t1. fitemid = t2.fitemid" _
          + "inner join dbo.cz_Unit t3 on t3. fitemid = t1.Funitid" _
          + "inner join cz_Supply t4 on t4. FItemid = t1.Fsupply _
          where t1.FInterid = ' "& dscostquote. Tables _
          ("cz_CostQuotation").Rows(i)("Finterid") &" ' "
        sqlcomm = New SqlCommand(sql, conn)
        sqlcomm.ExecuteNonQuery()
        sqldacostquotebody = New SqlDataAdapter(sqlcomm)
        dscostquotebody.Clear()
        sqldacostquotebody.Fill(dscostquotebody, _
          "cz_CostQuotationEntry")
        '将客户报价信息显示到 DgvCostQuoteBody 控件中
        DgvCostQuoteBody.DataSource = dscostquotebody
        DgvCostQuoteBody.DataMember = "cz_CostQuotationEntry"
```

```
            DgvCostQuoteBody.Refresh()

        End If
    err1:
        MsgBox(Err.Description)
    End Sub
```

单击标准工具栏中的“启动调试” ▶ 按钮,启动运行程序,对程序进行测试与调试。

【工作过程四】 报价信息管理模块的查询功能。

为了方便对报价信息的查询,这里设计了客户报价信息查询窗体,单击报价信息管理窗体工具栏中的“查询”工具按钮,将显示报价查询管理窗体。

报价信息管理模块的“查询”工具按钮的 Click 事件代码如下:

```
Private Sub TlsBtnQuoteQuery_Click(ByVal sender As System.Object, _
  ByVal e As System.EventArgs) Handles TlsBtnQuoteQuery.Click
        FrmQuoteQuery.Show()
        FrmQuoteQuery.Activate()
End Sub
```

【工作过程五】 报价信息管理模块的新增功能。

为了给新客户报价,设计了报价新增管理窗体,单击报价信息管理窗体工具栏中的“新增”工具按钮,将显示报价新增管理窗体。

报价信息管理模块的“新增”工具按钮的 Click 事件代码如下:

```
Private Sub TlsBtnQuoteAdd_Click(ByVal sender As System. _
  Object, ByVal e As System.EventArgs) Handles TlsBtnQuoteAdd.Click
        FrmQuoteAdd.Show()
        FrmQuoteAdd.Activate()
End Sub
```

【工作过程六】 报价信息管理模块的审核功能。

报价审核功能是实现对报价的核实,未审核报价时,报价表 cz_CostQuotation 的审核状态为 0,审核人为空;审核报价后,报价表 cz_CostQuotation 的审核状态为 1,审核人为用户登录名。在使用此处的审核功能时,需要先单击报价信息管理窗体中左侧数据控件中的某个客户行,才能审核成功。

报价信息管理模块的“审核”工具按钮的 Click 事件代码如下:

```
Private Sub TlsBtnQuoteCheck_Click(ByVal sender As System.Object, _
  ByVal e As System.EventArgs) Handles TlsBtnQuoteCheck.Click
        Dim sql As String
        sql ="Update cz_CostQuotation set FCheckid =' "& Sqlconn. _
          FUserName &"',FStatus =1 from cz_CostQuotation" _
          + "where finterid =' "& DgvCostQuote.CurrentRow.Cells _
          ("FICInterID").Value &"' "
        sqlcomm = New SqlCommand(sql, conn)
        sqlcomm.ExecuteNonQuery()
```

```
        MessageBox.Show("已成功审核!")
    End Sub
```

单击标准工具栏中的“启动调试” 按钮,启动运行程序,对程序进行测试与调试。

【工作过程七】 报价信息管理模块的关闭功能。

报价信息管理模块的关闭功能是在主窗体中关闭报价信息管理窗体,具体程序代码如下:

```
Private Sub TlsBtnQuoteQuit_Click(ByVal sender As System.Object, _
  ByVal e As System.EventArgs) Handles TlsBtnQuoteQuit.Click
        conn.Close()
        Me.Close()
End Sub
```

单击标准工具栏中的“启动调试” 按钮,启动运行程序,对程序进行测试与调试。

【工作过程八】 完善 MDIForm 主窗体中 M_Tree 树状结构控件的程序代码。

当项目运行时,在主窗体界面中单击左侧树状结构控件中的“报价”,将显示报价信息管理窗体。主窗体左侧 M_Tree 树状结构控件的事件代码如下:

```
Private Sub M_Tree_AfterSelect(ByVal sender As System.Object, ByVal e _
  As System.Windows.Forms.TreeViewEventArgs)Handles M_Tree.AfterSelect
        If M_Tree.SelectedNode.Name = "M_Supply"Then
            FrmSupply.MdiParent = Me
            FrmSupply.Show()
            FrmSupply.Activate()
        ElseIf M_Tree.SelectedNode.Name = "M_ICItem"Then
            FrmICItem.MdiParent = Me
            FrmICItem.Show()
            FrmICItem.Activate()
        ElseIf M_Tree.SelectedNode.Name = "M_Quote"Then
            FrmQuote.MdiParent = Me
            FrmQuote.Show()
            FrmQuote.Activate()
        End If
    End Sub
```

【工作过程九】 保存项目,调试程序。

单击“文件|全部保存”菜单命令,即可保存项目。

单击 Visual Basic 2008 开发环境中的“项目”主菜单下的“QuoteManager 属性”,设置 QuoteManager 项目的启动窗体为 FrmLogin,单击标准工具栏中的“启动调试” 按钮,启动测试程序,单击主界面左侧的“报价”,程序的运行结果如图 9.6 所示。

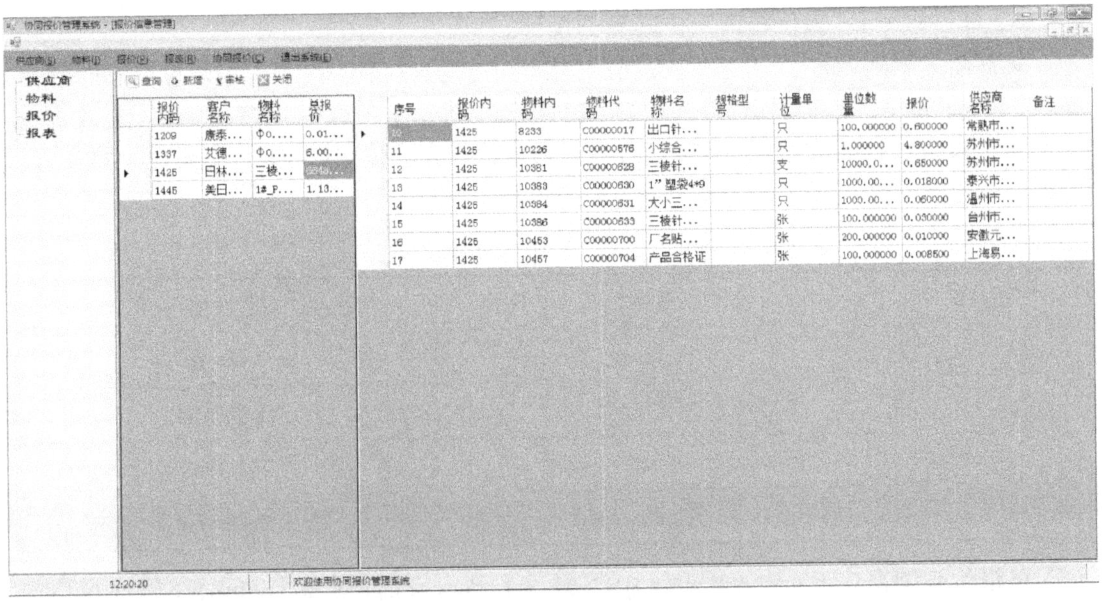

图 9.6　报价信息管理窗体界面的运行结果

9.2　报价查询模块设计

在报价信息管理窗体的工具栏中，单击【查询】按钮，或在主窗体 MDIForm 中单击“报价”主菜单下的“报价查询”子菜单，将打开报价查询窗体，以供操作员查询报价的详细信息。

协同报价管理系统项目中报价查询窗体界面如图 9.7 所示。

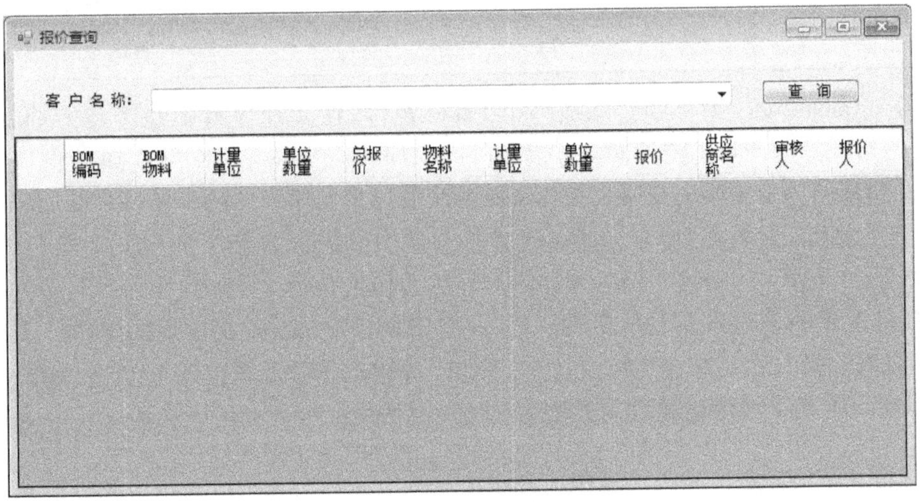

图 9.7　报价查询窗体界面

【工作过程一】 报价查询窗体的界面设计。

鼠标箭头指向“解决方案资源管理器”窗口中的项目名 QuoteManager 右击，选择“添加|Windows 窗体”菜单命令，将弹出添加新项对话框，在名称栏里将 Form1. vb 改名为 FrmQuoteQuery. vb，然后单击【添加】按钮，添加报价查询窗体，其窗体的属性设置如表 9.5 所示。

表 9.5 报价查询窗体属性设置

对象	属性名	属性值
Form1	Name	FrmQuoteQuery
	Text	报价查询
	Size	765, 463
	WindowState	Maximized

在报价查询窗体 FrmQuoteQuery 中添加一个 Panel 控件对象 Panel1，在属性窗口中修改其 Dock 属性值为 Top，将其调整到合适的高度，然后在此控件中添加如表 9.6 所示的控件。

表 9.6 Panel1 中的控件对象的属性设置

对象	属性名	属性值
Label1	Name	LblCustomer
	Text	客户名称:
ComboBox1	Name	CboCustomer
Button1	Name	BtnQuoteQuery
	Text	查询

在 FrmQuoteQuery 窗体中再添加一个 Panel 控件，在属性窗口中修改其 Dock 属性值为 Fill，然后在这个 Panel 控件对象中添加一个 DataGridView 控件，并在属性窗口中修改其 Name 属性值为 DgvQuoteQuery，将 Dock 属性值设置为 Fill，将 AutoSizeColumnsMode 属性值设置为 Fill。为了使 DgvQuoteQuery 控件对象中的数据表显示为中文字段名，需要编辑列，另外，不允许对该控件中显示的数据新增、修改和删除，具体操作为：单击 DgvQuote-Query 控件对象→该对象右上角出现“▶”→单击该按钮，取消勾选“启用添加”、“启用删除”和“启用编辑”，然后单击“编辑列”→弹出“编辑列”对话框设置列属性，如图 9.8 所示。DgvQuoteQuery 控件对象列属性设置如表 9.7 所示。

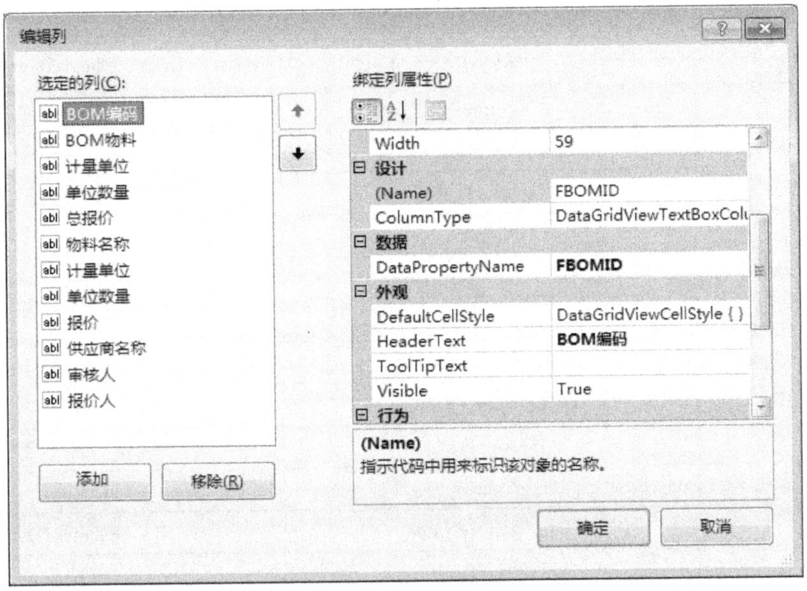

图 9.8 DgvQuoteQuery 控件对象的编辑列对话框

表 9.7 DgvQuoteQuery 控件对象列属性设置

对象	属性名	属性值
Column1	Name	FBOMID
	DataPropertyName	FBOMID
	HeaderText	BOM 编码
Column2	Name	FBOMName
	DataPropertyName	FBOMName
	HeaderText	BOM 物料
Column3	Name	FBOMUnitName
	DataPropertyName	FBOMUnitName
	HeaderText	计量单位
Column4	Name	FTotalQty
	DataPropertyName	FTotalQty
	HeaderText	单位数量
Column5	Name	FTotalPrice
	DataPropertyName	FTotalPrice
	HeaderText	总报价
Column6	Name	FName
	DataPropertyName	FName
	HeaderText	物料名称
Column7	Name	FUnitName
	DataPropertyName	FUnitName
	HeaderText	计量单位

续表

对象	属性名	属性值
Column8	Name	FQty
	DataPropertyName	FQty
	HeaderText	单位数量
Column9	Name	FPrice
	DataPropertyName	FPrice
	HeaderText	报价
Column10	Name	FSupply
	DataPropertyName	FSupply
	HeaderText	供应商名称
Column11	Name	FCheckID
	DataPropertyName	FCheckID
	HeaderText	审核人
Column12	Name	FBiller
	DataPropertyName	FBiller
	HeaderText	报价人

【工作过程二】 报价查询窗体的 Load 事件过程。

在报价查询窗体中,为了方便查询报价的信息,可以在文本框中直接输入客户名称后查询报价信息,也可以在列表框中选择客户名称后查询报价的信息。为此,在窗体上放置一个 ComboBox 控件,当打开报价查询窗体时,先访问 QuoteStore 数据库,将 cz_CostQuotation 报价表头中客户名称加载到 ComboBox 控件中。

在报价查询窗体中,将按客户的名称进行查询,如果操作员在"客户名称"组合框中选择或输入了信息,则根据选择或输入的信息从 QuoteStore 数据库中查询满足相应条件的报价信息,并将查询结果显示在 DgvQuoteQuery 数据控件中;如果操作员没有在"客户名称"文本框中选择或输入信息,则将所有报价信息都显示到 DgvQuoteQuery 数据控件中。

实现报价信息查询的 SQL 数据命令如下:

```
select t1.FBOMID,t2.FName as FBOMName,t3.FName as FBOMUnitName,
  t1.FQty as FTotalQty,t1.FPrice as FTotalPrice,t5.FName,
  t6.Fname as FUnitname,t4.FQty,t4.FPrice,t7.FName as FSupply,
  t1.FCheckID,t1.FBiller from cz_CostQuotation t1
  inner join cz_ICItem t2 on t1.FItemID = t2.FItemID
  inner join cz_Unit t3 on t1.FUnitID = t3.FItemID
  inner join cz_CostQuotationEntry t4 on t4.FInterid = t1.FInterid
  inner join cz_ICItem t5 on t4.FItemID = t5.FItemID
  inner join cz_Unit t6 on t4.FUnitID = t6.FItemID
  inner join cz_Supply t7 on t7.FItemID = t4.FSupply
```

```
    where Fcustomer like"&" '% "& CboCustomer.Text &"% '
```

在打开报价查询窗体时，将会触发该窗体的 Load 事件，具体程序代码如下：

```
'导入命名空间
Imports System.Data
Imports System.Data.SqlClient
'声明对象
Dim sqlcomm As New SqlCommand
Dim sqldaquote As New SqlDataAdapter
Dim dsquote As New DataSet
Dim sqldaquoteentry As New SqlDataAdapter
Dim dsquoteentry As New DataSet
'FrmQuoteQuery 窗体的 Load 事件代码
Private Sub FrmQuoteQuery_Load(ByVal sender As System.Object, ByVal e _
  As System.EventArgs) Handles MyBase.Load
        Call sqlcon()

        Dim sql As String
        sql ="select FCustomer  from cz_CostQuotation"

        sqlcomm = New SqlCommand(sql, conn)
        sqlcomm.ExecuteNonQuery()
        sqldaquote = New SqlDataAdapter(sqlcomm)
        dsquote.Clear()
        sqldaquote.Fill(dsquote,"cz_CostQuotation")

        CboCustomer.DataSource = dsquote.Tables("cz_CostQuotation")
        CboCustomer.DisplayMember ="FCustomer"
        CboCustomer.ValueMember ="FCustomer"
        CboCustomer.Text =" "
End Sub
```

单击标准工具栏中的“启动调试”▶按钮，启动运行程序，对程序进行测试与调试。

【工作过程三】 报价查询窗体的查询功能。

在报价查询窗体中，当在 CboCustomer 组合框中输入客户名称或选择下拉列表框中的客户名称，单击 BtnQuoteQuery 命令按钮后，将访问 QuoteStore 数据库，查询报价信息。

BtnQuoteQuery 命令按钮的 Click 事件代码如下：

```
Private Sub BtnQuoteQuery_Click(ByVal sender As System.Object, ByVal _
  e As System.EventArgs) Handles BtnQuoteQuery.Click
        Call sqlcon()
        Dim sql As String
        If CboCustomer.Text <>" "Then
            sql ="select t1.FBOMID,t2.FName as FBOMName,t3.FName as" _
```

```
                + "FBOMUnitName,t1.FQty as FTotalQty,t1.FPrice as" _
                + "FTotalPrice,t5.FName"_
                + ",t6.Fname as FUnitname,t4.FQty,t4.FPrice,t7.FName as" _
                + "FSupply,t1.FCheckID,t1.FBiller from cz_CostQuotation t1" _
                + "inner join cz_ICItem t2 on t1.FItemID = t2.FItemID" _
                + "inner join cz_Unit t3 on t1.FUnitID = t3.FItemID" _
                + "inner join cz_CostQuotationEntry t4 on t4." _
                + "FInterid = t1.FInterid" _
                + "inner join cz_ICItem t5 on t4.FItemID = t5.FItemID" _
                + "inner join cz_Unit t6 on t4.FUnitID = t6.FItemID" _
                + "inner join cz_Supply t7 on t7.FItemID = t4.FSupply" _
                + "where Fcustomer like"&" '% "& CboCustomer.Text &"% ' "
        Else
            sql ="select t1.FBOMID,t2.FName as FBOMName,t3.FName as" _
             + "FBOMUnitName,t1.FQty as FTotalQty,t1.FPrice as" _
             + "FTotalPrice,t5.FName"_
             + ",t6.Fname as FUnitname,t4.FQty,t4.FPrice,t7.FName as" _
             + "FSupply,t1.FCheckID,t1.FBiller from cz_CostQuotation t1"_
             + "inner join cz_ICItem t2 on t1.FItemID = t2.FItemID"_
             + "inner join cz_Unit t3 on t1.FUnitID = t3.FItemID"_
             + "inner join cz_CostQuotationEntry t4 on t4.FInterid" _
             + " = t1.FInterid"_
             + "inner join cz_ICItem t5 on t4.FItemID = t5.FItemID"_
             + "inner join cz_Unit t6 on t4.FUnitID = t6.FItemID"_
             + "inner join cz_Supply t7 on t7.FItemID = t4.FSupply"
        End If

        Try
            sqlcomm = New SqlCommand(sql, conn)
            sqlcomm.ExecuteNonQuery()
            sqldaquoteentry = New SqlDataAdapter(sqlcomm)
            dsquoteentry.Clear()
            sqldaquoteentry.Fill(dsquoteentry,"cz_CostQuotation")

            DgvQuoteQuery.DataSource = dsquoteentry
            DgvQuoteQuery.DataMember ="cz_CostQuotation"
            DgvQuoteQuery.Refresh()
        Catch ex As SqlException
            MsgBox(ex.Message)
        End Try
    End Sub
```

单击标准工具栏中的"启动调试" ▶ 按钮,启动运行程序,对程序进行测试与调试。

【工作过程四】 完善 FrmQuote 窗体中的【查询】按钮的程序代码。

在报价信息管理窗体中,单击工具栏上的【查询】按钮,将弹出报价查询窗体 FrmQuoteQuery,在 FrmQuoteQuery 窗体中实现报价信息的查询。FrmQuote 窗体中的【查询】按钮的程序代码如下:

```
Private Sub TlsBtnQuoteQuery_Click(ByVal sender As System.Object, _
  ByVal e As System.EventArgs) Handles TlsBtnQuoteQuery.Click
      FrmQuoteQuery.Show()
      FrmQuoteQuery.Activate()
End Sub
```

【工作过程五】 完善 MDIForm 主窗体中的报价菜单的程序代码。

当项目运行时,在 MDIForm 主窗体中单击"报价"主菜单项下的"报价查询",将在主窗体中打开报价查询窗体 FrmQuoteQuery。

MDIForm 主窗体"报价"主菜单项下的"报价查询"菜单项的 Click 事件代码如下:

```
Private Sub mnuQuoteQuery_Click(ByVal sender As System.Object, ByVal _
  e As System.EventArgs) Handles mnuQuoteQuery.Click
      FrmQuoteQuery.MdiParent = Me
      FrmQuoteQuery.Show()
      FrmQuoteQuery.Activate()
End Sub
```

单击标准工具栏中的"启动调试" ▶ 按钮,启动运行程序,对程序进行测试与调试。报价查询窗体的运行结果如图 9.9 所示。

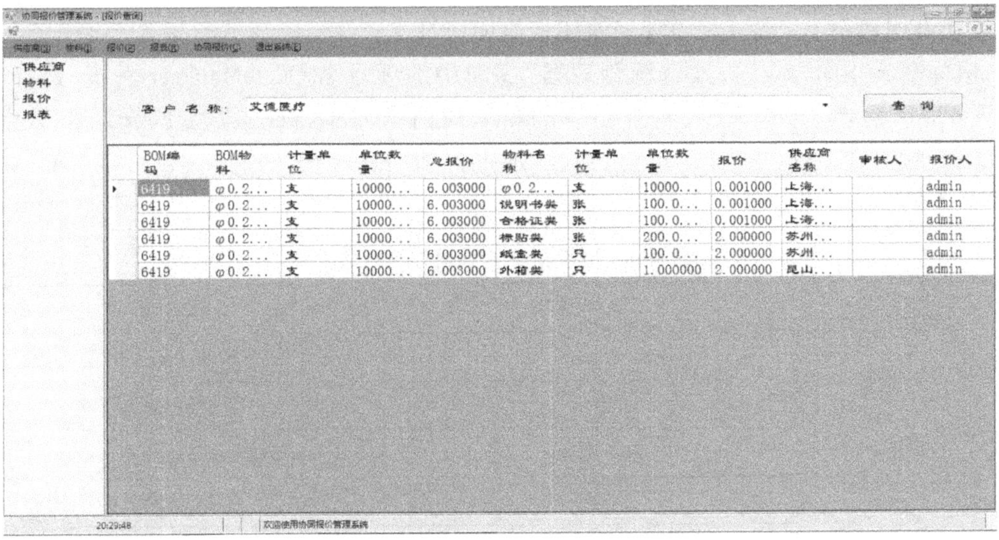

图 9.9 报价查询窗体的运行结果

9.3 报价新增管理模块设计

报价新增管理模块用于新增客户的报价信息。协同报价管理系统项目中报价新增管理模块的界面如图 9.10 所示。

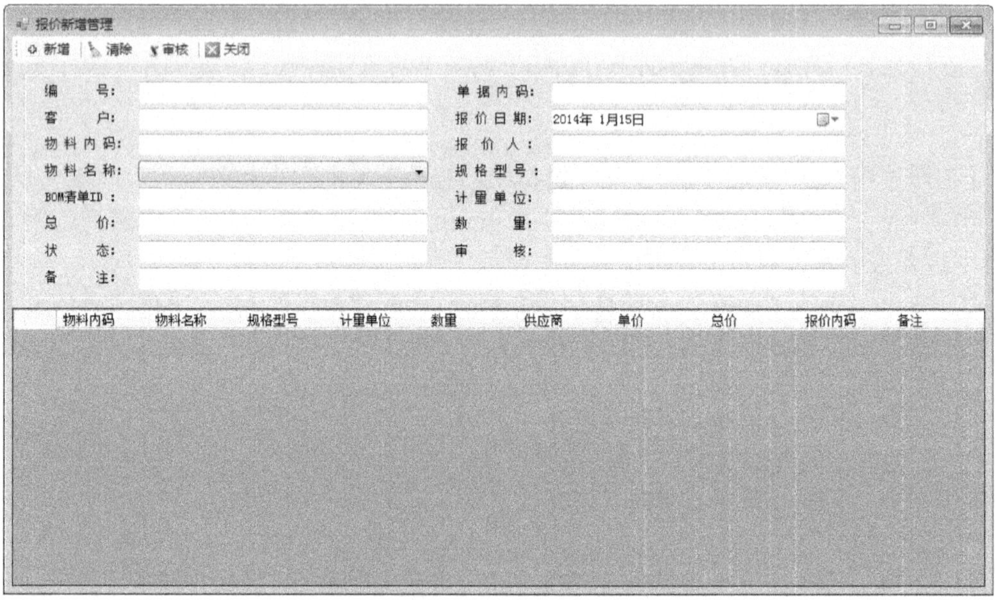

图 9.10 报价新增管理模块窗体界面

【工作过程一】 报价新增管理窗体的界面设计。

鼠标箭头指向"解决方案资源管理器"窗口中的项目名 QuoteManager 右击,选择"添加|Windows 窗体"菜单命令,将弹出添加新项对话框,在名称栏里将 Form1. vb 改名为 FrmQuoteAdd. vb,然后单击【添加】按钮,添加报价新增管理模块窗体,其窗体的属性设置如表 9.8 所示。

表 9.8 报价新增管理窗体属性设置

对象	属性名	属性值
Form1	Name	FrmQuoteAdd
	Text	报价新增管理
	BackColor	GradientInactiveCaption
	Size	763, 552
	WindowState	Maximized

在报价新增管理模块窗体 FrmQuoteAdd 上添加一个 ToolStrip 控件来设计工具栏,通过 ToolStrip 控件的 Items 属性在工具栏上添加工具按钮。报价新增管理窗体工具栏如图

9.11 所示。

图 9.11　报价新增管理窗体界面工具栏

单击 FrmQuoteAdd 窗体上的工具栏→工具栏右上角出现“ ”→单击该按钮，选择“编辑项”→弹出“项集合编辑器”对话框设置工具栏按钮属性。工具栏按钮属性设置如表 9.9 所示。

表 9.9　工具栏按钮属性设置

对象	属性名	属性值
ToolStripButton1	Name	TlsBtnQuoteAadd
	DisplayStyle	ImageAndText
	Image	QuoteManager. My. Resources. Resources. add
	Text	新增
	TextImageRelation	ImageBeforeText
	ToolTipText	新增报价
ToolStripSeparator1	Name	ToolStripSeparator1
ToolStripButton2	Name	TlsBtnQuoteAClear
	DisplayStyle	ImageAndText
	Image	QuoteManager. My. Resources. Resources. clear
	Text	清除
	TextImageRelation	ImageBeforeText
	ToolTipText	清除文本框内容
ToolStripButton3	Name	TlsBtnQuoteCheck
	DisplayStyle	ImageAndText
	Image	QuoteManager. My. Resources. Resources. check
	Text	审核
	TextImageRelation	ImageBeforeText
	ToolTipText	审核报价
ToolStripSeparator2	Name	ToolStripSeparator2

续表

对象	属性名	属性值
ToolStripButton4	Name	TlsBtnQuoteAQuit
	DisplayStyle	ImageAndText
	Image	QuoteManager. My. Resources. Resources. close
	Text	关闭
	TextImageRelation	ImageBeforeText
	ToolTipText	关闭窗口

在报价新增管理窗体 FrmQuoteAdd 中添加一个 Panel 控件对象 Panel1，在属性窗口中修改其 Dock 属性值为 Top，将其调整到合适的高度，然后在这个 Panel 控件对象中添加如表 9.10 所示的控件。

表 9.10 Panel1 中的控件对象的属性设置

对象	属性名	属性值
Label1	Name	LblCostQuoteBillno
	Text	编号：
Label2	Name	LblCostQuoteInterid
	Text	单据内码：
Label3	Name	LblQuoteCustomer
	Text	客户：
Label4	Name	LblQuoteDate
	Text	报价日期：
Label5	Name	LblQuoteItemid
	Text	物料内码：
Label6	Name	LblQuoteBiller
	Text	报价人：
Label7	Name	LblItemName
	Text	物料名称：
Label8	Name	LblQuoteItemModel
	Text	规格型号：
Label9	Name	LblQuoteBomID
	Text	BOM 清单 ID：
Label10	Name	LblQuoteUnit
	Text	计量单位：

续表

对象	属性名	属性值
Label11	Name	LblQuoteTotalPrice
	Text	总价：
Label12	Name	LblQuoteQty
	Text	数量：
Label13	Name	LblQuoteStatus
	Text	状态：
Label14	Name	LblQuoteCheckId
	Text	审核：
Label15	Name	LblQuoteNote
	Text	备注：
TextBox1	Name	txtFBillno
TextBox2	Name	txtFInterid
TextBox3	Name	TxtQuoteCustomer
DateTimePicker1	Name	DtpQuoteDate
TextBox4	Name	TxtQuoteItemID
TextBox5	Name	TxtQuoteBiller
ComboBox1	Name	CboItemname
TextBox6	Name	TxtQuoteItemModel
TextBox7	Name	TxtQuoteBomid
TextBox8	Name	TxtQuoteUnit
TextBox9	Name	TxtQuoteTotalprice
TextBox10	Name	TxtQuoteQty
TextBox11	Name	TxtQuoteStatus
TextBox12	Name	TxtQuoteCheckId
TextBox13	Name	TxtQuoteNote

在 FrmQuoteAdd 窗体中添加一个 Splitter 控件，在属性窗口中修改其 Dock 属性值为 Top，将 Size 属性值设为 747，2。

在 FrmQuoteAdd 窗体中再添加一个 Panel 控件，在属性窗口中修改其 Dock 属性值为 Fill，然后在这个 Panel 控件对象中添加一个 DataGridView 控件，并在属性窗口中修改其 Name 属性值为 DgvQuote，将 Dock 属性值设置为 Fill，将 AutoSizeColumnsMode 属性值设置为 Fill。为了使 DgvQuote 控件对象中的数据表显示为中文字段名，需要编辑列。另外，DgvQuote 中不允许添加数据，但可以编辑和删除。具体操作为：单击 DgvQuote 控件对象→该对象右上角出现“▸”→单击该按钮,取消勾选“启用添加”,勾选“启用编辑”和“启用删除”,然后单击“编辑列”→弹出“编辑列”对话框设置列属性,如图 9.12 所示。DgvQuote 控件对象列属性设置如表 9.11 所示。

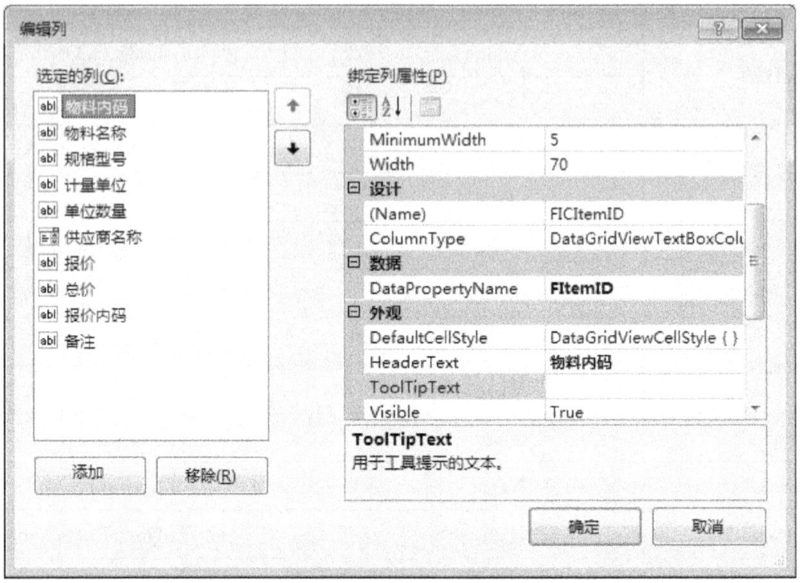

图 9.12 DgvQuote 控件对象的编辑列对话框

表 9.11 DgvQuote 控件对象列属性设置

对象	属性名	属性值
Column1	Name	FICItemID
	DataPropertyName	FItemID
	ColumnType	DataGridViewTextBoxColumn
	HeaderText	物料内码
Column2	Name	FItemName
	DataPropertyName	FName
	ColumnType	DataGridViewTextBoxColumn
	HeaderText	物料名称
Column3	Name	FModel
	DataPropertyName	FModel
	ColumnType	DataGridViewTextBoxColumn
	HeaderText	规格型号
Column4	Name	FUnitname
	DataPropertyName	FUnitname
	ColumnType	DataGridViewComboBoxColumn
	HeaderText	计量单位

续表

对象	属性名	属性值
Column5	Name	FQty
	DataPropertyName	FQty
	ColumnType	DataGridViewTextBoxColumn
	HeaderText	单位数量
Column6	Name	FSupplyname
	DataPropertyName	FSupplyName
	ColumnType	DataGridViewComboBoxColumn
	HeaderText	供应商名称
Column7	Name	FUnitprice
	DataPropertyName	FUnitprice
	ColumnType	DataGridViewTextBoxColumn
	HeaderText	报价
Column8	Name	FTotalPrice
	DataPropertyName	FTotalPrice
	ColumnType	DataGridViewTextBoxColumn
	HeaderText	总价
Column9	Name	FInterID
	DataPropertyName	FInterID
	ColumnType	DataGridViewTextBoxColumn
	HeaderText	报价内码
Column10	Name	FNote
	DataPropertyName	FNote
	ColumnType	DataGridViewTextBoxColumn
	HeaderText	备注

【工作过程二】 报价新增管理窗体的 Load 事件过程。

在报价新增管理窗体中，为了方便报价信息的新增，在窗体上放置了一个 ComboBox 控件，用于物料名称的输入或选择。当打开报价新增管理窗体时，先访问 QuoteStore 数据库，查询物料表 cz_ICItem，将查询结果中的物料名称加载到 CboItemName 控件对象中，然后查询供应商表 cz_Supply，并将查询得到的供应商名称显示到数据控件 DgvQuote 中的供应商名称组合框中。

在打开报价新增管理窗体时，将会触发该窗体的 Load 事件，具体程序代码如下：

```
'导入命名空间
    Imports System.Data
    Imports System.Data.SqlClient
    '声明对象
    Dim sqlcomm As New SqlCommand
    Dim sqldaquote As New SqlDataAdapter
    Dim dsquote As New DataSet
    Dim FPItemID As String

    Dim dsquoteEntry As New DataSet
    Dim sqldaquoteEntry As New SqlDataAdapter

    Dim sqldasplyname As New SqlDataAdapter
    Dim dssplyname As New DataSet

    Dim sqldaprice As New SqlDataAdapter
    Dim dsprice As New DataSet
    'FrmQuote 窗体的 Load 事件代码
    Private Sub FrmQuote_Load(ByVal sender As System.Object, ByVal e As _
      System.EventArgs) Handles MyBase.Load
           Dim sqldasply As New SqlDataAdapter
           Dim dssply As New DataSet
           Call sqlcon()

           '准备好查询数据命令
           Dim sql As String
           ' Dim sqlsplyname As String

           sql = "select cz_ICBOM.Fitemid,cz_ICItem.Fname,cz_ICItem." _
              + "Fitemid  from cz_ICItem,cz_ICBOM where cz_ICItem.Fitemid" _
              + " = cz_ICBOM.Fitemid"

           sqlcomm = New SqlCommand(sql, conn)
           sqlcomm.ExecuteNonQuery()

           sqldaquote = New SqlDataAdapter(sqlcomm)

           dsquote.Clear()
           sqldaquote.Fill(dsquote,"cz_ICItemname")

           CboItemname.DataSource = dsquote.Tables("cz_ICItemname")
```

```
            CboItemname.DisplayMember ="Fname"
            CboItemname.ValueMember ="Fname"
            CboItemname.Text =""

            TxtQuoteBiller.Text = Sqlconn.FUserName

            Dim sqlsplyname As String
            sqlsplyname ="select  Fname from cz_supply"
            '通过 Sqlcommand 对象发送 SQL 数据命令实现对数据库的操作
            sqlcomm = New SqlCommand(sqlsplyname, conn)
            sqlcomm.ExecuteNonQuery()
            '通过数据适配器填充数据集
            sqldasplyname = New SqlDataAdapter(sqlcomm)
            dssplyname.Clear()
            sqldasplyname.Fill(dssplyname,"cz_supply")

            '将对数据库的操作结果显示到数据控件中
            FSupplyname.DataSource = dssplyname.Tables("cz_supply")
            FSupplyname.DisplayMember ="Fname"
            FSupplyname.ValueMember ="Fname"
    End Sub
```

单击标准工具栏中的“启动调试” ▶ 按钮，启动运行程序，对程序进行测试与调试。

【工作过程三】 报价新增管理窗体的组合框控件的事件过程。

当在报价新增窗体界面的组合框中选择了母件物料后，首先访问 QuoteStore 数据库，查询母件物料的物料内码、规格型号、BOM 编码、计量单位和单位数量，并将查询结果显示到窗体对应的文本框中；同时查询子件物料的物料内码、物料名称、规格型号、计量单位和单位数量，并将查询得到的结果显示到窗体上的数据控件 DgvQuote 中。再次访问数据库，执行存储过程，生成报价编号和单据内码并显示到相应文本框中。客户名称由操作员手动输入，报价日期是系统当前日期，总价是子件物料总价之和，未审核时的状态是 0，审核以后的状态为 1，报价人是用户登录名，审核也是用户登录名。

组合框 CboItemName 的 DropDownClosed 事件过程程序代码如下：

```
    Private Sub CboItemname_DropDownClosed(ByVal sender As Object, ByVal _
      e As System.EventArgs) Handles CboItemname.DropDownClosed
            Dim sql As String
            If CboItemname.Text <>""Then

                '准备好查询数据命令
                sql ="select t4.finterid as FBOMID ,t5.FItemID," _
                   + "t5.Fnumber,t5.fname,t5.fmodel,t6.fname as FUnitName," _
                   + "t2.FQty as FPQty,t4.FQty,t4.Fnote"_
```

```
            + ",t1.fitemid as FPItemid,t1.FModel as FPModel,t3.FName" _
            + "as FPUnitName,t2.FNote as FPNote from cz_icitem t1"_
            + "inner join cz_ICBOM t2 on t1.fitemid = t2.fitemid"_
            + "inner join dbo.cz_Unit t3 on t3.fitemid = t1.Funitid"_
            + "inner join cz_ICBOMEntry t4 on t4.FInterid _
            + " = t2.FInteriD"_
            + "inner join cz_ICitem t5 on t5.fitemid = t4.fitemid"_
            + "inner join cz_Unit t6 on t6.fitemid = t5.funitid"_
            + "where (t1.FName = ' " + CboItemname.Text + " ')"
        sqlcomm = New SqlCommand(sql, conn)
        sqlcomm.ExecuteNonQuery()

        sqldaquoteEntry = New SqlDataAdapter(sqlcomm)

        dsquoteEntry.Clear()
        sqldaquoteEntry.Fill(dsquoteEntry,"cz_QuoteEntry")

        '将子件物料的物料内码、物料名称、规格型号、计量单位、单位数量和备注显示
        '到 DgvQuote 数据控件中
        DgvQuote.AutoGenerateColumns = False
        DgvQuote.DataSource = dsquoteEntry
        DgvQuote.DataMember = "cz_QuoteEntry"
        DgvQuote.Refresh()

        '将母件物料的物料内码、规格型号、BOM 编码、计量单位和单位数量显示到窗
        '体上对应文本框中
        TxtQuoteItemid.Text = dsquoteEntry.Tables("cz_QuoteEntry"). _
          Rows(0)("FPItemID").ToString()
        TxtQuoteItemModel.Text = dsquoteEntry.Tables _
          ("cz_QuoteEntry").Rows(0)("FPmodel").ToString()
        TxtQuoteBomid.Text = dsquoteEntry.Tables("cz_QuoteEntry"). _
          Rows(0)("FBOMID").ToString()
        TxtQuoteUnit.Text = dsquoteEntry.Tables("cz_QuoteEntry"). _
          Rows(0)("FPUnitName").ToString()
        TxtQuoteQty.Text = dsquoteEntry.Tables("cz_QuoteEntry"). _
          Rows(0)("FPQty").ToString()
        TxtQuoteNote.Text = dsquoteEntry.Tables("cz_QuoteEntry"). _
          Rows(0)("FPNote").ToString()
    End If

    Dim SQLinterid As String
```

```
        Dim sqldacostquote As New SqlDataAdapter
        Dim dscostquote As New DataSet
        Dim interid As String
        '生成单据内码
        SQLinterid ="Declare @Finterid int declare @Fnumber varchar" _
           + "(100)Exec GetICMaxNum'cz_CostQuotation',@Finterid out select" _
           + "@Finterid as Finterid"
        sqlcomm = New SqlCommand(SQLinterid, conn)
        sqlcomm.ExecuteNonQuery()
        sqldacostquote = New SqlDataAdapter(sqlcomm)
        dscostquote.Clear()
        sqldacostquote.Fill(dscostquote,"cz_CostQuote")
        interid = dscostquote.Tables("cz_CostQuote").Rows(0)("Finterid")

        Dim sqlnumber As String, number As String
        '生成报价编码
        sqlnumber ="declare @Fnumber varchar(100) Exec GetICMaxNum" _
           + " 'cz_CostQuotation', @Fnumber out select @Fnumber ='Q' +right" _
           + " ('00000000' + convert(varchar(100),convert(int,substring" _
           + "(max(Fbillno),2,len(max(Fbillno)))) +1),8) from" _
           + "cz_CostQuotation if isnull(@Fnumber,'') ='' begin set" _
           + "@Fnumber ='Q00000001' end select @ Fnumber as FBillno"
        sqlcomm = New SqlCommand(sqlnumber, conn)
        sqlcomm.ExecuteNonQuery()
        sqldacostquote = New SqlDataAdapter(sqlcomm)
        dscostquote.Clear()
        sqldacostquote.Fill(dscostquote,"cz_CostQuote")
        If dscostquote.Tables(0).Rows.Count <1 Then
            number ="Q00000001"
        Else
            number = dscostquote.Tables("cz_CostQuote").Rows(0) _
              ("FBillno").ToString()
        End If

        '将报价编码和单据内码显示到对应文本框中
        txtFBillno.Text = number
        txtFInterid.Text = interid
    End Sub
```

【工作过程四】 报价新增窗体的数据控件 DgvQuote 的事件过程。

在报价新增窗体的数据控件 DgvQuote 的供应商名称组合框中选择供应商名称后，在 DgvQuote 数据控件的其他单元格单击鼠标左键，将访问 QuoteStore 数据库，查询供应商报价。如果供应商对该行物料已经报价，则将报价显示到 DgvQuote 数据控件的报价列中，并将报价与单位数量的乘积显示到总价列中；如果供应商对该行物料没有报过价，则由操作员在报价列中直接输入报价，总价列中显示的数据为报价乘以单位数量之积。BOM 物料总价为各个子件物料总价之和。

DgvQuote 数据控件的 CellEndEdit 事件过程程序代码如下：

```
Private Sub DgvQuote_CellEndEdit(ByVal sender As Object, ByVal e As _
  System.Windows.Forms.DataGridViewCellEventArgs) Handles _
  DgvQuote.CellEndEdit
      Dim sql As String
      Dim sqldasplyname As New SqlDataAdapter
      Dim dssplyname As New DataSet
      Dim sqldasply As New SqlDataAdapter
      Dim dssply As New DataSet
      Call sqlcon()
      If TxtQuoteItemid.Text <>" "Then

          '查询供应商是否对此物料报过价
          sql ="select t1.fitemid,t1.fname,t2.fitemid as ficitemid," _
             + "t4.fname as funitname,t2.fprice,t3.fname as fitemname"_
             + "from cz_supply t1 inner join cz_splypriceentry t2 on" _
             + "t1.fitemid = t2.finterid"_
             + "inner join cz_icitem t3 on t2.fitemid = t3.fitemid"_
             + "inner join cz_unit t4 on t3.funitid = t4.fitemid"_
             + "where(t3.fname = ' "& DgvQuote.Rows(e.RowIndex)." _
             + "Cells ("FItemname").Value &" ')"_
             + "group by t1.fitemid,t1.fname,t2.fitemid,t4.fname," _
             + "t2.fprice,t3.fname"
          sqlcomm = New SqlCommand(sql, conn)
          sqlcomm.ExecuteNonQuery()
          sqldasplyname = New SqlDataAdapter(sqlcomm)
          dssplyname.Clear()
          sqldasplyname.Fill(dssplyname,"cz_splyname")
      '如果供应商对该物料有报价，则将报价显示出来，并计算总价同时显示到总价列中
          If dssplyname.Tables("cz_splyname").Rows.Count >= 1 And _
             e.ColumnIndex = 5 Then
          DgvQuote.Rows(e.RowIndex).Cells("FUnitprice").Value = _
            dssplyname.Tables(0).Rows(0)("fprice").ToString()
          DgvQuote.Rows(e.RowIndex).Cells("FTotalPrice").Value = _
            dssplyname.Tables(0).Rows(0)("fprice") * DgvQuote. _
            Rows(e.RowIndex).Cells("FQty").Value
          End If
```

```
'如果在供应商名称组合框中选择了供应商,则查询该供应商内码
If DgvQuote. CurrentRow. Cells (" FSupplyname"). Value IsNot
    Nothing Then
     sql ="select Fitemid from cz_supply where fname ='"& _
        DgvQuote.CurrentRow.Cells("Fsupplyname").Value &"'"
     sqlcomm = New SqlCommand(sql, conn)
     sqlcomm.ExecuteNonQuery()
     sqldasply = New SqlDataAdapter(sqlcomm)
     dssply.Clear()
     sqldasply.Fill(dssply,"cz_splyid")

     '查询此供应商是否对该物料有报价,如果有报价,则将报价显示到报价列
     '中,并计算总价同时显示到总价列中;如果没有报价,则直接输入报价,
     '并计算总价并显示
     sql ="select t1.Fitemid as Fsupplyid,t1.Fname," _
      + "t2.Fitemid,t2.Fprice,t2.Fnote"_
      + "from cz_supply t1 inner join cz_SPLYPriceEntry t2 on" _
      + "t1.fitemid = t2.finterid"_
      + "inner join dbo.cz_ICbomentry t3 on t3.fitemid =" _
      + "t2.Fitemid"_
      + "where t1.Fitemid ='"& dssply.Tables("cz_splyid"). _
        Rows(0)("Fitemid") &"' and t2.FItemid ='"& DgvQuote. _
        CurrentRow.Cells("FICItemID").Value &"'"_
      + "group by t1.fitemid,t1.fname,t2.fitemid,t2.fprice," _
      + "t2.fnote"
     sqlcomm = New SqlCommand(sql, conn)
     sqlcomm.ExecuteNonQuery()
     sqldaprice = New SqlDataAdapter(sqlcomm)
     dsprice.Clear()
     sqldaprice.Fill(dsprice,"cz_price")

     If dsprice.Tables("cz_price").Rows.Count >1 Then
         DgvQuote.CurrentRow.Cells("FUnitprice").Value = _
            dsprice.Tables("cz_price").Rows(0)("Fprice")
         DgvQuote.CurrentRow.Cells("FTotalprice").Value = _
            CDbl(DgvQuote.CurrentRow.Cells("FUnitprice"). _
            Value) * CDbl(DgvQuote.CurrentRow.Cells("FQty"). _
            Value)
         DgvQuote.Rows(e.RowIndex).Cells("FInterID").Value = _
            txtFInterid.Text    '报价内码即为单据内码
```

```
                DgvQuote.Rows(e.RowIndex).Cells("Fnote").Value = _
                  dsprice.Tables("cz_price").Rows(0)("Fnote")
            Else
                DgvQuote.CurrentRow.Cells("FTotalprice").Value = _
                  CDbl(DgvQuote.CurrentRow.Cells("FUnitprice")._
                  Value) * CDbl(DgvQuote.CurrentRow.Cells("FQty")._
                  Value)
                DgvQuote.Rows(e.RowIndex).Cells("FInterID").Value _
                  =txtFInterid.Text
            End If

        End If
        'BOM 物料总价为各个子件物料总价之和
        Dim totalprice As Double =0
        For i =0 To DgvQuote.Rows.Count -1
            totalprice =totalprice +DgvQuote.Rows(i).Cells _
              ("FTotalPrice").Value
        Next
        TxtQuotetotalprice.Text =totalprice.ToString()

    End If
End Sub
```

【工作过程五】 报价新增管理窗体的新增功能。

在报价新增管理窗体中,在物料组合框中输入或选择母件物料名称,并输入客户名称,在 DgvQuote 数据控件中编辑好子件物料报价信息后,单击报价新增管理窗体上的“新增”工具按钮后,将窗体界面上文本框中的信息添加到报价表头 cz_costQuotation 中,将 DgvQuote 数据控件中的报价信息添加到报价表体 cz_costQuotationEntry 中。

“新增”工具按钮的 Click 事件代码如下:

```
Private Sub TlsBtnQuoteadd_Click(ByVal sender As System.Object, ByVal _
  e As System.EventArgs) Handles TlsBtnQuoteAadd.Click
      Dim sql As String, sqlquote As String
      Dim Fitemid As String, Funitid As String, FsupplyID As String
      Dim i As Integer
      Dim sqlquotation As New SqlDataAdapter
      Dim dsquotation As New DataSet
      '查询计量单位内码
      sqlquote ="select Fitemid from cz_Unit where Fname ='"& _
        TxtQuoteUnit.Text &"'"
      sqlcomm =New SqlCommand(sqlquote, conn)
      sqlcomm.ExecuteNonQuery()
      sqlquotation =New SqlDataAdapter(sqlcomm)
```

```
dsquotation.Clear()
sqlquotation.Fill(dsquotation,"cz_QuoteID")
Funitid = dsquotation.Tables("cz_QuoteID").Rows(0)("Fitemid")

'先删除报价头表和报价体表中指定单据内码的报价信息,然后将报价信息插入报
'价表头 cz_costQuotation 中
sql ="delete from cz_costQuotation where finterid = '" _
   + txtFInterid.Text + "'delete from cz_costQuotationEntry" _
   + "where finterid = '" + txtFInterid.Text + "'"
sql = sql + "  insert into cz_costQuotation(FInterid,Fbillno," _
   + "Fcustomer,Fdate,FItemID,FunitID,FQty,FBOMID,Fstatus," _
   + "FcheckID,Fprice,Fbiller,Fnote)values('"& txtFInterid.Text &" _
  "','"& txtFBillno.Text &"','"& TxtQuoteCustomer.Text & _
  "','"& DtpQuoteDate.Value.ToShortDateString & "','"& _
  TxtQuoteItemid.Text &"','"& Funitid &"', '"& TxtQuoteQty. _
  Text & "','"& TxtQuoteBomid.Text &"','"& TxtQuoteStatus. _
  Text &"','"& TxtQuoteCheckId.Text & "','"& TxtQuotetotalprice. _
  Text &"','"& TxtQuoteBiller.Text &"','"& TxtQuoteNote. _
  Text &"')"

sqlcomm = New SqlCommand(sql, conn)
sqlcomm.ExecuteNonQuery()

'使用循环语句,将报价信息插入报价表体 cz_costQuotationEntry 中
For i =0 To DgvQuote.Rows.Count - 1
    sqlquote ="select Fitemid from cz_ICItem where Fname = '"& _
      DgvQuote.Rows(i).Cells("FItemName").Value.ToString() &"'"
    sqlcomm = New SqlCommand(sqlquote, conn)
    sqlcomm.ExecuteNonQuery()
    sqlquotation = New SqlDataAdapter(sqlcomm)
    dsquotation.Clear()
    sqlquotation.Fill(dsquotation,"cz_QuoteID")
    Fitemid = dsquotation.Tables("cz_QuoteID").Rows(0)("Fitemid")

    sqlquote ="select Fitemid from cz_Unit where Fname = '"& _
      DgvQuote.Rows(i).Cells("FUnitname").Value.ToString() &"'"
    sqlcomm = New SqlCommand(sqlquote, conn)
    sqlcomm.ExecuteNonQuery()
    sqlquotation = New SqlDataAdapter(sqlcomm)
    dsquotation.Clear()
    sqlquotation.Fill(dsquotation,"cz_QuoteID")
```

```
                Funitid = dsquotation.Tables("cz_QuoteID").Rows(0)("Fitemid")

                sqlquote = "select Fitemid from cz_supply where Fname = ' "& _
                  DgvQuote.Rows(i).Cells("FSupplyname").Value.ToString() &"' "
                sqlcomm = New SqlCommand(sqlquote, conn)
                sqlcomm.ExecuteNonQuery()
                sqlquotation = New SqlDataAdapter(sqlcomm)
                dsquotation.Clear()
                sqlquotation.Fill(dsquotation,"cz_QuoteID")
                FsupplyID = dsquotation.Tables("cz_QuoteID").Rows _
                  (0)("Fitemid")

                sql = "insert into cz_costQuotationEntry (Finterid,Fitemid," _
                  + "Funitid,Fqty,Fprice,Fsupply,Fnote)" + "values(' "& _
                  txtFInterid.Text &" ',' "& Fitemid &" ', ' "& Funitid & _
                  " ',' "& DgvQuote.Rows(i).Cells("Fqty").Value.ToString() & _
                  " ',' "& DgvQuote.Rows(i).Cells("FUnitprice").Value. _
                  ToString() &" ',' "& FsupplyID &" ',' "& DgvQuote.Rows(i). _
                  Cells("Fnote").Value.ToString() &" ')"
                sqlcomm = New SqlCommand(sql, conn)
                sqlcomm.ExecuteNonQuery()
            Next
            MessageBox.Show("已成功插入报价信息!")
        End Sub
```

【工作过程六】 报价新增管理模块的清除功能。

报价新增管理模块的清除功能是清除窗体界面上文本框中的信息,以方便后续的操作,具体程序代码如下:

```
        Private Sub TlsBtnQuoteClear_Click(ByVal sender As System.Object, _
          ByVal e As System.EventArgs) Handles TlsBtnQuoteAClear.Click
            txtFBillno.Text = ""
            txtFInterid.Text = ""
            TxtQuoteCustomer.Text = ""
            TxtQuoteItemid.Text = ""
            TxtQuoteItemModel.Text = ""
            TxtQuoteUnit.Text = ""
            TxtQuoteQty.Text = ""
            TxtQuoteBomid.Text = ""
            TxtQuotetotalprice.Text = ""
            TxtQuoteStatus.Text = ""
            TxtQuoteCheckId.Text = ""
            TxtQuoteNote.Text = ""
```

```
End Sub
```

单击标准工具栏中的“启动调试” ▶ 按钮，启动运行程序，对程序进行测试与调试。

【工作过程七】 报价新增管理窗体的审核功能。

报价审核功能是实现对报价的核实，未审核报价时，报价表 cz_CostQuotation 的审核状态为 0，审核人为空；审核报价后，报价表 cz_CostQuotation 的审核状态为 1，审核人为用户登录名。此处的审核功能需要在报价新增管理窗体界面的单据内码文本框中输入单据内码后，才能审核成功。

“审核”工具按钮的 Click 事件程序代码如下：

```
Private Sub TlsBtnQuoteCheck_Click(ByVal sender As System.Object, _
  ByVal e As System.EventArgs) Handles TlsBtnQuoteCheck.Click
        Dim sql As String
        sql = "Update cz_CostQuotation set FCheckid = '" + Sqlconn. _
          FUserName + "',FStatus = 1 from cz_CostQuotation where" _
          + "finterid = '" + txtFInterid.Text + "'"
        sqlcomm = New SqlCommand(sql, conn)
        sqlcomm.ExecuteNonQuery()
        MessageBox.Show("已成功审核!")
End Sub
```

【工作过程八】 报价新增管理窗体的关闭功能。

单击“关闭”工具按钮，将关闭报价新增管理窗体。

“关闭”工具按钮的 Click 事件程序代码如下：

```
Private Sub TlsBtnQuoteQuit_Click(ByVal sender As System.Object, _
  ByVal e As System.EventArgs) Handles TlsBtnQuoteAQuit.Click
        conn.Close()
        Me.Close()
End Sub
```

【工作过程九】 完善 MDIForm 主窗体中的报价菜单的程序代码。

报价新增管理窗体是 MDIForm 窗体的子窗体，当项目运行时，在 MDIForm 主窗体中单击“报价”主菜单项下的“报价新增”菜单项，将在主窗体中打开报价新增管理窗体 FrmQuoteAdd。

MDIForm 主窗体“报价”主菜单项下的“报价新增”菜单项的 Click 事件代码如下：

```
Private Sub mnuQuoteAdd_Click(ByVal sender As System.Object, ByVal e _
  As System.EventArgs) Handles mnuQuoteAdd.Click
        FrmQuoteAdd.MdiParent = Me
        FrmQuoteAdd.Show()
        FrmQuoteAdd.Activate()
End Sub
```

【工作过程十】 保存项目，调试程序。

单击“文件|全部保存”菜单命令，即可保存项目。

单击 Visual Basic 2008 开发环境中的“项目”主菜单下的“QuoteManager 属性”，设置 QuoteManager 项目的启动窗体为 FrmLogin，单击标准工具栏中的“启动调试” 按钮，启动测试程序。报价新增管理窗体的运行结果如图 9.13 所示。

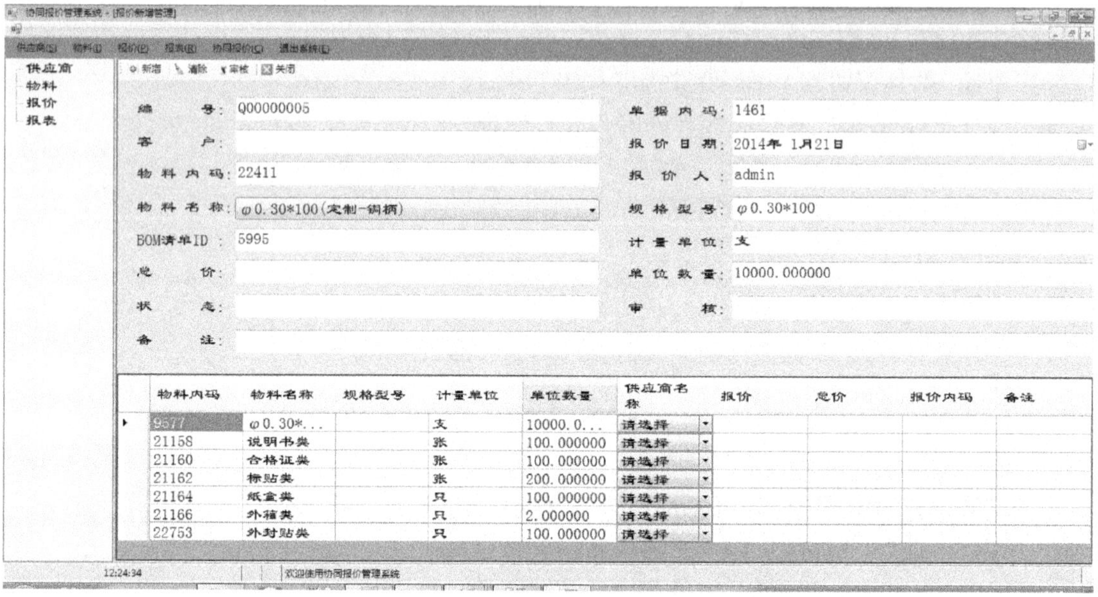

图 9.13 报价新增管理窗体的运行结果

9.4 工作实训营

训练实例

(1) 训练内容

① 在 MDIForm 主窗体中，单击工具栏上的“图书销售管理”工具按钮，或单击“数据维护”主菜单下的“图书销售管理”菜单项，将打开图书销售管理窗体。

② 设计“书店图书管理系统”的图书销售管理功能模块，图书销售管理的运行界面如图 9.14 所示。

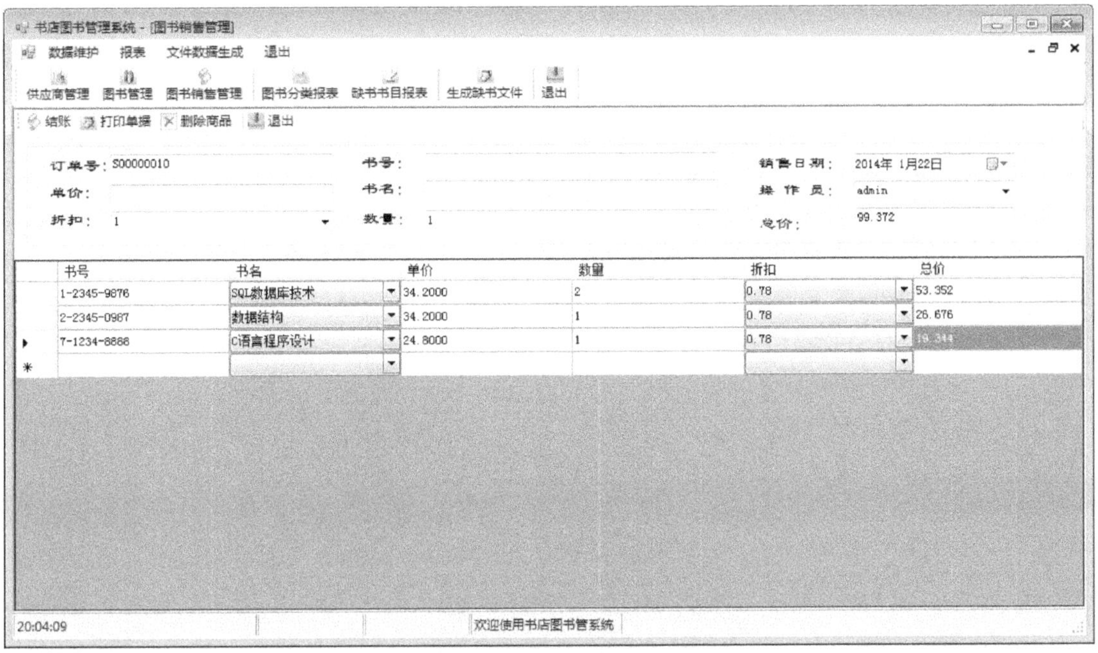

图9.14　图书销售管理窗体运行界面

③ 图书管理窗体Load事件程序代码。项目运行时，打开图书销售管理窗体，将用户登录名显示到操作员文本框中，访问数据库，生成订单编号并显示到订单号文本框中，将Book表中的所有书名显示到数据控件的书名列组合框中。

④ 数据控件的CellEndEdit事件过程。项目运行时，在图书销售管理窗体的数据控件的"书名"列中选择一种图书后，在其他单元格中单击鼠标，即可将书号和单价显示出来。输入"数量"、选择"折扣"后，计算总价并显示出来。

⑤ "结账"工具按钮的事件代码。项目运行时，客户购买的图书输入完毕后，单击"结账"工具按钮，即可将图书销售信息添加到图书销售表BookSale中，并更新库存量。

⑥ 打印单据功能。项目运行时，单击"打印单据"工具按钮将客户购书单据打印出来。

⑦ 删除图书信息。项目运行时，单击图书销售管理窗体中数据表的某一行，单击"删除商品"工具按钮将这一行的信息从数据控件中删除。

⑧ 关闭当前窗体功能。项目运行时，单击"退出"工具按钮即可关闭当前窗体。

(2) 训练目的

① 掌握窗体界面的设计。

② 掌握生成订单编号的SQL数据命令。

③ 掌握新增图书销售信息的SQL数据命令。

④ 会编写相应的程序代码。

(3) 训练过程

提示：仿照教学内容完成训练实例。

习　题

简述题

1. 物料价格管理的目的是什么?
2. 物料询价分为哪两类?
3. 物料价格的调整分为哪两种情况?

第10章 报 表

☞ 本章要点

1. 创建报表的三种方法；
2. 使用报表向导创建报表；
3. 依据现有的报表创建新报表。

☞ 技能目标

1. 掌握使用报表向导创建报表的步骤；
2. 掌握依据现有的报表创建新报表的步骤。

在 Visual Basic 2008 集成开发环境中，可以通过水晶报表工具来创建用户需要的报表。水晶报表工具允许用户使用三种方法创建报表：① 使用报表向导创建报表；② 使用手动方式创建报表；③ 依据现有的报表创建新报表。

一般创建报表需要经过三大步骤：① 创建报表文件；② 新建要显示报表的窗体文件，并在此窗体上添加一个 CrystalReportViewer 控件；③ 设置 CrystalReportViewer 控件的属性，将创建的报表文件显示出来。

10.1 工作场景导入

【工作场景】

企业经营结果分期结算，这样可以按期查看企业的经营状况，对投资者经营者都起到向导作用。协同报价管理系统项目的物料清单查询报表如图 10.1 所示。

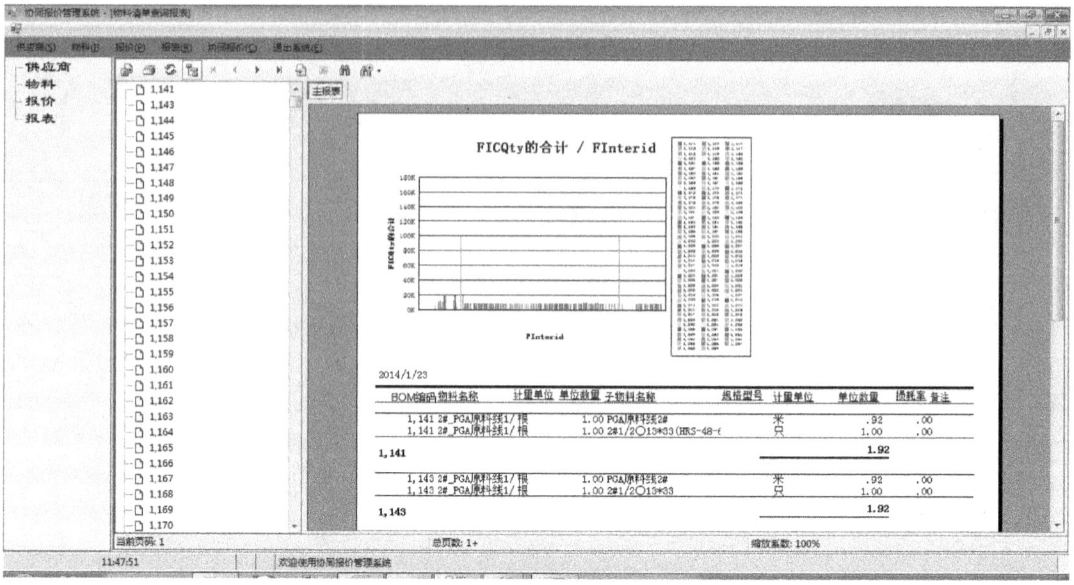

图 10.1 物料清单查询报表

【引导问题】

(1) 如何新建报表?

(2) 如何添加程序代码?

10.2 创建图书分类报表

【学习目标】 掌握使用报表向导创建图书分类报表。

在前面章节的工作训练营中,已经创建好书店图书管理系统的数据库(BookStore),其中包括三张数据表,分别是 User_info(UserName,Password),Book(BookISBN,BookName,AuthorName,Publishor,Price,Keyword,Qty,ProviderID,Place),Provider(ProviderID,ProviderName,ProviderLinker,ProviderPhone,ProviderAddress)。现在,要创建一个这样的报表:以供应商名称为分组依据,显示各个供应商所提供的图书信息,同时在报表的前部显示各个供应商所供应的图书量的比例图,对各个供应商所提供的图书的数量进行汇总。创建的报表式样如图 10.2 所示。

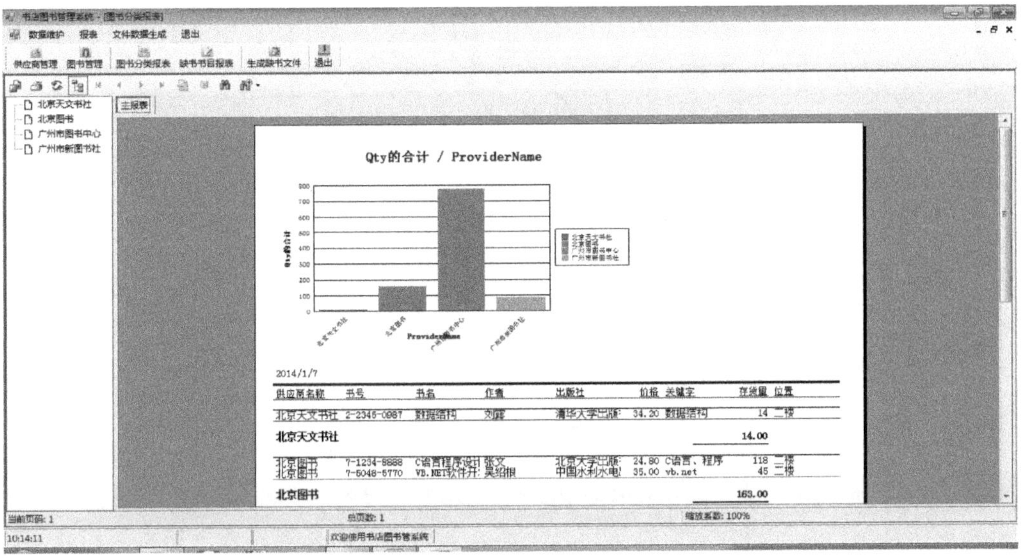

图 10.2 图书分类报表

创建图书分类报表可分为以下六个步骤：

（1）在 BookManager 项目中添加窗体 FrmBookReport，该窗体用于显示图书分类报表。具体操作：鼠标箭头指向“解决方案资源管理器”窗口中的项目名右击，选择“添加|Windows 窗体”菜单命令，将弹出的对话框中的名称改为 FrmBookReport. vb，然后单击【添加】按钮。

（2）在窗体 FrmBookReport 上放置一个 SqlDataAdapter 控件，并配置好数据适配器。具体操作：当在窗体上放置了一个 SqlDataAdapter 控件后，弹出数据适配器配置向导窗口，如图 10.3 所示。

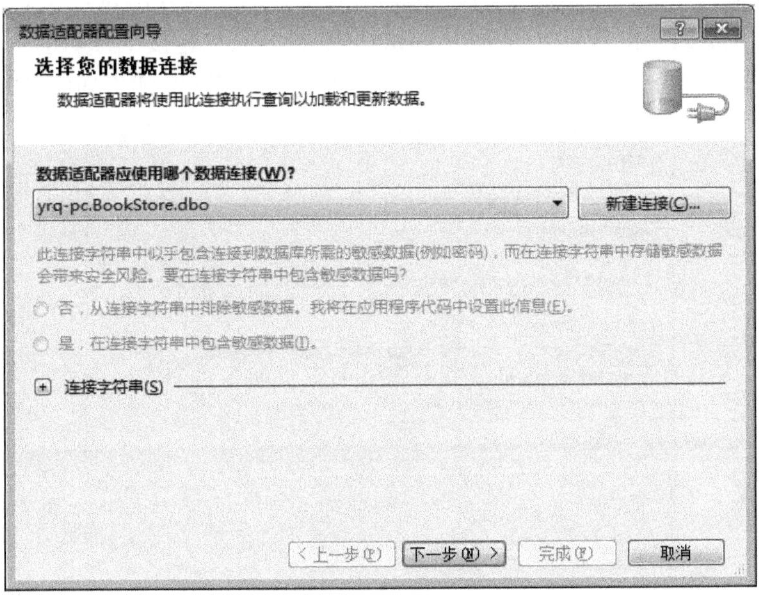

图 10.3 数据适配器配置向导窗口

① 单击数据适配器向导窗口的【新建连接】按钮,弹出如图 10.4 所示窗口。

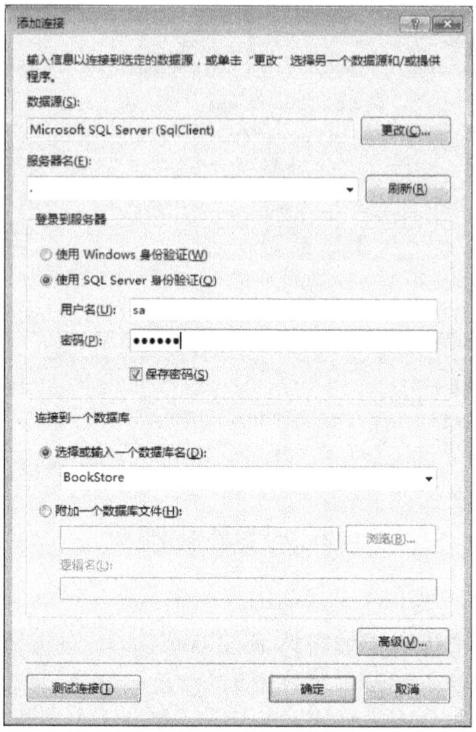

图 10.4　连接到 SQL Server 数据库窗口

② 在添加连接窗口的“服务器名”栏中输入“.”(代表本机即是服务器);选中“使用 SQL Server 身份验证”单选按钮,在“用户名”和“密码”栏中输入登录数据库的用户名和密码;在“选择或输入一个数据库名”栏中选择相应数据库名,单击【测试连接】按钮,测试连接成功后,单击【确定】按钮,回到如图 10.3 的窗口,选择“是,在连接字符串中包含敏感数据”,将登录数据库的密码包含到连接字符串中。单击【下一步】按钮,弹出如图 10.5 所示窗口。

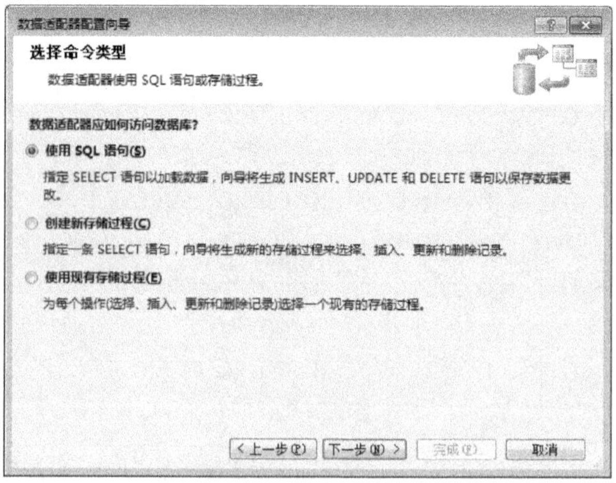

图 10.5　选择数据适配器如何访问数据库

③ 在该窗口中选择“使用 SQL 语句”，然后单击【下一步】按钮，弹出如图 10.6 所示窗口。

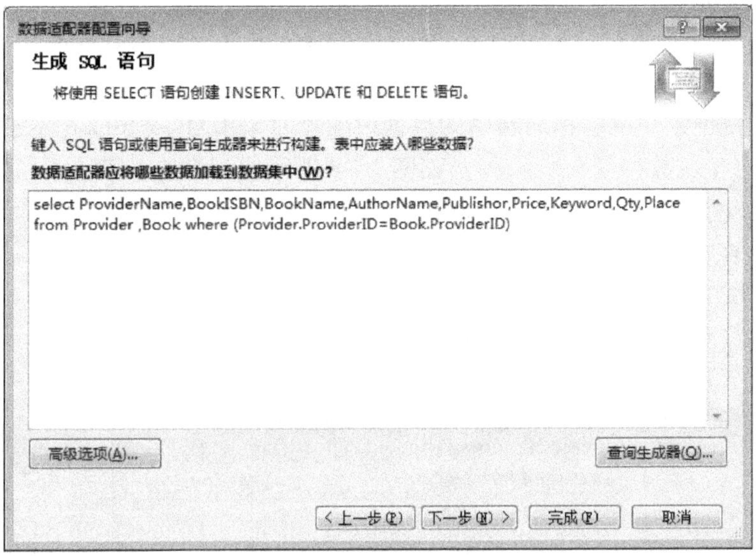

图 10.6 输入 SQL 数据命令

在该窗口中输入 SQL 数据命令：

```
select ProviderName,BookISBN,BookName,AuthorName,Publishor,
  Price,Keyword,Qty,Place from Provider ,Book where
  (Provider.ProviderID = Book.ProviderID)
```

④ 单击【下一步】按钮，弹出如图 10.7 所示窗口。

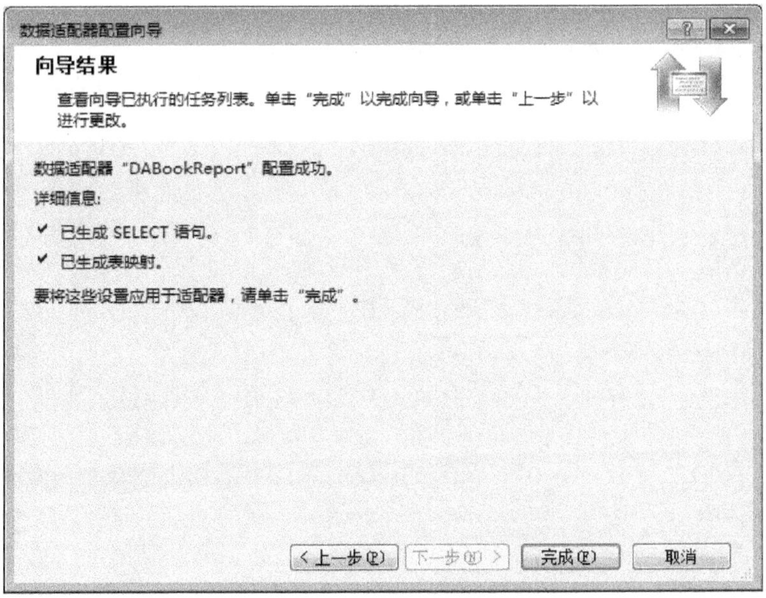

图 10.7 数据适配器向导结果

如果数据适配器配置成功，则单击【完成】按钮；如果数据适配器配置没有成功，则重新配置直到成功为止。

⑤ 更改新创建的数据适配器及连接对象的 name 属性分别为 DABookReport，SqlConnBookReport。

（3）生成数据集。鼠标指向新建的数据适配器对象 DABookReport 右击，在弹出的快捷菜单中选择“生成数据集”命令，弹出如图 10.8 所示窗口。在该窗口中，选中“新建”单选按钮，在“新建”文本框中输入 DSBookReport 作为新建数据集的名称，并勾选 Book 表，单击【确定】按钮。

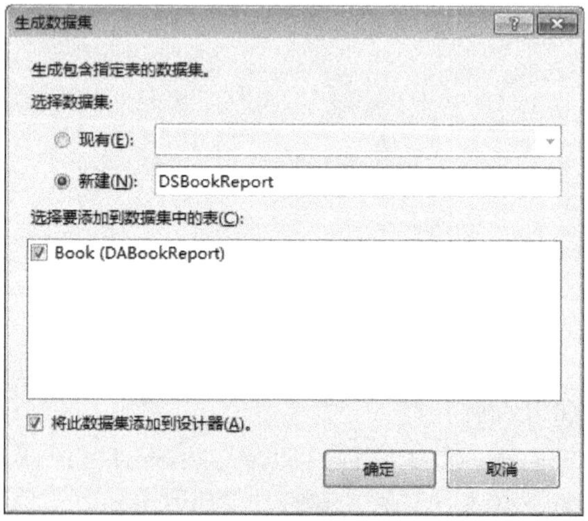

图 10.8　生成数据集窗口

将新建的数据集改名为 DSBookReport。FrmBookReport 窗体界面如图 10.9 所示。

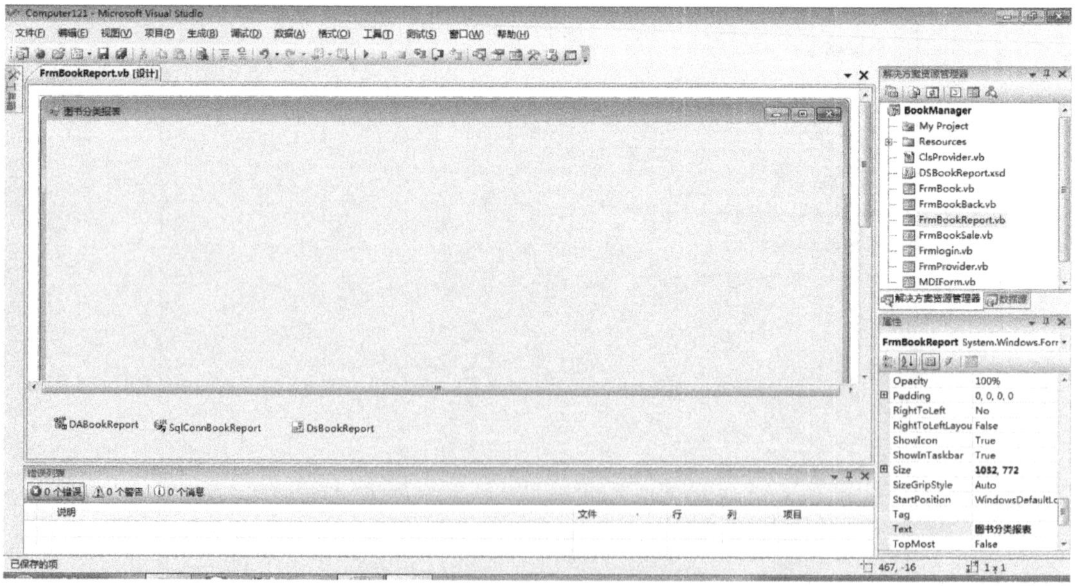

图 10.9　FrmBookReport 窗体界面

（4）创建 Crystal 报表 CRBook。具体操作如下：

① 右击项目，在弹出的快捷菜单中选择“添加|新建项”命令，弹出如图 10.10 所示窗口。在左侧列表中单击“Reporting”，在右侧列表框中单击“Crystal 报表”，修改名称栏中的文件名为 CRBook.rpt，单击【添加】按钮，将弹出如图 10.11 所示的窗口。

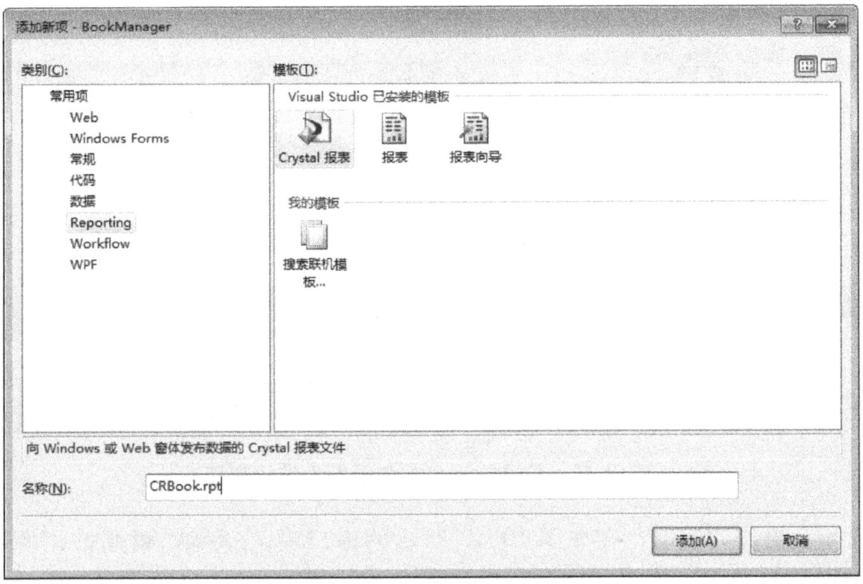

图 10.10　添加 Crystal 报表的窗口

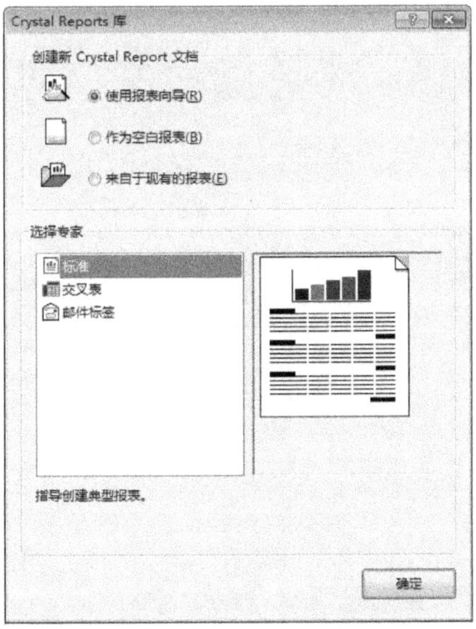

图 10.11　Crystal Reports 库窗口

② 在弹出的窗口中选择“使用报表向导”，在“选择专家”列表框中选择“标准”，单击【确定】按钮，将弹出如图 10.12 所示的“标准报表创建向导”窗口，使用报表向导进行报表的设计。

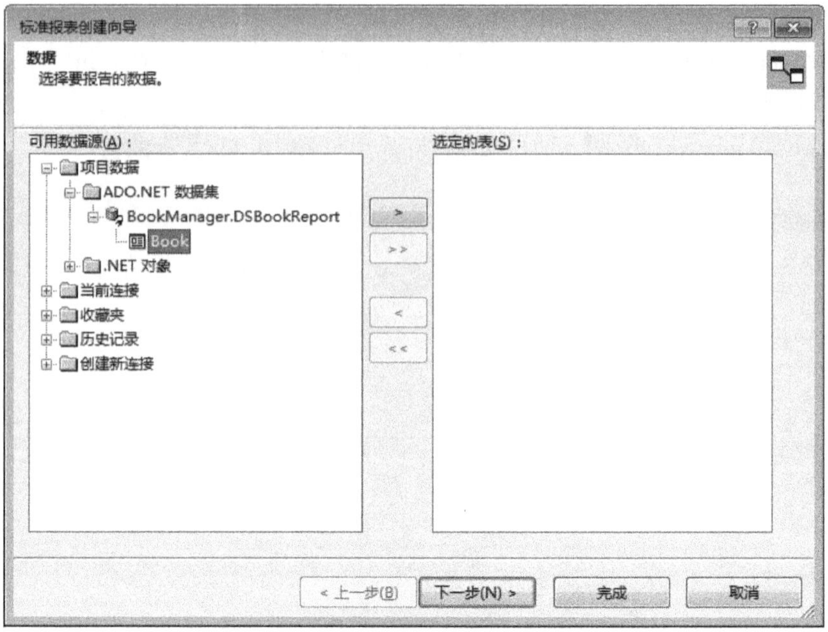

图 10.12　标准报表创建向导数据选择窗口

③ 选择要报告的数据。在如图 10.12 所示的窗口中，在左侧"可用数据源:"列表框中，展开"项目数据|ADO.NET 数据集|BookManager. DSBookReport"，单击"Book"，然后单击"添加" > 按钮，将数据集中的 Book 表添加到右侧的"选定的表"列表框中。单击【下一步】按钮，弹出如图 10.13 所示窗口。

图 10.13　报表中的可用字段

④ 选择要在报表中显示的信息。在如图10.13所示窗口中,报表中显示的字段即是"要显示的字段"列表框中的字段。可以从"可用字段"列表框中把字段添加到"要显示的字段"列表框中,此处要将Book表中的所有字段都显示到报表中,于是单击"全部添加"[>>]按钮,出现如图10.14所示窗口。单击【下一步】按钮,弹出如图10.15所示窗口。

图10.14 报表中要显示的字段

图10.15 报表中要分组的字段

⑤ 选择在报表中的分组依据。在如图 10.15 所示的窗口中,用户可以选择要进行数据分组的字段。由于希望所生成的报表根据 ProviderName 字段进行分组,于是此处选择 ProviderName 字段,单击“添加”按钮,出现如图 10.16 所示的窗口。

图 10.16 报表中数据的分组依据

在“排序顺序”下拉列表框中选择“按升序”项,表示希望按照 ProviderName 字段的升序来输出报表。单击【下一步】按钮,弹出如图 10.17 所示的窗口。

图 10.17 报表中要汇总的字段

⑥ 选择在报表中的汇总字段。在如图 10.17 所示的窗口中,用户可以选择要进行汇总的字段。由于只需要汇总图书的库存量,所以将“汇总字段”列表框中的“Book. Price 的合计”删除(在默认情况下,报表向导自动将所有数据类型为数值类型的字段选择为可以进行汇总的字段)。单击【下一步】按钮,弹出如图 10.18 所示的窗口。

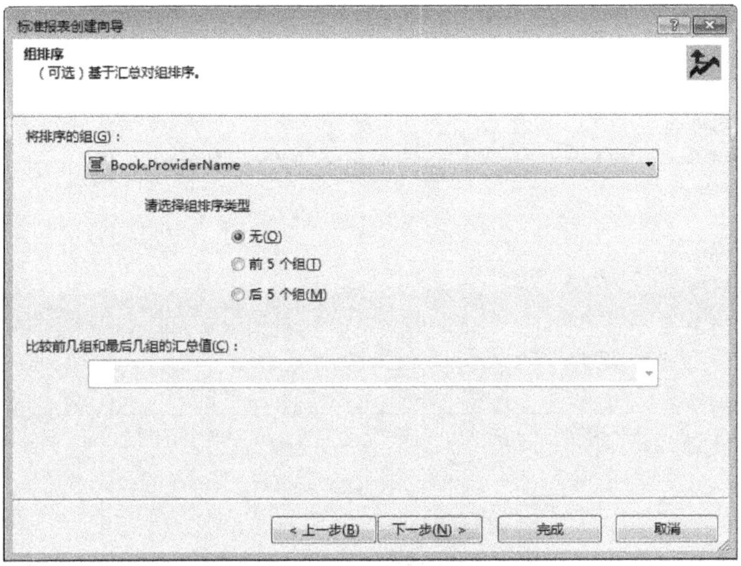

图 10.18　报表中输出的分组数量

⑦ 选择在报表中输出的分组数量。在如图 10.18 所示的窗口中,在按分组字段输出数据时,希望输出最多的分组数量,即要在报表中将全部的分组数据都输出,所以选择“无”项。单击【下一步】按钮,弹出如图 10.19 所示的窗口。

图 10.19　报表中要显示的图表

⑧ 选择在报表中显示的图表。在如图 10.19 所示的窗口中,用户可以选择在报表中显示的图表。用户可以根据需要选择一种图表类型,在此选择“条形图”,出现如图 10.20 所示的窗口。单击【下一步】按钮,弹出如图 10.21 所示的窗口。

图 10.20 报表中显示的图表

图 10.21 报表中显示的数据库字段

⑨ 选择在报表中显示的数据库字段。在如图 10.21 所示的窗口中,用户可以选择在报表中显示的数据库字段。在此要显示所有的字段,所以直接单击【下一步】按钮,弹出如图 10.22 所示的窗口。

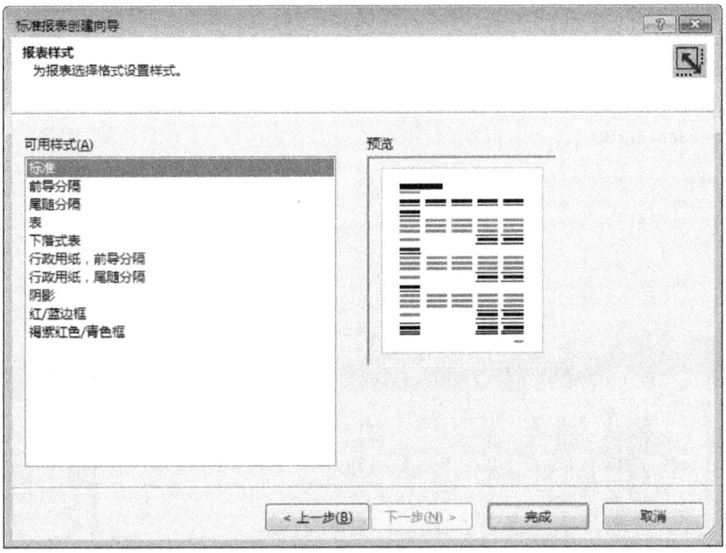

图 10.22 报表样式

⑩ 选择报表样式。在如图 10.22 所示的窗口中,用户可以在"可用样式"列表框中选择报表的样式。此处选择"尾随分隔"样式,然后单击【完成】按钮,回到 Crystal 报表设计界面,出现如图 10.23 所示界面。通过鼠标的拖动,可以调整字段的位置及显示尺寸;也可以将鼠标指向英文的字段名右击,在打开的快捷菜单中选择"编辑文本对象",将英文字段名修改为中文字段名。

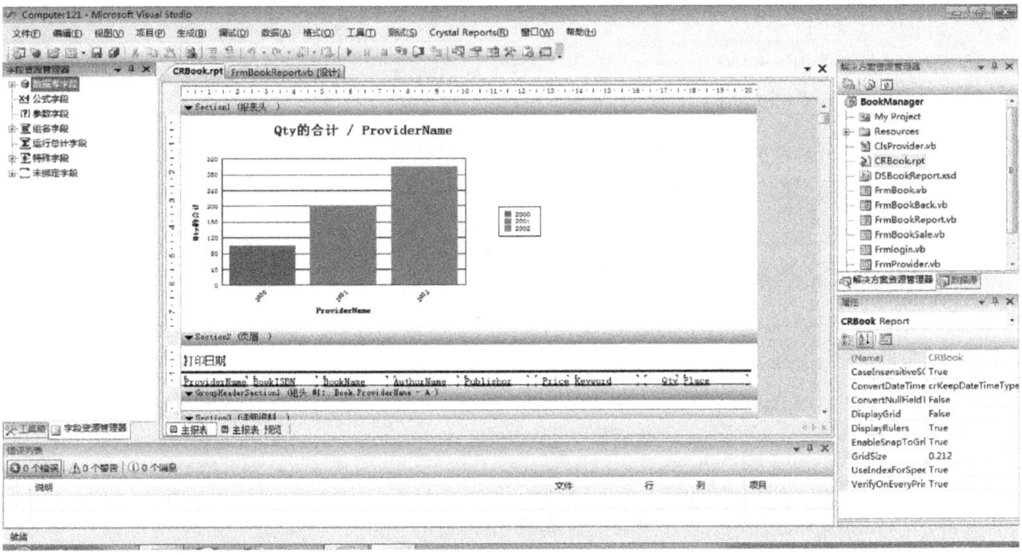

图 10.23 使用报表向导创建的报表文件界面

（5）在窗体 FrmBookReport 上放置 CrystalReportViewer 控件。具体操作如下：

① 在设计界面中，单击工具箱的“报表”选项卡中的 CrystalReportViewer，然后在 FrmBookReport 窗体上单击，即可将 CrystalReportViewer 控件添加到 FrmBookReport 窗体上。

② 选中该 CrystalReportViewer 控件，修改该控件的 Name 属性值为 CRVBook；并设置该控件的 ReportSource 属性，从该属性右侧下列列表框中选择“BookManager. CRBook”，系统会自动创建一个报表实例 CRBook1，报表实例 CRBook1 即是 CrystalReportViewer 控件的 ReportSource 属性值，如图 10.24 所示。

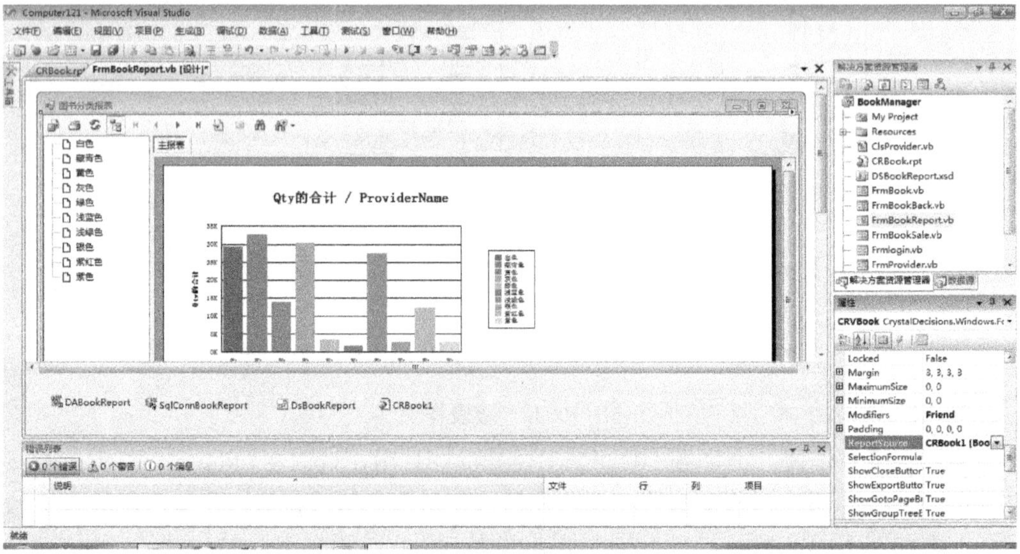

图 10.24　设置 CrystalReportViewer 控件的 ReportSource 属性值后的效果图

（6）编写程序代码，实现在窗体 FrmBookReport 上显示报表，代码设计界面如图 10.25 所示。具体操作如下：

① 导入命名空间

```
Imports System.Data
Imports System.Data.SqlClient
```

② 声明一个报表类的实例

```
Dim crbookR As New CRBook
```

编写窗体的 Load 事件过程，具体代码如下：

```
Private Sub FrmBookReport_Load(ByVal sender As System.Object, ByVal e As_
  System.EventArgs) Handles MyBase.Load
    DABookReport.Fill(DsBookReport)          '通过数据适配器填充数据集
    '设置报表的数据集为数据集 DsBookReport
    crbookR.SetDataSource(DsBookReport)
    '设置报表控件的报表源为报表实例 crbookR
    CRVBook.ReportSource = crbookR
End Sub
```

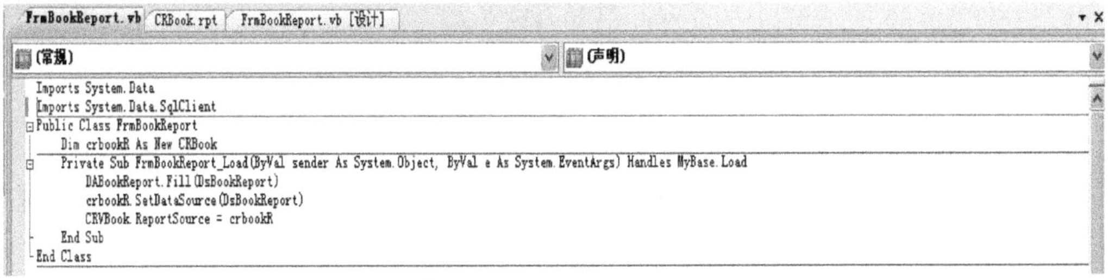

图 10.25　实现在窗体 FrmBookReport 上显示报表的程序代码

至此,需要的报表已设计完成。由上面的设计过程可以看出,采用报表向导设计报表几乎不需要编写代码,而这正是使用向导创建报表的优点。

10.3　依据现有的报表创建新报表

有时,管理人员可能并不关心事情的某些细节,例如在生成的图书分类报表中,管理人员可能只关心存货量小于一个指定值的图书的信息,如图书存货量小于 10 本的图书信息,而对于不同的管理者而言,这个量的大小又不相同。为此,必须允许管理者输入指定值,并根据这个指定值从数据库中读取数据并生成报表,最后展示给管理者。

为了达到这个目标,需要在数据适配器 DABookReport 中创建一个带参数的查询,所以,可以依据 10.2 节中已创建的图书分类报表来创建缺书书目报表。具体操作如下:

(1) 在 Visual Basic 2008 设计环境中,打开 FrmBookReport 窗体,鼠标右击数据适配器 DABookReport 控件,在弹出的快捷菜单中选择“配置数据适配器”命令,弹出“数据适配器配置向导”窗口。

(2) 连续单击【下一步】按钮,直到出现如图 10.26 所示界面。

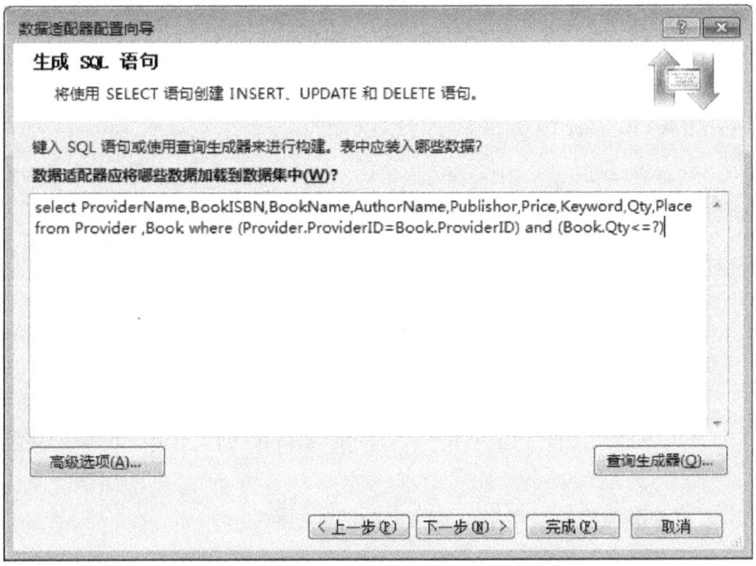

图 10.26　数据适配器配置向导窗口

(3)将图 10.26 所示窗口中的 SQL 语句修改为如下语句:

```
select ProviderName,BookISBN,BookName,AuthorName,Publishor,
  Price,Keyword,Qty,Place from Provider ,Book where (Provider.
  ProviderID = Book.ProviderID) and(Book.Qty <=?)
```

该 SQL 语句表示只希望显示图书存货量小于等于某个指定值的图书的信息。最后,连续单击【下一步】按钮,直到单击【完成】按钮,返回到设计界面。

(4) 将 FrmBookReport 窗体上的 CRVBook 控件的 Anchor 属性修改为“Left, Right”,并调整 CRVBook 控件的大小,以便于在窗体上添加其他控件,这些控件包括 1 个 Label 控件、1 个 TextBox 控件和 1 个 Button 控件,设计完成的界面如图 10.27 所示。

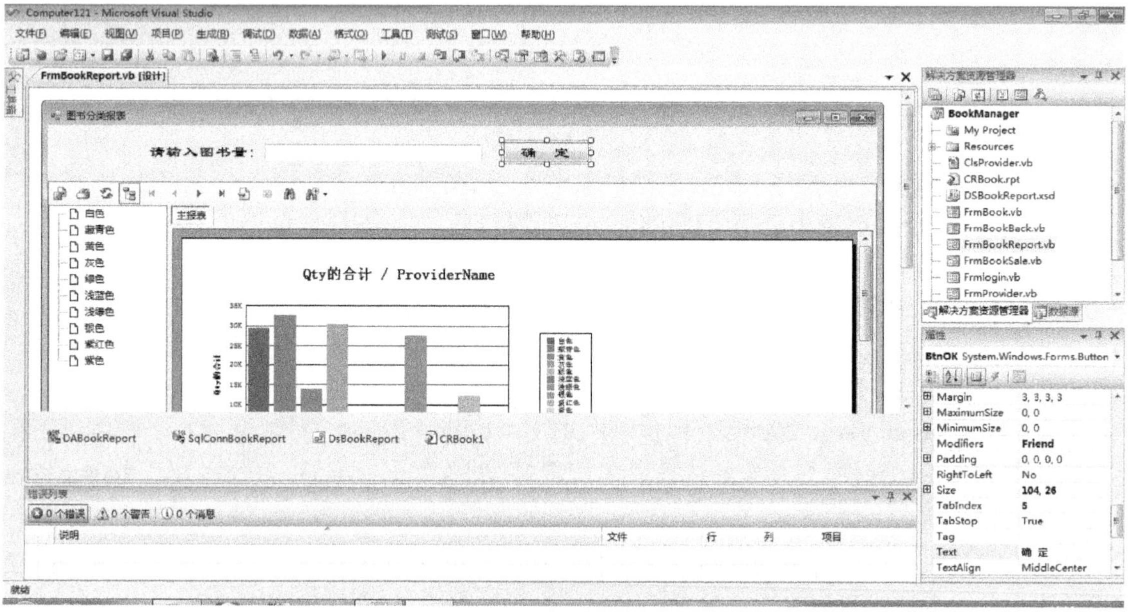

图 10.27 在 FrmBookReport 窗体上添加控件后的界面

(5) 修改 FrmBookReport 窗体的程序代码,如下所示:

```
Private Sub BtnOK_Click(ByVal sender As System.Object, ByVal e As _
  System.EventArgs) Handles BtnOK.Click
      DsBookReport.Clear()                      '清除数据集
      '将指定值传递给参数 Qty,并对数据库执行查询
      DABookReport.SelectCommand.Parameters("Qty").Value _
        = TxtAmount.Text
      DABookReport.Fill(DsBookReport)           '填充数据集
      crbookR.SetDataSource(DsBookReport)       '设置报表对象的数据源
      crbookR.Refresh()                         '更新报表对象
      '设置报表控件对象的 ReportSource 属性
      CRVBook.ReportSource = crbookR
End Sub
```

运行新创建的报表,运行结果如图 10.28 所示。

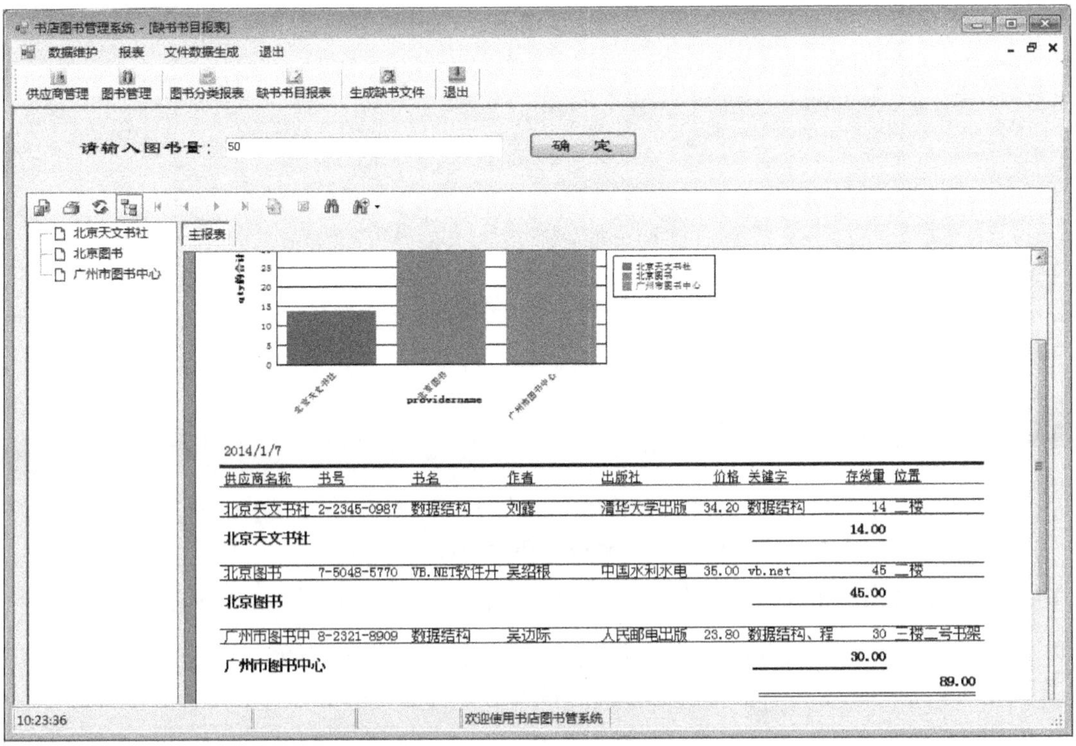

图 10.28 缺书书目报表运行界面

10.4 回到工作场景

通过 10.2 节至 10.3 节内容的学习,应该掌握了创建报表的基本方法,此时足以完成协同报价管理系统报表的设计。下面将回到 10.1 节中介绍的工作场景中,完成工作任务。

创建物料清单查询报表可分为下面八个工作过程。

【工作过程一】 添加物料清单查询报表窗体。

在项目中添加窗体 FrmICItemReport,该窗体用于显示物料清单查询报表。具体操作:鼠标箭头指向“解决方案资源管理器”窗口中的项目名右击,选择“添加|Windows 窗体”菜单命令,将弹出的对话框中的名称改为 FrmICItemReport. vb,然后单击【添加】按钮。

【工作过程二】 在 FrmICItemReport 窗体上配置数据适配器。

(1) 在窗体 FrmICItemReport 上放置一个 SqlDataAdapter 控件,并配置好数据适配器。具体操作:当在窗体上放置了一个 SqlDataAdapter 控件后,弹出数据适配器配置向导窗口,如图 10.29 所示。

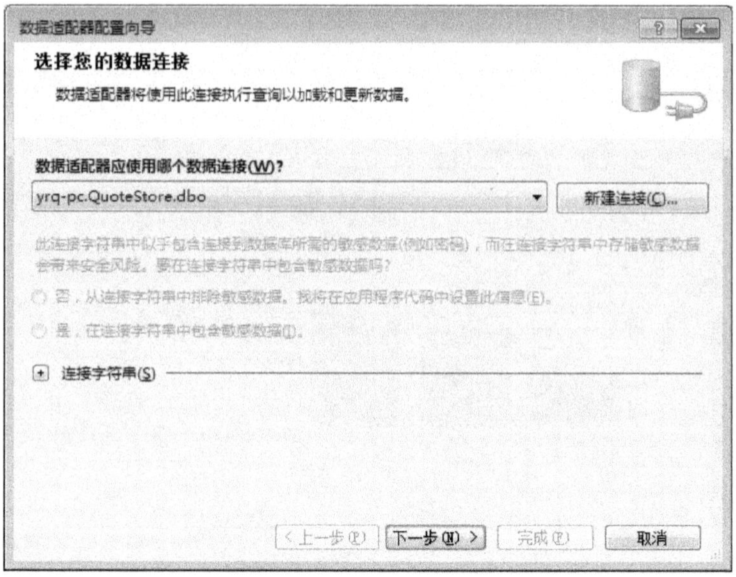

图 10.29　数据适配器配置向导窗口

（2）单击数据适配器向导窗口的【新建连接】按钮，弹出如图 10.30 所示窗口。

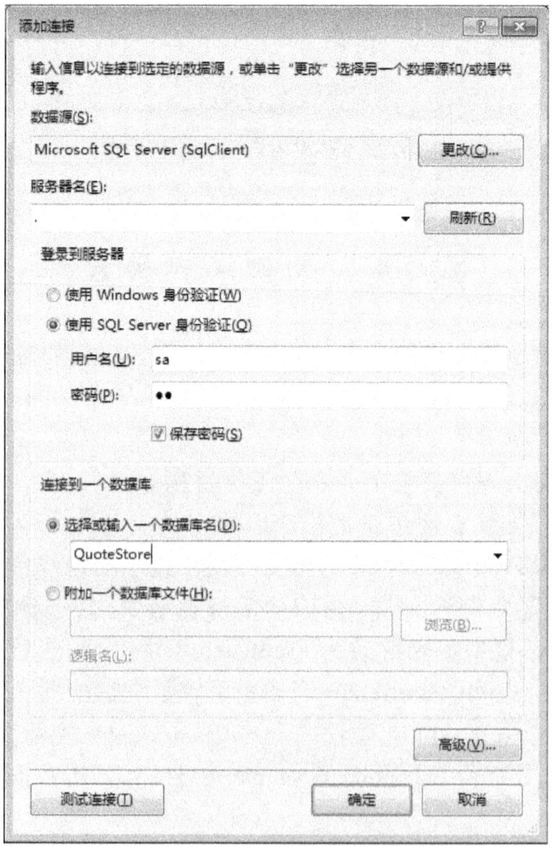

图 10.30　连接到 SQL Server 数据库窗口

在添加连接窗口的“服务器名”栏中输入“.”(代表本机即是服务器);选择“使用 SQL Server 身份验证”,在“用户名”和“密码”栏中输入登录数据库的用户名和密码;在“选择或输入一个数据库名”栏中选择相应数据库名,单击【测试连接】按钮,测试连接成功后,单击【确定】按钮,回到如图 10.29 的窗口,选择“是,在连接字符串中包含敏感数据”,将登录数据库的密码包含到连接字符串中。单击【下一步】按钮,弹出如图 10.31 所示窗口。

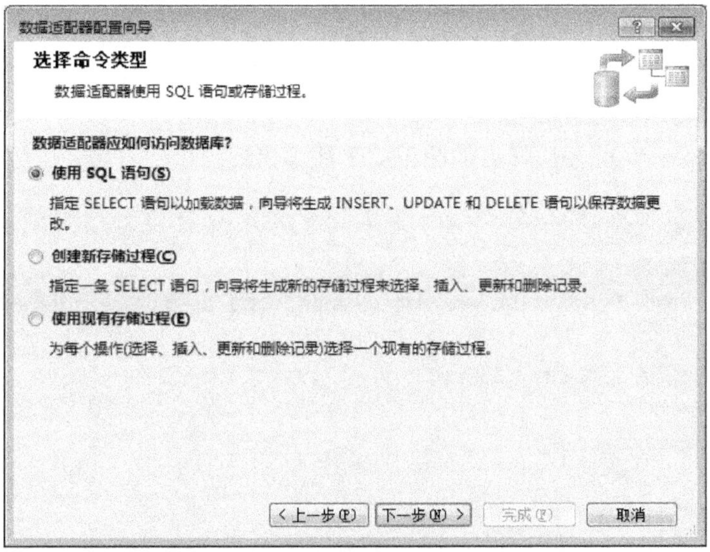

图 10.31　选择数据适配器如何访问数据库

(3) 在图 10.31 所示窗口中选择“使用 SQL 语句”,然后单击【下一步】按钮,弹出如图 10.32 所示窗口。

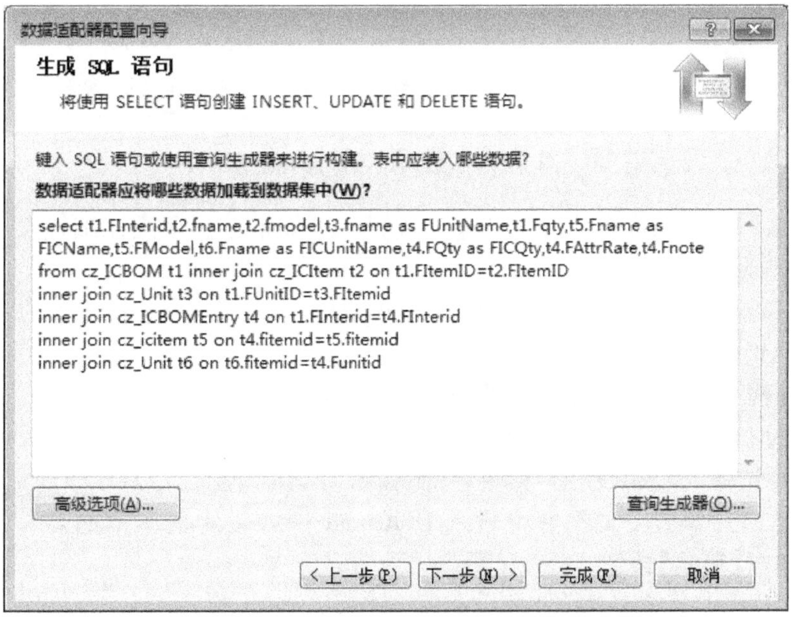

图 10.32　输入 SQL 数据命令

在该窗口中输入 SQL 数据命令：

```
select t1.FInterid,t2.fname,t3.fname as FUnitName,t1.Fqty,t5.Fname
  as FICName,t5.FModel,t6.Fname as FICUnitName,t4.FQty as FICQty,
  t4.FAttrRate,t4.Fnote from cz_ICBOM t1 inner join cz_ICItem t2
  on t1.FItemID = t2.FItemID
inner join cz_Unit t3 on t1.FUnitID = t3.FItemid
inner join cz_ICBOMEntry t4 on t1.FInterid = t4.FInterid
inner join cz_icitem t5 on t4.fitemid = t5.fitemid
inner join cz_Unit t6 on t6.fitemid = t4.Funitid
```

(4) 单击【下一步】按钮，弹出如图 10.33 所示窗口。

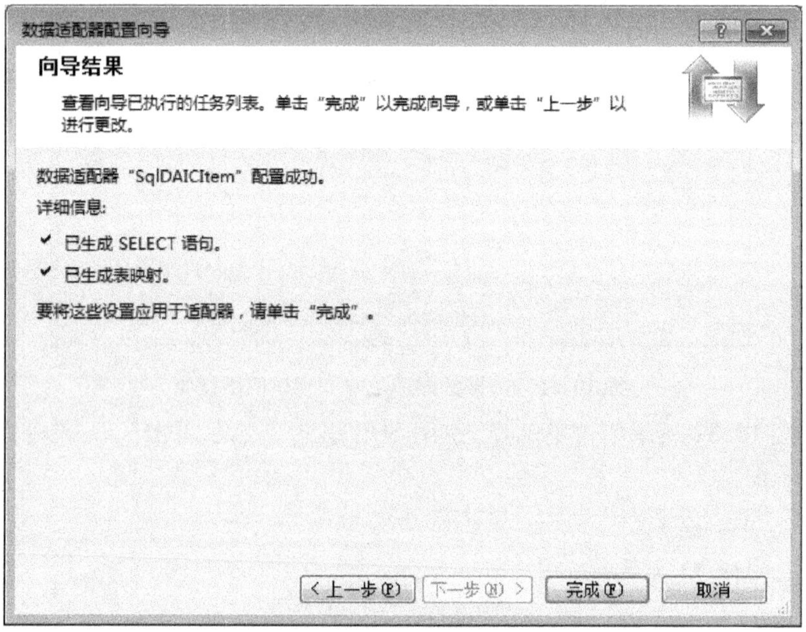

图 10.33 数据适配器向导结果

如果数据适配器配置成功，则单击【完成】按钮；如果数据适配器配置没有成功，则重新配置直到成功为止。

(5) 在 FrmICItemReport 窗体中更改新创建的数据适配器及连接对象的 Name 属性值分别为 SqlDAICItem 和 SqlConnICItem。

【工作过程三】 使用数据适配器生成数据集。

鼠标指向 FrmICItemReport 窗体中新建的数据适配器对象 SqlDAICItem 右击，在弹出的快捷菜单中选择“生成数据集”命令，弹出如图 10.34 所示窗口。在该窗口中，选中“新建”单选按钮，在“新建”文本框中输入 DSICItem 作为新建数据集的名称，并勾选 cz_ICBOM 表，单击【确定】按钮。

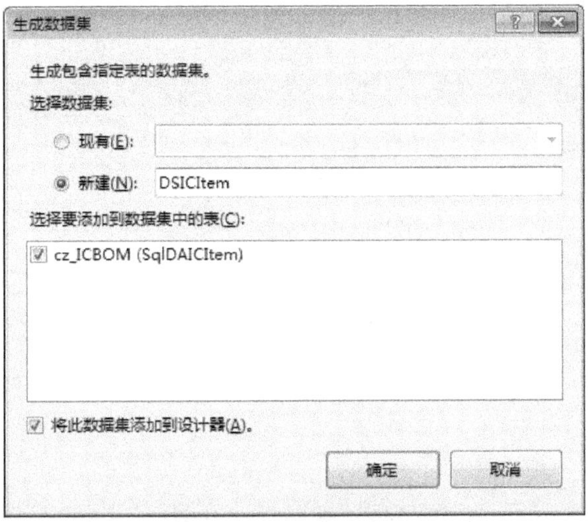

图 10.34 生成数据集窗口

在 FrmICItemReport 窗体中将新建的数据集的 Name 属性值修改为 DSICItem。FrmICItemReport窗体界面如图 10.35 所示。

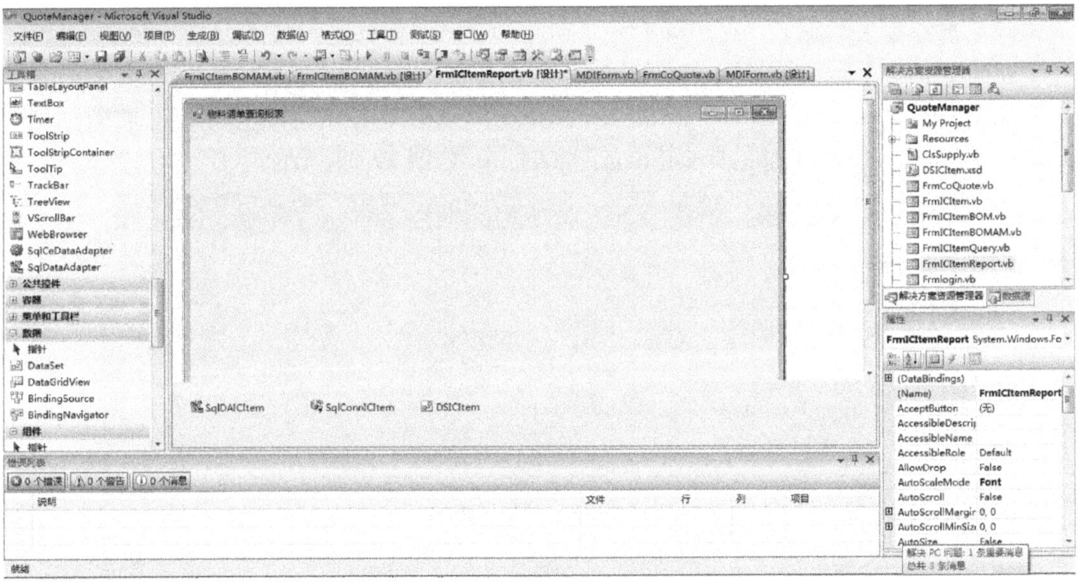

图 10.35 FrmICItemReport 窗体界面

【工作过程四】 创建 Crystal 报表 CRICItem。

(1) 新建报表文件,并使用报表向导进行报表的设计。

右击 QuoteManager 项目,在弹出的快捷菜单中选择“添加|添加新项”命令,将弹出添加新项窗口,在该窗口左侧列表中单击“Reporting”,在右侧列表框中单击“Crystal 报表”,修改名称栏中的文件名为 CRICItem. rpt,单击【添加】按钮,将弹出 Crystal Reports 库窗口。在 Crystal Reports 库窗口中选择“使用报表向导”,在“选择专家”列表框中选择“标准”,单击

【确定】按钮,将弹出如图 10.36 所示的“标准报表创建向导”窗口。

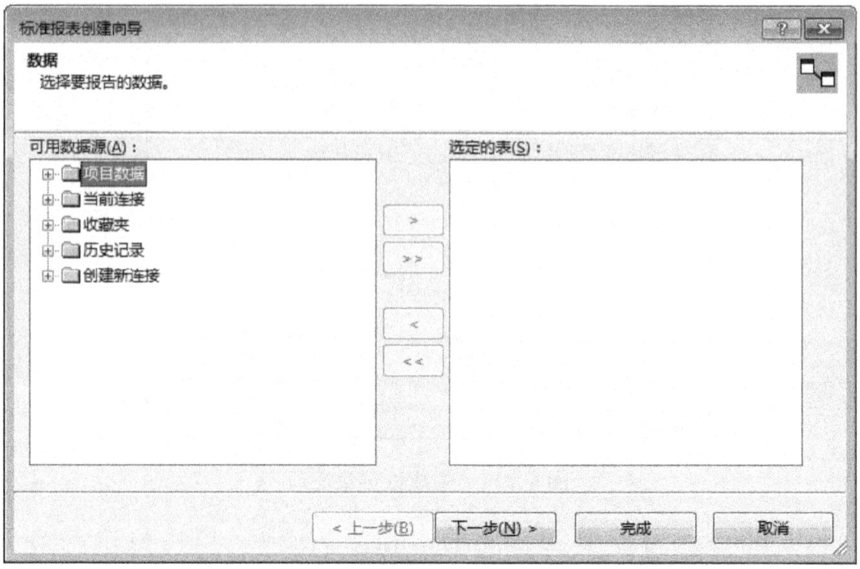

图 10.36　标准报表创建向导数据选择窗口

(2) 选择报表数据。

在图 10.36 所示的窗口中,在左侧“可用数据源:”列表框中,展开“项目数据|ADO.NET 数据集|QuoteManager. DSICItem”,单击“cz_ICBOM”,然后单击“添加”[>]按钮,将数据集中的 cz_ICBOM 表添加到右侧的“选定的表”列表框中,如图 10.37 所示。

图 10.37　选定可用数据源

（3）选定报表中的显示字段。

在图 10.37 所示的窗口中，单击【下一步】按钮，选择要在报表中显示的信息。报表中显示的信息即是“要显示的字段”列表框中的字段。可以从“可用字段”列表框中把字段添加到“要显示的字段”列表框中，此处要将 cz_ICItem 表中的所有字段都显示到报表中，于是单击“全部添加”[>>]按钮，出现如图 10.38 所示窗口。

图 10.38　选定报表中的显示字段

（4）选择报表中的分组依据。

在如图 10.38 所示的窗口中，单击【下一步】按钮，选择要在报表中分组的字段。由于希望所生成的报表根据 BOM 编码进行分组，于是此处选择 FInterid 字段，单击“添加”[>]按钮，出现如图 10.39 所示的窗口。在“排序顺序”下拉列表框中选择“按升序”项，表示希望按照 FInterid 字段的升序来输出报表。

图 10.39　选定报表中数据的分组依据

（5）选择报表中的汇总字段。

在如图 10.39 所示的窗口中，单击【下一步】按钮，选择要在报表中汇总的字段。由于只需要汇总子件物料的单位数量，所以将“汇总字段”列表框中的“cz_ICBOM. FInterid 的合计”、“cz_ICBOM. Fqty 的合计”和“cz_ICBOM. FAttrRate 的合计”删除（在默认情况下，报表向导自动将所有数据类型为数值类型的字段选择为可以进行汇总的字段），如图 10.40 所示。

图 10.40　选定报表中要汇总的字段

(6) 选择在报表中输出的分组数量。

在如图 10.40 所示的窗口中,单击【下一步】按钮,选择要在报表中输出的分组数量。此处在报表中要将全部的分组数据都输出,所以选择"无"项,如图 10.41 所示。

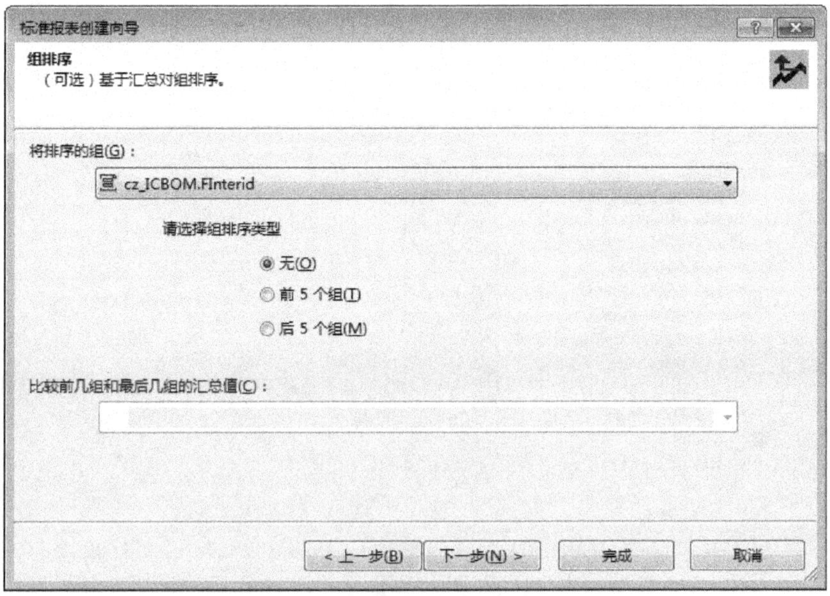

图 10.41 报表中输出的分组数量

(7) 选择在报表中显示的图表。

在如图 10.41 所示的窗口中,单击【下一步】按钮,选择在报表中显示的图表。可以根据需要选择一种图表类型,在此选择"条形图",如图 10.42 所示。

图 10.42 报表中要显示的图表

(8) 筛选报表字段。

在如图 10.42 所示的窗口中,单击【下一步】按钮,可以筛选报表字段。此处在报表中要显示所有的字段,所以不做任何改动,如图 10.43 所示。

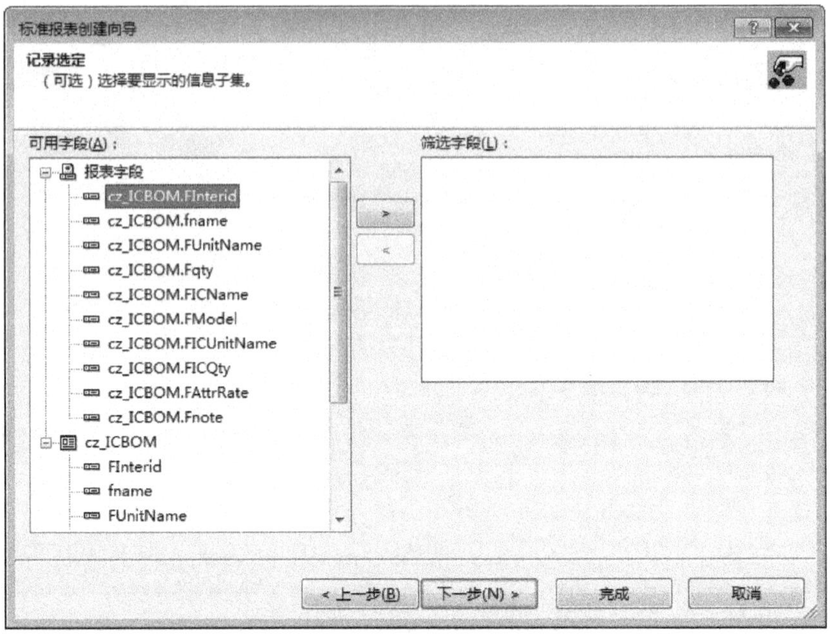

图 10.43 筛选报表中显示的字段

(9) 选择报表样式。

在如图 10.43 所示的窗口中,单击【下一步】按钮,在"可用样式"列表框中选择报表样式。此处选择"尾随分隔"样式,然后单击【完成】按钮,回到 CRICItem 报表设计界面,如图 10.44 所示。

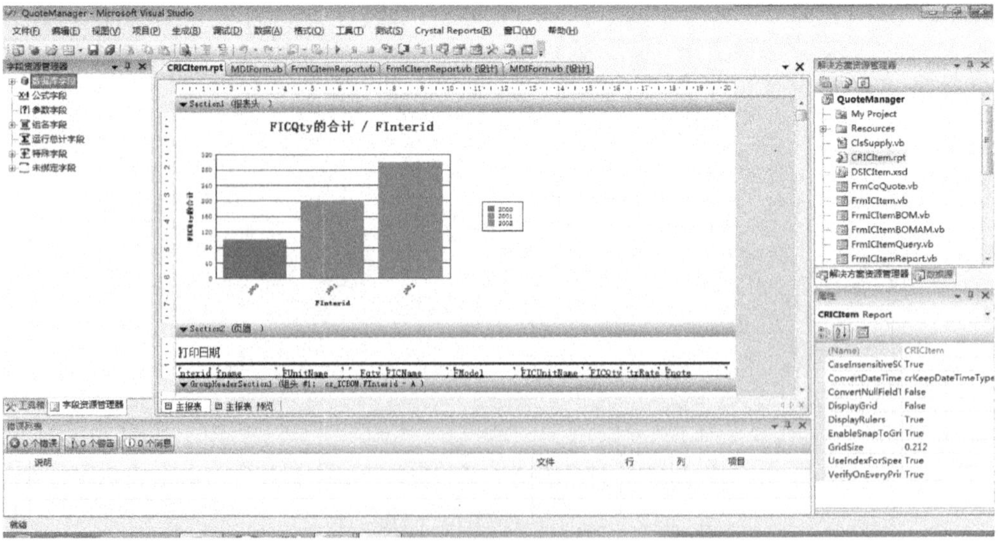

图 10.44 使用报表向导创建的 CRICItem 报表文件界面

通过鼠标的拖动，可以调整字段的位置及显示尺寸；也可以将鼠标指向英文的字段名右击，在打开的快捷菜单中选择“编辑文本对象”，将英文字段名修改为中文字段名。调整修改后的 CRICItem 报表设计界面如图 10.45 所示。

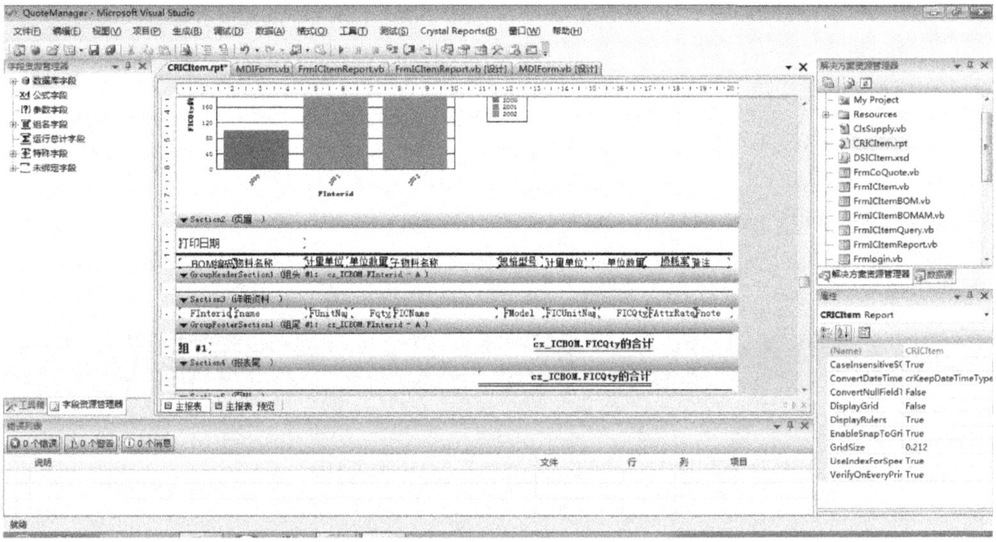

图 10.45 调整修改后的 CRICItem 报表设计界面

【工作过程五】 在窗体 FrmICItemReport 上添加 CrystalReportViewer 控件。

（1）在设计视图中，单击工具箱的“报表”选项卡中的 CrystalReportViewer，然后在 FrmICItemReport 窗体上单击，即可将 CrystalReportViewer 控件添加到 FrmICItemReport 窗体上。

（2）选中该 CrystalReportViewer 控件，修改该控件的 Name 属性值为 CRVICItem，并设置该控件的 ReportSource 属性，从该属性右侧下列列表框中选择“QuoteManager. CRICItem”，系统会自动创建一个报表实例 CRICItem1，报表实例 CRICItem1 即是 CrystalReportViewer 控件的 ReportSource 属性值，如图 10.46 所示。

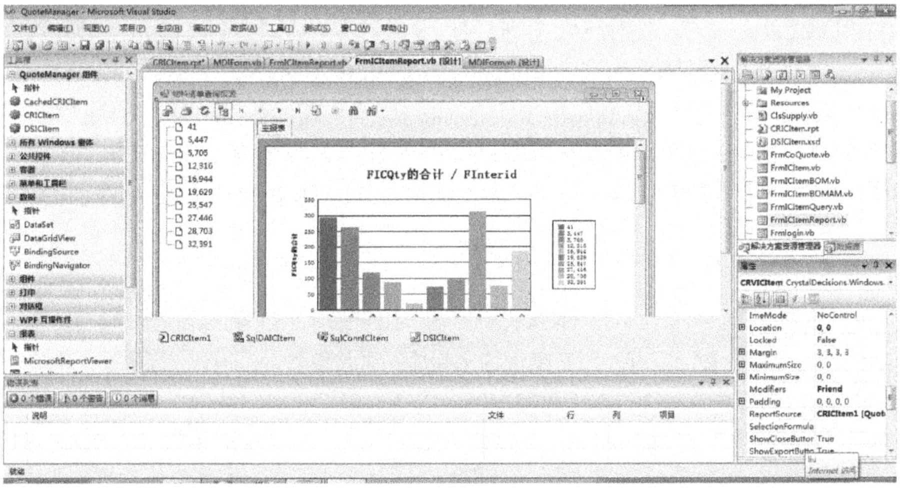

图 10.46 设置 CrystalReportViewer 控件的 ReportSource 属性值后的效果图

【工作过程六】 添加程序代码。

编写程序代码,实现在窗体 FrmICItemReport 上显示物料清单查询报表,代码设计界面如图 10.47 所示。具体操作如下:

(1) 导入命名空间

```
Imports System.Data
Imports System.Data.SqlClient
```

(2) 声明一个报表类的实例

```
Dim CRICItemR As New CRICItem
```

编写 FrmICItemReport 窗体的 Load 事件过程,具体代码如下:

```
Private Sub FrmICItemReport_Load(ByVal sender As System.Object, ByVal _
  e As System.EventArgs) Handles MyBase.Load
      SqlDAICItem.Fill(DSICItem)                    '通过数据适配器填充数据集
      '设置报表的数据集为数据集 DSICItem
      CRICItemR.SetDataSource(DSICItem)
      '设置报表控件的报表源为报表实例 CRICItemR
      CRVICItem.ReportSource = CRICItemR
End Sub
```

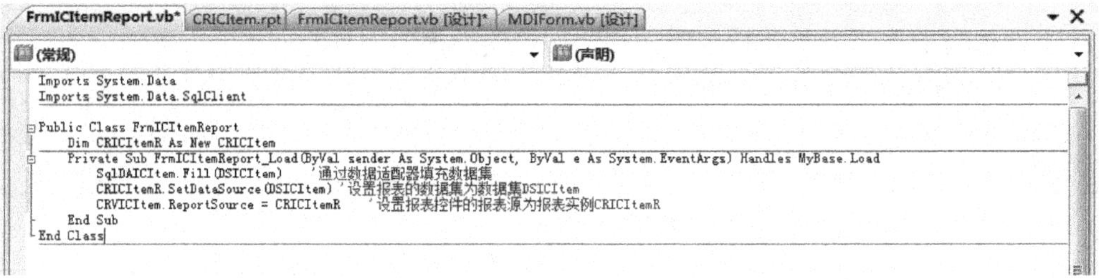

图 10.47 实现在窗体 FrmICItemReport 上显示报表的程序代码

【工作过程七】 完善 MDIForm 主窗体中的报表菜单的程序代码。

物料清单查询报表窗体 FrmICItemReport 是 MDIForm 窗体的子窗体,当项目运行时,在 MDIForm 主窗体中单击"报表"主菜单项下的"物料清单查询报表"菜单项或单击主窗体左侧树状结构中的"报表",将在主窗体中打开物料清单查询报表窗体 FrmICItemReport。

MDIForm 主窗体"报表"主菜单项下的"物料清单查询报表"菜单项的 Click 事件代码如下:

```
Private Sub mnuICItemReport_Click(ByVal sender As System.Object, _
  ByVal e As System.EventArgs) Handles mnuICItemReport.Click
      'FrmICItemReport 窗体的父窗体是当前窗体
      FrmICItemReport.MdiParent = Me
      FrmICItemReport.Show()                    '显示 FrmICItemReport 窗体
      FrmICItemReport.Activate()                '激活 FrmICItemReport 窗体
End Sub
```

主窗体左侧 M_Tree 树状结构控件的事件代码如下：

```
Private Sub M_Tree_AfterSelect(ByVal sender As System.Object, ByVal e _
  As System.Windows.Forms.TreeViewEventArgs) Handles M_Tree.AfterSelect
        If M_Tree.SelectedNode.Name = "M_Supply" Then
            FrmSupply.MdiParent = Me
            FrmSupply.Show()
            FrmSupply.Activate()
        ElseIf M_Tree.SelectedNode.Name = "M_ICItem" Then
            FrmICItem.MdiParent = Me
            FrmICItem.Show()
            FrmICItem.Activate()
        ElseIf M_Tree.SelectedNode.Name = "M_Quote" Then
            FrmQuote.MdiParent = Me
            FrmQuote.Show()
            FrmQuote.Activate()
        ElseIf M_Tree.SelectedNode.Name = "M_Report" Then
            FrmICItemReport.MdiParent = Me
            FrmICItemReport.Show()
            FrmICItemReport.Activate()
        End If
    End Sub
```

【工作过程八】 保存项目，调试程序。

单击“文件|全部保存”菜单命令，即可保存项目。

单击 Visual Basic 2008 开发环境中的“项目”主菜单下的“QuoteManager 属性”，设置 QuoteManager 项目的启动窗体为 FrmLogin，单击标准工具栏中的“启动调试”▶按钮，启动测试程序。主界面的运行结果如图 10.1 所示。

【工作过程九】 创建报价明细表。

创建报价明细表的工作过程与创建物料清单查询报表的工作过程相同，所不同的是在配置数据适配器时输入的 SQL 数据命令不同。创建报价明细表的 SQL 数据命令如下：

```
select t1.FCustomer,t1.Fdate,t3.Fname,t4.Fname as Funit,t1.Fqty as
  FICqty,t1.FBOMID,t5.Fname as FItemname,t5.Fmodel,t6.Fname as
  Funitname,t2.Fqty,t2.Fprice,t2.Fqty*t2.FPrice as FTprice,
  t7.Fname as Fsupply,t1.Fbiller,t1.Fstatus,t1.FcheckID
  from cz_CostQuotation t1 inner join cz_CostQuotationEntry t2 on
  t2.FInterid = t1.FInterid
   inner join cz_ICItem t3 on t3.FItemID = t1.FItemID
   inner join cz_Unit t4 on t4.FItemID = t1.FunitID
   inner join cz_ICItem t5 on t5.FItemID = t2.FItemID
   inner join cz_Unit t6 on t6.FItemID = t2.FunitID
   inner join cz_Supply t7 on t7.FItemid = t2.FSupply
```

报价明细表的测试运行结果如图 10.48 所示。

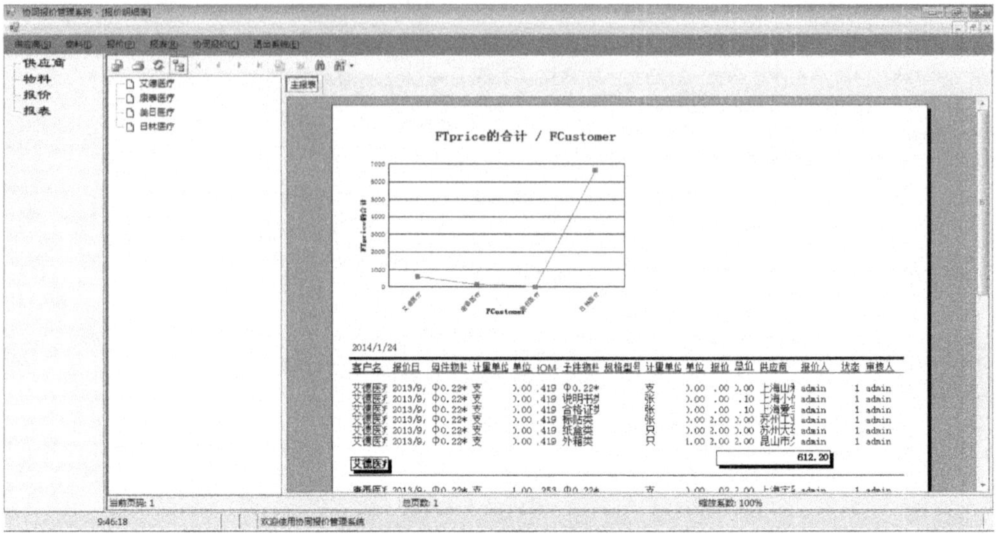

图 10.48　报价明细表窗体的运行结果

10.5　工作实训营

训练实例

(1) 训练内容

创建图书日销售报表,如图 10.49 所示。

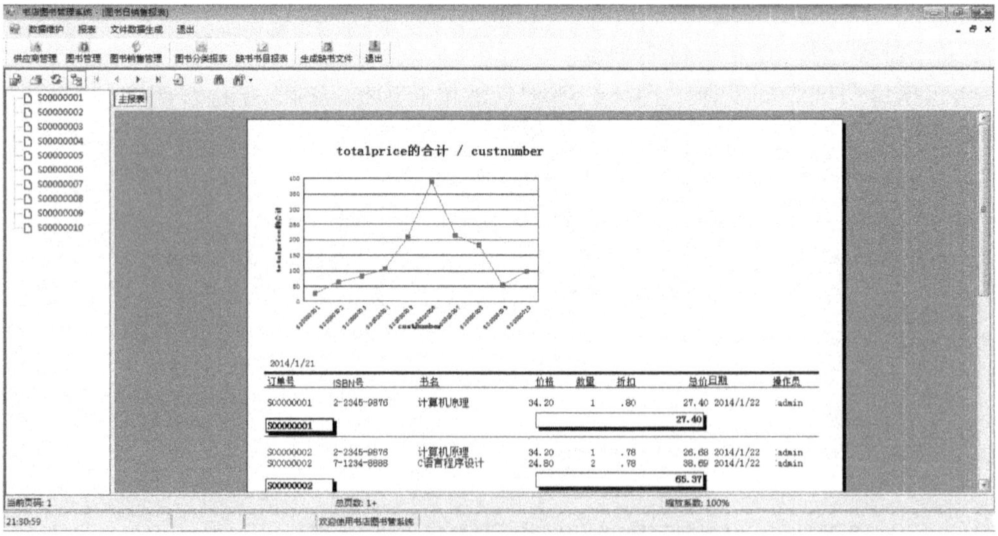

图 10.49　图书日销售报表运行界面

(2) 训练目的

掌握使用报表向导创建报表的方法。

(3) 训练过程

提示:

① 创建报表窗体。

② 在报表窗体上配置数据适配器,并生成数据集。

③ 创建 Crystal Report 报表文件。

④ 在报表窗体上添加 CrystalReportView 报表控件对象,并设置相关属性。

⑤ 编写程序代码。

⑥ 保存项目,调试程序。

工作实践常见问题解析

【常见问题1】VB.NET 2008 水晶报表 Crystal Reports 在其他电脑无法使用的解决办法是什么?

【答】在安装有 VS2008 的电脑中,找到以下文件夹:C:\Program Files(x86)\Microsoft SDKs\Windows\v6.0A\Bootstrapper\Packages\CrystalReports10_5,将该文件夹下的 CRRedist2008_x86.msi,安装到在要部署的机器上(或者说不能运行报表的电脑上安装)即可。

【常见问题2】设计报表时的注意事项是什么?

【答】VS 中设计报表时,不要使用共享数据源(Shared Data Source),应为每个 DataSet 指定单独的数据源。如果使用共享数据源,反而会出错。

习 题

简述题

1. 简述 VB.NET 水晶报表的优点。
2. VB.NET 报表有哪几种创建方法?
3. 简述使用水晶报表向导创建图书分类报表的步骤。

第11章 系统管理模块设计

本章要点

1. 协同报价管理模块设计；
2. 用户管理模块设计；
3. 用户权限管理模块设计。

技能目标

1. 掌握协同报价管理模块的设计；
2. 掌握用户管理设计；
3. 掌握用户权限管理设计。

11.1 协同报价管理模块设计

供应商协同报价管理模块是实现对供应商提供的物料进行价格的维护管理。应充分利用资源，利用 VPN(Virtual Private Network)实现远程供应商协同报价，使系统操作员与供应商协调地运作，实现对相关报价信息进行及时更新，从而实现业务与业务之间的平滑链接。协同报价管理系统项目中协同报价管理模块的界面如图 11.1 所示。

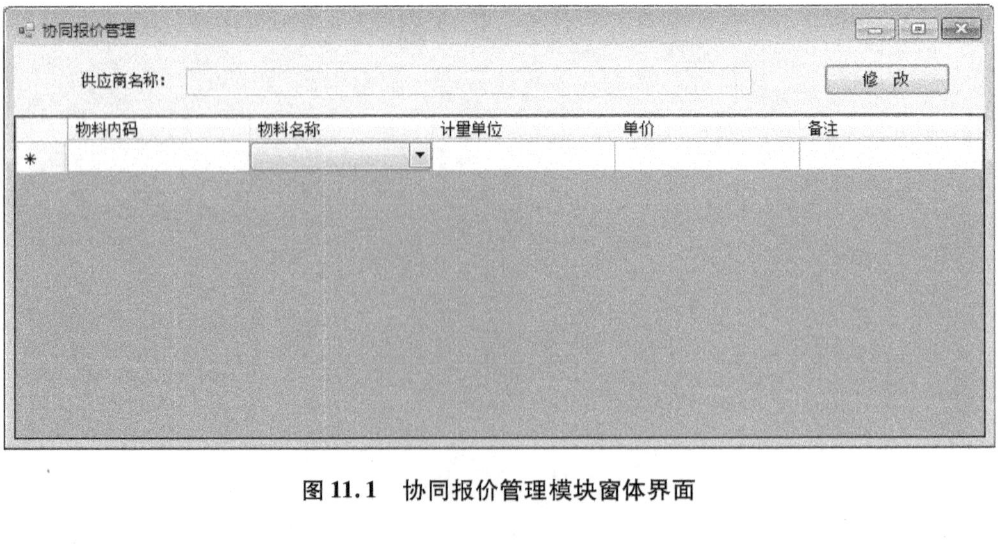

图 11.1 协同报价管理模块窗体界面

【工作过程一】协同报价管理窗体的界面设计。

鼠标箭头指向"解决方案资源管理器"窗口中的项目名 QuoteManager 右击，选择"添加|Windows 窗体"菜单命令，将弹出添加新项对话框，在名称栏里将 Form1. vb 改名为 FrmCoQuote. vb，然后单击【添加】按钮，添加协同报价管理模块窗体，其窗体的属性设置如表 11. 1 所示。

表 11. 1　协同报价管理窗体属性设置

对象	属性名	属性值
Form1	Name	FrmCoQuote
	Text	协同报价管理
	BackColor	Control
	Size	758, 442
	WindowState	Maximized

在协同报价管理模块窗体 FrmCoQuote 上添加一个 Panel 控件对象 Panel1，在属性窗口中修改其 Dock 属性值为 Top，将其调整到合适的高度，然后在 Panel1 中添加如表 11. 2 所示的控件。

表 11. 2　Panel1 中的控件对象的属性设置

对象	属性名	属性值
Label1	Name	LblSplyName
	Text	供应商名称:
TextBox1	Name	TxtSplyName
	Enabled	False
Button1	Name	BtnModify
	Text	修改

在 FrmCoQuote 窗体中添加一个 Splitter 控件，在属性窗口中修改其 Dock 属性值为 Top，将 Size 属性值设为 742, 2。

在 FrmCoQuote 窗体中再添加一个 Panel 控件对象 Panel2，在属性窗口中修改其 Dock 属性值为 Fill，然后在这个 Panel2 中添加一个 DataGridView 控件，并在属性窗口中修改其 Name 属性值为 DgvSPLYPriceEntry，将 Dock 属性值设置为 Fill，将 AutoSizeColumnsMode 属性值设置为 Fill。为了使 DgvItem 控件对象中的数据表显示为中文字段名，需要编辑列，具体操作为：单击 DgvSPLYPriceEntry 控件对象→该对象右上角出现"▸"→单击该按钮，然后单击"编辑列"→弹出"编辑列"对话框设置列属性，如图 11. 2 所示。DgvSPLYPriceEntry 控件对象列属性设置如表 11. 3 所示。

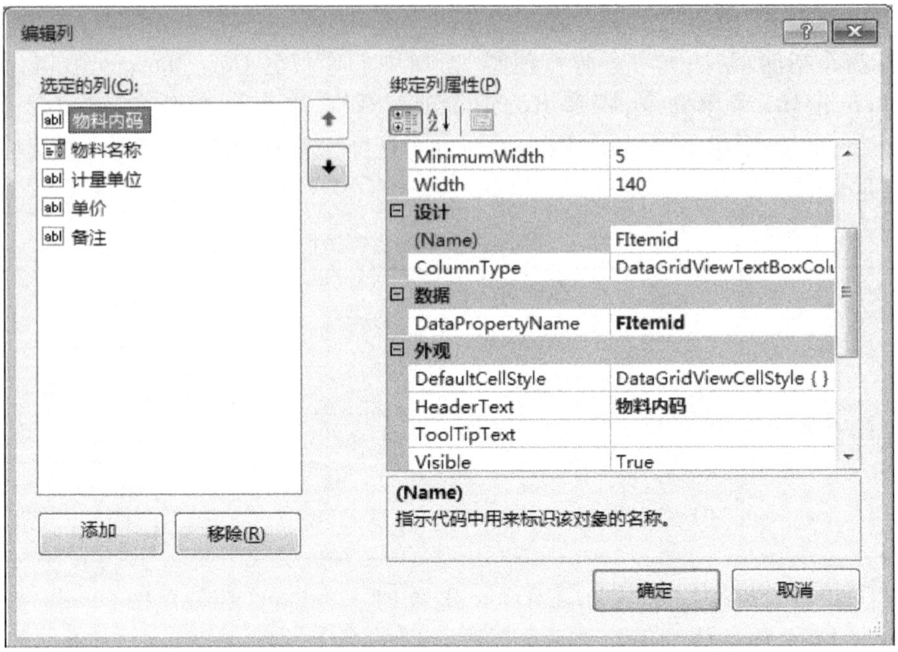

图 11.2 DgvSPLYPriceEntry 控件对象的编辑列对话框

表 11.3 DgvSPLYPriceEntry 控件对象列属性设置

对象	属性名	属性值
Column1	Name	FItemid
	ColumnType	DataGridViewTextBoxColumn
	DataPropertyName	FItemid
	HeaderText	物料内码
	ReadOnly	True
Column2	Name	FItemName
	ColumnType	DataGridViewComboBoxColumn
	DataPropertyName	FItemName
	HeaderText	物料名称
	ReadOnly	False
Column3	Name	FUnitName
	ColumnType	DataGridViewTextBoxColumn
	DataPropertyName	FUnitName
	HeaderText	计量单位
	ReadOnly	True

续表

对象	属性名	属性值
Column4	Name	FPrice
	ColumnType	DataGridViewTextBoxColumn
	DataPropertyName	FPrice
	HeaderText	单价
	ReadOnly	False
Column5	Name	Fnote
	ColumnType	DataGridViewTextBoxColumn
	DataPropertyName	Fnote
	HeaderText	备注
	ReadOnly	False

【工作过程二】 协同报价管理窗体的 Load 事件过程。

在项目运行中，当打开协同报价管理窗体时，供应商登录用户名添加到供应商名称栏中，并访问 QuoteStore 数据库，查询供应商报价表 cz_SPLYPriceEntry，将查询得到的该供应商的报价信息全部显示到窗体上的数据控件 DgvSPLYPriceEntry 中。实现查询供应商报价信息的 SQL 数据命令如下：

```
select t2.FItemid,t2.fname as FItemname,t3.Fname as FUnitname,
  t1.Fprice,t1.Fnote  from cz_SPLYPriceEntry t1 inner join dbo.
  cz_ICitem t2 on t2.fitemid = t1.Fitemid inner join cz_Unit
  t3 on t3.Fitemid = t2.Funitid  where  t1.fInterid = '"& Fsplyid &"'
```

协同报价管理窗体的 Load 事件程序代码如下：

```
'导入命名空间
Imports System.Data
Imports System.Data.SqlClient
'声明访问数据库的对象
Dim sqlcomm As NewSqlCommand
Dim sqldasply As NewSqlDataAdapter
Dim dssply As NewDataSet

Dim sqldaitemname As NewSqlDataAdapter
Dim dsitemname As NewDataSet

Dim sqldaicitem As NewSqlDataAdapter
Dim dsicitem As NewDataSet

Dim sqldasplyprice As NewSqlDataAdapter
```

```
    Dim dssplyprice As NewDataSet

      Dim Fsplyid As String
'FrmCoQuote 窗体的 Load 事件代码
Private Sub FrmCoQuote_Load(ByValsender AsSystem.Object, ByVale _
  AsSystem.EventArgs) Handles MyBase.Load
        TxtSplyName.Text = FUserName
        Callsqlcon()

        Dimsql As String
        '查询供应商内码,保存在变量 Fsplyid 中
        sql ="select Fitemid from cz_supply "
        sqlcomm = NewSqlCommand(sql, conn)
        sqlcomm.ExecuteNonQuery()
        sqldasply = NewSqlDataAdapter(sqlcomm)
        dssply.Clear()
        sqldasply.Fill(dssply, "cz_supply")
        Fsplyid = dssply.Tables("cz_supply").Rows(0)("Fitemid")

        '查询物料名称,并显示到数据控件的物料名称列的组合框中
        sql ="select Fname  from cz_ICItem "
        sqlcomm = NewSqlCommand(sql, conn)
        sqlcomm.ExecuteNonQuery()
        sqldaitemname = NewSqlDataAdapter(sqlcomm)
        dsitemname.Clear()
        sqldaitemname.Fill(dsitemname, "cz_ICItemname")

        FItemName.DataSource = dsitemname.Tables("cz_ICItemname")
        FItemname.DisplayMember = "Fname"
        FItemname.ValueMember = "Fname"

        '查询供应商报价信息,并显示到数据控件 DgvSPLYPriceEntry 中
        sql =" select t2.FItemid,t2.fname as FItemname,t3.Fname as" _
           + "FUnitname,t1.Fprice,t1.Fnote from cz_SPLYPriceEntry t1" _
           + "inner join dbo.cz_ICitem t2 on t2.fitemid = t1.Fitemid" _
           + "inner join cz_Unit t3 on t3.Fitemid = t2.Funitid  where" _
           + "t1.fInterid = ' "& Fsplyid &" ' "
        sqlcomm = NewSqlCommand(sql, conn)
        sqlcomm.ExecuteNonQuery()
        sqldasply = New SqlDataAdapter(sqlcomm)
        dssply.Clear()
```

```
        sqldasply.Fill(dssply, "cz_Splyprice")

        DgvSPLYPriceEntry.DataSource = dssply
        DgvSPLYPriceEntry.DataMember = "cz_Splyprice"
        DgvSPLYPriceEntry.Refresh()
    End Sub
```

单击标准工具栏中的“启动调试”▶按钮，启动运行程序，对程序进行测试与调试。

【工作过程三】 DgvSPLYPriceEntry 数据控件的 CellEndEdit 事件过程。

项目运行时，当供应商在 DgvSPLYPriceEntry 控件物料名称组合框中选择了物料名称后，单击该数据控件的其他单元格，会自动添加“物料内码”和“计量单位”信息到相应的单元格中，供应商可以在对应的“单价”和“备注”单元格中编辑信息。

获得 DgvItem 控件中当前行的行索引号的代码如下：

```
DgvItem.CurrentCell.RowIndex
```

或者：

```
DgvItem.CurrentRow.Index()
```

DgvIDgvSPLYPriceEntrytem 控件的 CellEndEdit 事件程序代码如下：

```
Private Sub DgvSPLYPriceEntry_CellEndEdit(ByVal sender As Object, _
  ByVal e As System.Windows.Forms.DataGridViewCellEventArgs) _
  Handles DgvSPLYPriceEntry.CellEndEdit
      Dim sql As String
      '查询物料内码和计量单位
      sql = "select t1.fitemid as ficitemid,t1.funitid,t2.fname" _
         + "as funitname from cz_icitem t1 inner join cz_unit t2 on" _
         + "t1.funitid = t2.fitemid where t1.fname = '"& DgvSPLYPriceEntry." _
         + "Rows(e.RowIndex).Cells("FItemname").Value &"'"
      sqlcomm = New SqlCommand(sql, conn)
      sqlcomm.ExecuteNonQuery()
      sqldaicitem = New SqlDataAdapter(sqlcomm)
      dsicitem.Clear()
      sqldaicitem.Fill(dsicitem, "cz_icitem")

      '将查询到的物料内码和计量单位信息显示到对应单元格中
      DgvSPLYPriceEntry.Rows(e.RowIndex).Cells("Fitemid").Value = _
        dsicitem.Tables("cz_icitem").Rows(0)("ficitemid")
      DgvSPLYPriceEntry.Rows(e.RowIndex).Cells("Funitname").Value = _
        dsicitem.Tables("cz_icitem").Rows(0)("funitname")

      '查询供应商报价信息并显示到对应单元格中
      sql = "select Fprice,Fnote from cz_SPLYPriceEntry where finterid" _
         + "='"& Fsplyid &"' and fitemid = '"& DgvSPLYPriceEntry.Rows _
        (e.RowIndex).Cells("Fitemid").Value &"'"
```

```
        sqlcomm = New SqlCommand(sql, conn)
        sqlcomm.ExecuteNonQuery()
        sqldasplyprice = New SqlDataAdapter(sqlcomm)
        dssplyprice.Clear()
        sqldasplyprice.Fill(dssplyprice, "cz_splyprice")

        If dssplyprice.Tables("cz_splyprice").Rows.Count > 0 Then
            DgvSPLYPriceEntry.Rows(e.RowIndex).Cells("Fprice").Value = _
              dssplyprice.Tables("cz_splyprice").Rows(0)("Fprice")
        End If
        End Sub
```

【工作过程四】 协同报价管理窗体的修改按钮单击事件过程。

当供应商在数据控件 DgvSPLYPriceEntry 中编辑完所有的报价信息后，单击协同报价管理窗体上的【修改】按钮，即可将供应商的报价信息添加到供应商报价表 cz_SPLYPriceEntry 中。

实现修改供应商报价信息的数据命令如下：

```
insert into cz_SPLYPriceEntry(Finterid,Fitemid,Funitid,Fprice,
  FSDate,FEDate,Fnote) values('"& Fsplyid &"','"& DgvSPLYPriceEntry.
  Rows(i).Cells("FItemID").Value.ToString() & "','"& dsunit.Tables
  ("cz_unitID").Rows(0)("Fitemid").ToString() & "','"& DgvSPLYPriceEntry.
  Rows(i).Cells("Fprice").Value.ToString() & "',getdate(),
  '2100/4/1 0:00:00','"& DgvSPLYPriceEntry.Rows(i).Cells("Fnote").
  Value.ToString()&"')
```

协同报价管理窗体的【修改】按钮的程序代码如下：

```
Private Sub BtnModify_Click(ByVal sender As System.Object, ByVal e _
  As System.EventArgs) Handles BtnModify.Click
        Dim sql As String
        Dim sqldaunit As New SqlDataAdapter
        Dim dsunit As New DataSet

        '将 cz_SPLYPriceEntry 数据表中的该供应商报价信息删除
        sql = "delete from cz_SPLYPriceEntry where finterid = '" + Fsplyid + "'"
        sqlcomm = New SqlCommand(sql, conn)
        sqlcomm.ExecuteNonQuery()

        '使用循环语句，将 DgvSPLYPriceEntry 数据控件中的该供应商报价信息写入
          'cz_SPLYPriceEntry 数据表中
        For i = 0 To DgvSPLYPriceEntry.Rows.Count - 1
            If DgvSPLYPriceEntry.Rows(i).Cells("FItemID").Value IsNot
              Nothing Then
               sql = "select Fitemid from cz_Unit where Fname = '"& _
                 DgvSPLYPriceEntry.Rows(i).Cells("Funitname"). _
```

```
              Value.ToString()&"''"
            sqlcomm = New SqlCommand(sql, conn)
            sqlcomm.ExecuteNonQuery()
            sqldaunit = New SqlDataAdapter(sqlcomm)
            dsunit.Clear()
            sqldaunit.Fill(dsunit,"cz_unitID")

            sql ="insert into cz_SPLYPriceEntry(Finterid,Fitemid," _
               + "Funitid,Fprice,FSDate,FEDate,Fnote)values" _
               + "(' "& Fsplyid & "',' "& DgvSPLYPriceEntry.Rows(i)." _
               + "Cells("FItemID").Value.ToString()& "',' "& dsunit." _
               + "Tables("cz_unitID").Rows(0)("Fitemid")." _
               + "ToString()& "',' "& DgvSPLYPriceEntry.Rows(i)." _
               + "Cells("Fprice").Value.ToString()& "', getdate()," _
               + "'2100/4/10:00:00',' "& DgvSPLYPriceEntry.Rows(i)." _
               + "Cells ("Fnote").Value.ToString()&"')"
            Debug.Print(sql)
            sqlcomm = New SqlCommand(sql, conn)
            sqlcomm.ExecuteNonQuery()
        End If
    Next
End Sub
```

单击标准工具栏中的“启动调试” 按钮,启动运行程序,对程序进行测试与调试。

【工作过程五】 保存项目,调试程序。

单击“文件|全部保存”菜单命令,即可保存项目。

单击 Visual Basic 2008 开发环境中的“项目”主菜单下的“QuoteManager 属性”,设置 QuoteManager 项目的启动窗体为 FrmLogin,单击标准工具栏中的“启动调试” 按钮,启动测试程序,单击“协同报价”主菜单栏下的“供应商协同报价”菜单命令,程序的运行结果如图 11.3 所示。

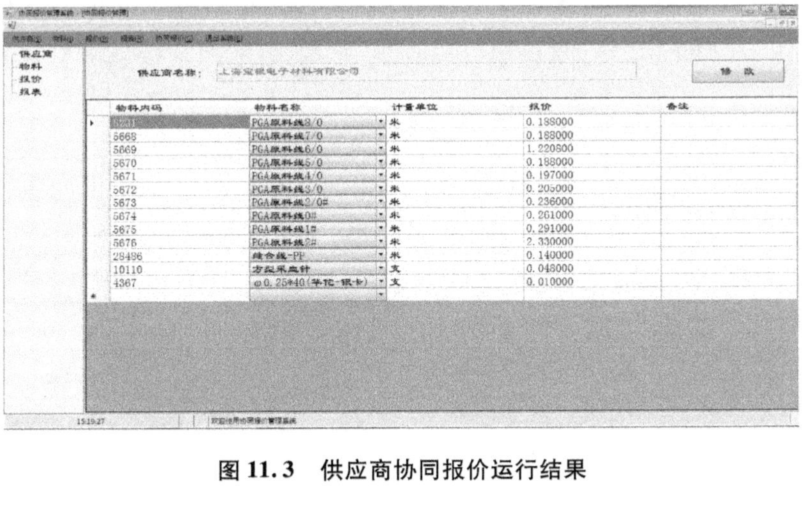

图 11.3 供应商协同报价运行结果

11.2 用户管理模块设计

用户管理功能包括用户的添加、权限设置、用户删除等功能，对非该系统用户进行严格的隔离。协同报价管理系统分为多级管理，系统管理员可以使用该系统的所有功能，并管理用户；内部操作员可以使用该系统中除管理用户功能以外的所有功能；供应商用户只能使用该系统的协同报价功能。

用户管理模块功能包括查询用户信息和删除用户信息。协同报价管理系统项目中用户管理窗体界面如图 11.4 所示。

图 11.4 用户管理窗体界面

【工作过程一】 用户管理窗体的界面设计。

鼠标箭头指向"解决方案资源管理器"窗口中的项目名 QuoteManager 右击，选择"添加|Windows 窗体"菜单命令，将弹出添加新项对话框，在名称栏里将 Form1. vb 改名为 FrmUserList. vb，然后单击【添加】按钮，添加用户管理窗体，其窗体的属性设置如表 11.4 所示。

表 11.4 用户管理窗体属性设置

对象	属性名	属性值
Form1	Name	FrmUserList
	Text	用户管理
	Size	735，411
	WindowState	Normal

在用户管理模块窗体 FrmUserList 上添加一个 ToolStrip 控件来设计工具栏，通过 ToolStrip 控件的 Items 属性在工具栏上添加工具按钮。用户管理窗体工具栏如图 11.5 所示。

图 11.5　用户管理窗体界面工具栏

单击工具栏→工具栏右上角出现“ ”→单击该按钮，选择“编辑项”→弹出“项集合编辑器”对话框设置工具栏按钮属性，如图 11.6 所示。工具栏按钮属性设置如表 11.5 所示。

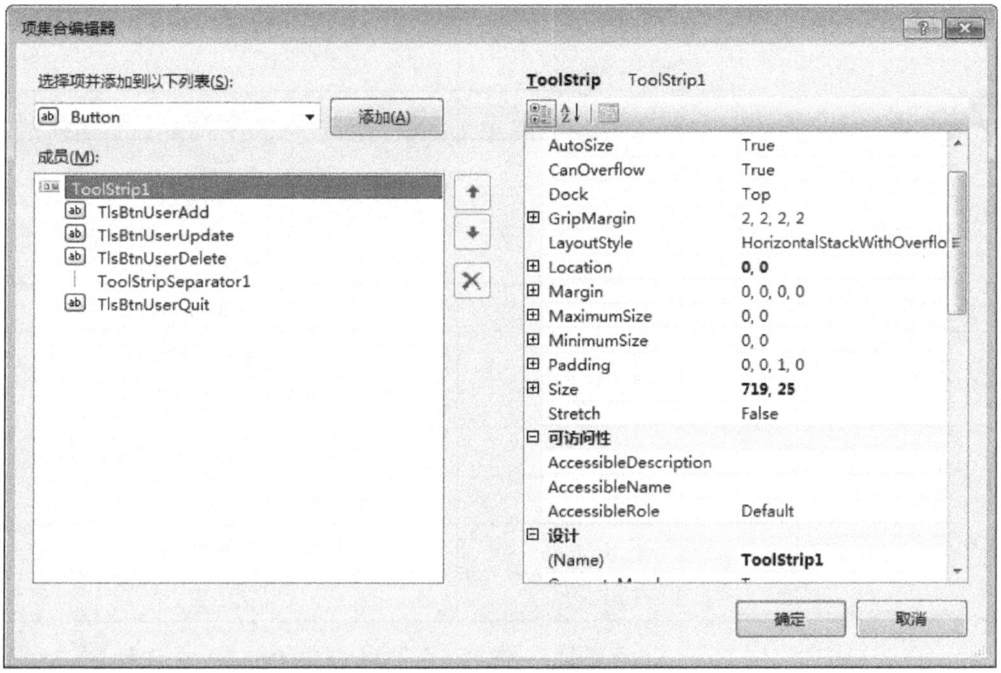

图 11.6　工具栏项集合编辑器

表 11.5　工具栏按钮属性设置

对象	属性名	属性值
ToolStripButton1	Name	TlsBtnUserAdd
	DisplayStyle	ImageAndText
	Image	QuoteManager. My. Resources. Resources. add
	Text	新增
	TextImageRelation	ImageBeforeText
	ToolTipText	新增用户信息

续表

对象	属性名	属性值
ToolStripButton2	Name	TlsBtnUserUpdate
	DisplayStyle	ImageAndText
	Image	QuoteManager. My. Resources. Resources. edit
	Text	修改
	TextImageRelation	ImageBeforeText
	ToolTipText	修改用户信息
ToolStripButton3	Name	TlsBtnUserDelete
	DisplayStyle	ImageAndText
	Image	QuoteManager. My. Resources. Resources. del
	Text	删除
	TextImageRelation	ImageBeforeText
	ToolTipText	删除用户信息
ToolStripSeparator1	Name	ToolStripSeparator1
ToolStripButton4	Name	TlsBtnUserQuit
	DisplayStyle	ImageAndText
	Image	QuoteManager. My. Resources. Resources. close
	Text	关闭
	TextImageRelation	ImageBeforeText
	ToolTipText	关闭窗口

在用户管理窗体 FrmUserList 中添加一个 Panel 控件对象 Panel1，在属性窗口中修改其 Dock 属性值为 Top，将其调整到合适的高度，然后在 Panel1 中添加如表 11.6 所示的控件对象。

表 11.6 Panel1 中控件对象的属性设置

对象	属性名	属性值
Label1	Name	lblusername
	Text	用户名
TextBox1	Name	txtUsername
Button1	Name	btnUserQuery
	Text	查询

在 FrmUserList 窗体中再添加一个 Panel 控件对象 Panel2，在属性窗口中修改其 Dock 属性值为 Fill，然后在 Panel2 中添加一个 DataGridView 控件，并在属性窗口中修改其 Name

属性值为 DgvUser，将 Dock 属性值设置为 Fill，将 AutoSizeColumnsMode 属性值设置为 Fill。为了使 DgvUser 控件对象中的数据表显示为中文字段名，需要编辑列。另外，不允许对该控件中显示的数据新增、修改和删除，具体操作为：单击 DgvUser 控件对象→该对象右上角出现“▶”→单击该按钮，取消勾选“启用添加”、“启用删除”和“启用编辑”，然后单击“编辑列”→弹出“编辑列”对话框设置列属性，如图 11.7 所示。DgvUser 控件列属性设置如表 11.7 所示。

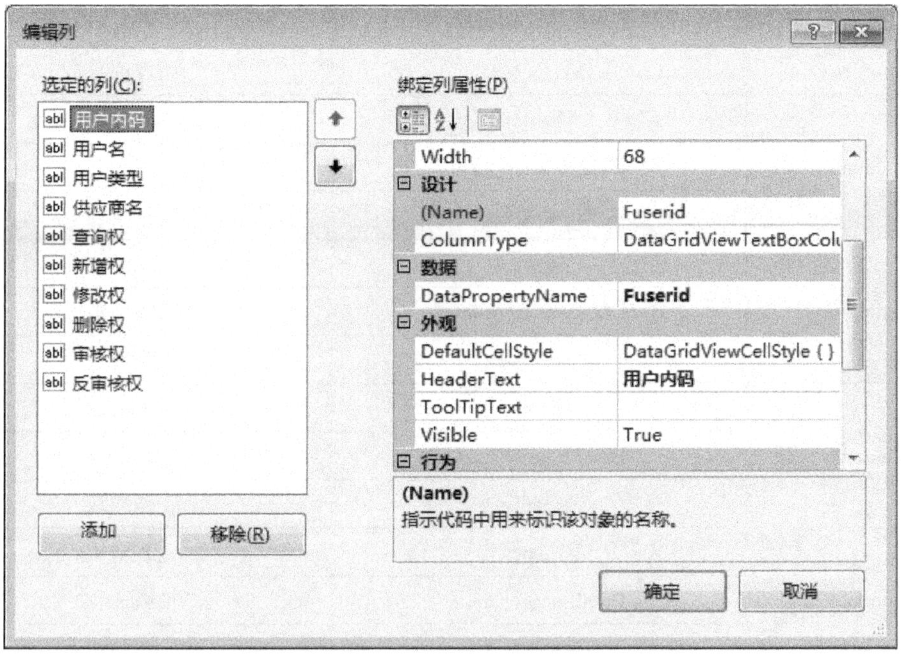

图 11.7　DgvUser 控件对象的编辑列对话框

表 11.7　DgvUser 控件对象列属性设置

对象	属性名	属性值
Column1	Name	Fuserid
	DataPropertyName	Fuserid
	HeaderText	用户内码
Column2	Name	FUserName
	DataPropertyName	FUserName
	HeaderText	用户名
Column3	Name	Ftype
	DataPropertyName	Ftype
	HeaderText	用户类型

续表

对象	属性名	属性值
Column4	Name	FSupplyname
	DataPropertyName	FSupplyname
	HeaderText	供应商名
Column5	Name	FSelect
	DataPropertyName	FSelect
	HeaderText	查询权
Column6	Name	Fadd
	DataPropertyName	Fadd
	HeaderText	新增权
Column7	Name	Fupdate
	DataPropertyName	Fupdate
	HeaderText	修改权
Column8	Name	Fdelete
	DataPropertyName	Fdelete
	HeaderText	删除权
Column9	Name	Fcheck
	DataPropertyName	Fcheck
	HeaderText	审核权
Column10	Name	Funcheck
	DataPropertyName	Funcheck
	HeaderText	反审核权

【工作过程二】 用户管理窗体的 Load 事件过程。

在项目运行时，当打开用户管理窗体时，先访问 QuoteStore 数据库，将用户信息加载到 DgvUser 数据控件中。

用户管理窗体的 Load 事件程序代码如下：

```
'导入命名空间
Imports System.Data
Imports System.Data.SqlClient
'声明对象
Dim sqlcomm As New SqlCommand
Dim sqldauser As New SqlDataAdapter
Dim dsuser As New DataSet
Dim sqldaUserRight As New SqlDataAdapter
```

```
Dim dsUserRight As New DataSet
'FrmUserList 窗体的 Load 事件代码
Private Sub FrmUserList_Load(ByVal sender As System.Object, ByVal e _
  As System.EventArgs) Handles MyBase.Load
        Call sqlcon()
        Dim sql As String

  sql ="select t1.Fuserid,FUserName," _
        + "case when ftype =0 then '系统管理员' else" _
        + "case when ftype =1 then '内部操作员' else" _
        + "case when ftype =2 then '供应商用户' else'' " _
        + "end end end as Ftype,t3.Fname as FSupplyname," _
        + "case when isnull(FSelect,0) =0 then '' else '√' end as FSelect" _
        + ",case when isnull(Fupdate,0) =0 then '' else '√' end as Fupdate" _
        + ",case when isnull(Fdelete,0) =0 then '' else '√' end as Fdelete" _
        + ",case when isnull(fadd,0) =0 then '' else '√' end as fadd" _
        + ",case when isnull(Fcheck,0) =0 then '' else '√' end as Fcheck" _
        + ",case when isnull(Funcheck,0) =0 then ''else '√' end as Funcheck" _
        + "from cz_user t1" _
        + "left join cz_userright t2 on t1.fuserid =t2.fuserid" _
        + "left join dbo.cz_Supply t3 on t3.fitemid =t1.FSupply"
  sqlcomm =New SqlCommand(sql, conn)
  sqlcomm.ExecuteNonQuery()
  sqldauser =New SqlDataAdapter(sqlcomm)
  dsuser.Clear()
  sqldauser.Fill(dsuser,"cz_user")
  DgvUser.DataSource =dsuser.Tables("cz_user")
End Sub
```

单击标准工具栏中的“启动调试”▶按钮，启动运行程序，对程序进行测试与调试。

【工作过程三】 用户管理窗体的查询功能

在用户管理窗体中，当在 txtUsername 文本框中输入用户名，单击 BtnUserQuery 命令按钮后，将访问 QuoteStore 数据库，查询用户的信息。

BtnUserQuery 命令按钮的 Click 事件代码如下：

```
Private Sub BtnUserQuery_Click(ByVal sender As System.Object, ByVal e _
  As System.EventArgs) Handles BtnUserQuery.Click
        Dim sql As String
        If TxtUsername.Text <>"" Then
            sql ="select t1.Fuserid,FUserName ," _
                + "case when ftype =0 then '系统管理员' else" _
                + "case when ftype =1 then '内部操作员' else" _
                + "case when ftype =2 then '供应商用户' else '' " _
```

```
                + "end end end as Ftype,t3.Fname as FSupplyname," _
                + "case when isnull(FSelect,0)=0 then '' else '√' end as" _
                + "FSelect" _
                + ",case when isnull(Fupdate,0)=0 then '' else '√' end" _
                + "as Fupdate" _
                + ",case when isnull(Fdelete,0)=0 then '' else '√' end" _
                + "as Fdelete" _
                + ",case when isnull(fadd,0)=0 then '' else '√' end as fadd" _
                + ",case when isnull(Fcheck,0)=0 then '' else '√' end" _
                + "as Fcheck" _
                + ",case when isnull(Funcheck,0)=0 then '' else '√' end" _
                + "as Funcheck" _
                + "from cz_user t1" _
                + "left join cz_userright t2 on t1.fuserid=t2.fuserid" _
                + "left join dbo.cz_Supply t3 on t3.fitemid=t1.FSupply" _
                + "where FUserName like" + "'%" + TxtUsername.Text + "%'"
Else
    sql ="select t1.Fuserid,FUserName," _
                + "case when ftype=0 then'系统管理员'else" _
                + "case when ftype=1 then'内部操作员'else" _
                + "case when ftype=2 then'供应商用户'else''" _
                + "end end end as Ftype,t3.Fname as FSupplyname," _
                + "case when isnull(FSelect,0)=0 then '' else '√' end as" _
                + "FSelect"_
                + ",case when isnull(Fupdate,0)=0 then '' else '√' end" _
                + "as Fupdate"_
                + ",case when isnull(Fdelete,0)=0 then '' else '√' end" _
                + "as Fdelete"_
                + ",case when isnull(fadd,0)=0 then '' else '√' end" _
                + "as fadd"_
                + ",case when isnull(Fcheck,0)=0 then '' else '√' end" _
                + "as Fcheck" _
                + ",case when isnull(Funcheck,0)=0 then '' else '√' end" _
                + "as Funcheck" _
                + "from cz_user t1" _
                + "left join cz_userright t2 on t1.fuserid=t2.fuserid" _
                + "left join dbo.cz_Supply t3 on t3.fitemid=t1.FSupply"
End If

sqlcomm=New SqlCommand(sql,conn)
sqlcomm.ExecuteNonQuery()
```

```
        sqldauser = New SqlDataAdapter(sqlcomm)
        dsuser.Clear()
        sqldauser.Fill(dsuser,"cz_user")
        DgvUser.DataSource = dsuser.Tables("cz_user")
    End Sub
```

单击标准工具栏中的“启动调试” ▶ 按钮,启动运行程序,对程序进行测试与调试。

【工作过程四】 完善 FrmUserList 窗体中的工具按钮的程序代码。

在用户管理窗体中,单击工具栏上的“新增”工具按钮,将弹出用户权限管理窗体 FrmUserRight,在 FrmUserRight 窗体中实现新增用户信息。FrmUserList 窗体中的“新增”工具按钮的程序代码如下:

```
Private Sub TlsBtnUserAdd_Click(ByVal sender As System.Object,ByVal _
  e As System.EventArgs)Handles TlsBtnUserAdd.Click
        a = 0       '单击“新增”工具按钮,将 a 的值设为 0
        FrmUserRight.Show()
        FrmUserRight.Activate()
End Sub
```

在用户管理窗体中,单击工具栏上的“修改”工具按钮,将弹出用户权限管理窗体 FrmUserRight,在 FrmUserRight 窗体中实现用户信息的修改。FrmUserList 窗体中的“修改”工具按钮的程序代码如下:

```
Private Sub TlsBtnUserUpdate_Click(ByVal sender As System.Object, _
  ByVal e As System.EventArgs) Handles TlsBtnUserUpdate.Click
        Dim i As Integer
        i = DgvUser.CurrentRow.Index()
        username = DgvUser.Rows(i).Cells("Fusername").Value.ToString()
        a = 1       '单击“修改”工具按钮,将 a 的值设为 1
        FrmUserRight.Show()
        FrmUserRight.Activate()
End Sub
```

在用户管理窗体中,单击工具栏上的“删除”工具按钮,将把用户表 cz_User 和用户权限表 cz_UserRight 中指定的用户信息删除掉。删除掉指定用户信息后,重新查询用户信息并显示到 DgvUser 数据控件中。FrmUserList 窗体中的“删除”工具按钮的程序代码如下:

```
Private Sub TlsBtnUserDelete_Click(ByVal sender As System.Object, _
  ByVal e As System.EventArgs) Handles TlsBtnUserDelete.Click
        Dim i As Integer
        i = DgvUser.CurrentRow.Index()

        Call sqlcon()
        Try
            Dim sql As String
```

```
            sql ="delete from cz_User where FUserID =' "& DgvUser. _
              Rows(i).Cells("Fuserid").Value.ToString()&"' "
            sqlcomm = New SqlCommand(sql, conn)
            sqlcomm.ExecuteNonQuery()

            sql ="delete from cz_UserRight where FUserID =' "& _
              DgvUser.Rows(i).Cells("Fuserid").Value.ToString()&"' "
            sqlcomm = New SqlCommand(sql, conn)
            sqlcomm.ExecuteNonQuery()

            sql ="select t1.Fuserid,FUserName," _
             + "case when ftype =0 then '系统管理员' else" _
             + "case when ftype =1 then '内部操作员' else" _
             + "case when ftype =2 then '供应商用户' else' ' " _
             + "end end end as Ftype,t3.Fname as FSupplyname," _
             + "case when isnull(FSelect,0) =0 then ' ' else '√' end as" _
             + "FSelect"_
             + ",case when isnull(Fupdate,0) =0 then ' ' else '√' end" _
             + "as Fupdate" _
             + ",case when isnull(Fdelete,0) =0 then ' ' else '√' end" _
             + "as Fdelete" _
             + ",case when isnull(fadd,0) =0 then ' ' else '√' end as fadd" _
             + ",case when isnull(Fcheck,0) =0 then ' ' else '√' end" _
             + "as Fcheck" _
             + ",case when isnull(Funcheck,0) =0 then ' ' else '√' end" _
             + "as Funcheck" _
             + "from cz_user t1" _
             + "left join cz_userright t2 on t1.fuserid = t2.fuserid" _
             + "left join dbo.cz_Supply t3 on t3.fitemid = t1.FSupply"
            sqlcomm = New SqlCommand(sql, conn)
            sqlcomm.ExecuteNonQuery()
            dsUserRight.Clear()
            sqldaUserRight.Fill(dsUserRight,"cz_user")

            DgvUser.DataSource = dsUserRight
            DgvUser.DataMember ="cz_user"
            DgvUser.Refresh()
        Catch ex As SqlException
            MsgBox(ex.Message)
        End Try
    End Sub
```

单击标准工具栏中的“启动调试” ▶ 按钮，启动运行程序，对程序进行测试与调试。

【工作过程五】 完善 MDIForm 主窗体中的设计。

在 MDIForm 主窗体的菜单栏中新增一个“系统管理”主菜单，在该主菜单下添加一个“用户管理”菜单项。新增菜单项的属性设置如表 11.8 所示。

表 11.8 新增菜单项的属性设置

对象	属性	属性值
ToolStripMenuItem1	Name	mnuSystem
	Text	系统管理(&U)
ToolStripMenuItem2	Name	mnuUser
	Text	用户管理

当项目运行时，在 MDIForm 主窗体中单击“系统管理”主菜单项下的“用户管理”，将在主窗体中打开用户管理窗体 FrmUserList。

MDIForm 主窗体“系统管理”主菜单项下的“用户管理”菜单项的 Click 事件代码如下：

```
Private Sub mnuUser_Click(ByVal sender As System.Object, ByVal e As _
  System.EventArgs) Handles mnuUser.Click
      FrmUserList.MdiParent = Me
      FrmUserList.Show()
      FrmUserList.Activate()
End Sub
```

单击标准工具栏中的“启动调试” ▶ 按钮，启动运行程序，对程序进行测试与调试。用户管理窗体的运行结果如图 11.8 所示。

图 11.8 用户管理窗体的运行结果

11.3 用户权限管理模块设计

用户权限管理模块可以实现用户的添加和权限设置功能。协同报价管理系统项目中用户权限管理窗体界面如图 11.9 所示。

图 11.9 用户权限管理窗体界面

【工作过程一】 用户权限管理窗体的界面设计。

鼠标箭头指向"解决方案资源管理器"窗口中的项目名 QuoteManager 右击,选择"添加|Windows 窗体"菜单命令,将弹出添加新项对话框,在名称栏里将 Form1. vb 改名为 FrmUserRight. vb,然后单击【添加】按钮,添加用户权限管理窗体,其窗体的属性设置如表 11.9 所示。

表 11.9 用户权限管理窗体属性设置

对象	属性名	属性值
Form1	Name	FrmUserRight
	Text	用户权限管理
	Size	610, 442
	StartPosition	CenterScreen
	WindowState	Normal

在用户权限管理模块窗体 FrmUserRight 上添加一个 Panel 控件对象 Panel1，在属性窗口中修改其 Dock 属性值为 Top，将其调整到合适的高度，然后在此控件中添加如表 11.10 所示的控件。

表 11.10　Panel1 中的控件对象的属性设置

对象	属性名	属性值
Label1	Name	LblUsername
	Text	用户名
Label2	Name	LblUserType
	Text	用户类别
Label3	Name	Lblsplyname
	Text	供应商名称
Label4	Name	LblPassword
	Text	密码
Label5	Name	Lblnote
	Text	备注
TextBox1	Name	TxtUsername
TextBox2	Name	TxtPassword
TextBox3	Name	Txtnote
ComboBox1	Name	CboUserType
ComboBox2	Name	CboSplyName

在 FrmUserRight 窗体中再添加一个 Panel 控件对象 Panel2，在属性窗口中修改其 Dock 属性值为 Fill，并在此控件中添加一个 GroupBox1 控件对象，然后在 GroupBox1 中添加如表 11.11 所示的控件，之后在这个 Panel2 控件中添加如表 11.12 所示的控件。

表 11.11　GroupBox1 中的控件对象的属性设置

对象	属性名	属性值
Label1	Name	LblUserRight
	Text	用户权限设置：
CheckBox1	Name	Chkselect
	Text	查询
CheckBox2	Name	ChkUpdate
	Text	修改

续表

对象	属性名	属性值
CheckBox3	Name	ChkDelete
	Text	删除
CheckBox4	Name	ChkAdd
	Text	新增
CheckBox5	Name	ChkCheck
	Text	审核
CheckBox6	Name	ChkUncheck
	Text	反审核

表 11.12 Panel2 中的控件对象的属性设置

对象	属性名	属性值
Button1	Name	BtnOk
	Text	确定
Button2	Name	BtnExit
	Text	取消

【工作过程二】 用户权限管理窗体的 Load 事件过程。

在项目运行时,单击用户管理窗体中的"新增"工具按钮或"修改"工具按钮时,将打开用户权限管理窗体,先访问 QuoteStore 数据库,查询供应商名称并显示到供应商名称组合框控件中。操作员如果在用户管理窗体 FrmUserList 中单击的是"修改"工具按钮,则将用户名显示到用户名文本框中,并将该文本框置灰,然后查询该用户的信息,并显示到用户权限管理窗体上对应的控件对象中。

用户权限管理窗体的 Load 事件程序代码如下:

```
'导入命名空间
Imports System.Data
Imports System.Data.SqlClient
'声明对象
Dim sqlcomm As New SqlCommand
Dim sqldasply As New SqlDataAdapter
Dim dssply As New DataSet
Dim sqldauser As New SqlDataAdapter
Dim dsuser As New DataSet
Dim sqldauserid As New SqlDataAdapter
Dim dsuserid As New DataSet
'FrmUserRight 窗体的 Load 事件代码
Private Sub FrmUserRight_Load(ByVal sender As System.Object, ByVal e _
```

```
As System.EventArgs) Handles MyBase.Load
    Call sqlcon()
    '查询供应商名称并显示到供应商名称组合框控件中
    Dim sql As String
    sql ="select Fname from cz_Supply"
    sqlcomm =New SqlCommand(sql, conn)
    sqlcomm.ExecuteNonQuery()
    sqldasply =New SqlDataAdapter(sqlcomm)
    dssply.Clear()
    sqldasply.Fill(dssply,"cz_splyname")

    CboSplyname.DataSource =dssply.Tables("cz_splyname")
    CboSplyname.DisplayMember ="Fname"
    CboSplyname.ValueMember ="Fname"
    CboSplyname.Text =""
    '如果在用户管理窗体 FrmUserList 中单击的是"修改"工具按钮,则将用户名显示到
    '用户名文本框中,并将该文本框置灰
    If a =1 Then
        TxtUsername.Text =username
        TxtUsername.Enabled =False
        '查询该用户的信息,并显示到用户权限管理窗体对应的控件中
        sql ="select t1.Fuserid,FUserName," _
         + "case when ftype =0 then '系统管理员' else" _
         + "case when ftype =1 then '内部操作员' else" _
         + "case when ftype =2 then '供应商用户' else''" _
         + "end end end as Ftype,t3.Fname as Fsplyname" _
         + ",t1.Fpassword,t1.Fnote,t2.Fselect,t2.Fupdate,t2.Fadd" _
         + ",t2.Fdelete,t2.Fcheck,t2.Funcheck from cz_user t1" _
         + "left join cz_userright t2 on t1.fuserid =t2.fuserid" _
         + "left join dbo.cz_Supply t3 on t3.fitemid =t1.FSupply" _
         + "where FUserName ='"& TxtUsername.Text &"'"
        sqlcomm =New SqlCommand(sql, conn)
        sqlcomm.ExecuteNonQuery()
        sqldauser =New SqlDataAdapter(sqlcomm)
        dsuser.Clear()
        sqldauser.Fill(dsuser,"cz_User")

        CbouserType.Text =dsuser.Tables("cz_User").Rows(0)("Ftype")
        If IsDBNull(dsuser.Tables("cz_User").Rows(0)("Fsplyname"). _
          ToString()) Then
            CboSplyname.Text =dsuser.Tables("cz_User").Rows(0) _
```

```
            ("Fsplyname")
        End If
        TxtPassword.Text =dsuser.Tables("cz_User").Rows(0)("Fpassword")
        Txtnote.Text =dsuser.Tables("cz_User").Rows(0)("Fnote")
        If dsuser.Tables("cz_User").Rows(0)("Fselect") =1 Then
            Chkselect.Checked =True
        End If
        If dsuser.Tables("cz_User").Rows(0)("Fupdate") =1 Then
            ChkUpdate.Checked =True
        End If
        If dsuser.Tables("cz_User").Rows(0)("Fdelete") =1 Then
            ChkDelete.Checked =True
        End If
        If dsuser.Tables("cz_User").Rows(0)("Fadd") =1 Then
            ChkAdd.Checked =True
        End If
        If dsuser.Tables("cz_User").Rows(0)("Fcheck") =1 Then
            ChkCheck.Checked =True
        End If
        If dsuser.Tables("cz_User").Rows(0)("Funcheck") =1 Then
            ChkUncheck.Checked =True
        End If
    End If
End Sub
```

单击标准工具栏中的“启动调试” ▶ 按钮，启动运行程序，对程序进行测试与调试。

【工作过程三】 用户权限管理窗体的新增和修改功能。

项目运行时，当操作员在用户管理窗体中单击“新增”或“修改”工具按钮，将打开用户权限管理窗体 FrmUserRight，在该窗体中可以实现添加用户信息以及设置用户的操作权限的功能。

用户信息“新增”工具按钮和“修改”工具按钮的程序代码如下：

```
Private Sub BtnOk_Click(ByVal sender As System.Object, ByVal e As _
  System.EventArgs) Handles BtnOk.Click
    Dim sql As String
    Dim userid As String
    Dim splyid As String

    If a =0 Then
        If TxtUsername.Text <>"" Then
            '生成用户内码
            sql ="Declare @Fuserid int Exec(GetICMaxNum)'cz_User'," _
              +"@Fuserid out select @Fuserid as Fuserid"
```

```
            sqlcomm = New SqlCommand(sql, conn)
            sqlcomm.ExecuteNonQuery()
            sqldauserid = New SqlDataAdapter(sqlcomm)
            dsuserid.Clear()
            sqldauserid.Fill(dsuserid,"cz_User")
            userid = dsuserid.Tables("cz_User").Rows(0)("Fuserid")
            '查询供应商内码
            If CboSplyname.Text <> "" Then
                sql ="select Fitemid from cz_Supply where Fname ='"& _
                  CboSplyname.Text &"'"
                sqlcomm = New SqlCommand(sql, conn)
                sqlcomm.ExecuteNonQuery()
                sqldauserid = New SqlDataAdapter(sqlcomm)
                dsuserid.Clear()
                sqldauserid.Fill(dsuserid,"cz_Supply")
                splyid = dsuserid.Tables("cz_Supply").Rows(0)("FItemid")
            Else
                splyid = 0
            End If
            '新增用户信息
            sql ="insert into cz_User(FUserID,FUsername,Fpassword," _
               + "Ftype,Fsupply,Fnote)values('"& userid &"','"& _
              TxtUsername.Text &"','"& TxtPassword.Text & _
              "','"& CbouserType.SelectedIndex &"','"& _
                splyid &"','"& Txtnote.Text &"')"
            sqlcomm = New SqlCommand(sql, conn)
            sqlcomm.ExecuteNonQuery()

            sql ="insert into cz_UserRight(FUserID,FuserType," _
                & "FSelect,FUpdate,FDelete,FAdd,FCheck,FUncheck)"_
                & "values('"& userid &"','"& CbouserType.SelectedIndex _
                & "','"& Chkselect.CheckState &"','"& _
                ChkUpdate.CheckState &"'"_
                & ",'"& ChkDelete.CheckState &"','"& ChkAdd.CheckState _
                & "','"& ChkCheck.CheckState &"','"& _
                ChkUncheck.CheckState &"')"
            sqlcomm = New SqlCommand(sql, conn)
            sqlcomm.ExecuteNonQuery()
            MessageBox.Show("已成功插入信息!")
        End If
    ElseIf a = 1 Then
```

```
'查询用户内码
sql ="select FuserID from cz_User where Fusername ='"& _
  TxtUsername.Text &"'"
sqlcomm = New SqlCommand(sql, conn)
sqlcomm.ExecuteNonQuery()
sqldauserid = New SqlDataAdapter(sqlcomm)
dsuserid.Clear()
sqldauserid.Fill(dsuserid,"cz_user")
userid = dsuserid.Tables("cz_user").Rows(0)("Fuserid")
'查询供应商内码
If CboSplyname.Text <>""Then
    sql ="select Fitemid from cz_Supply where Fname ='"& _
      CboSplyname.Text &"'"
    sqlcomm = New SqlCommand(sql, conn)
    sqlcomm.ExecuteNonQuery()
    sqldauserid = New SqlDataAdapter(sqlcomm)
    dsuserid.Clear()
    sqldauserid.Fill(dsuserid,"cz_Supply")
    splyid = dsuserid.Tables("cz_Supply").Rows(0)("FItemid")
Else
    splyid = 0
End If
'更新用户信息
sql ="update cz_User set FUserID ='"& userid &"',FUsername ='" _
  & TxtUsername.Text &"',Fpassword ='"& TxtPassword. _
  Text &"',Ftype ='"& CbouserType.SelectedIndex &"'" _
  &", Fsupply ='"& splyid &"',Fnote ='"& Txtnote.Text &"'" _
  &" where Fuserid ='"& userid &"'"
sqlcomm = New SqlCommand(sql, conn)
sqlcomm.ExecuteNonQuery()

sql ="update cz_UserRight set FUserID ='"& userid & _
  "',FuserType ='"& CbouserType.SelectedIndex &"'" _
  &",FSelect ='"& Chkselect.CheckState &"',FUpdate ='"& _
  ChkUpdate. CheckState &"',FDelete ='"& ChkDelete. _
  CheckState &"', FAdd ='"& ChkAdd.CheckState &"',FCheck ='"_
  & ChkCheck. CheckState &"',FUncheck ='"& ChkUncheck. _
  CheckState & "' where Fuserid ='"& userid &"'"
sqlcomm = New SqlCommand(sql, conn)
sqlcomm.ExecuteNonQuery()
MessageBox.Show("已成功更新信息!")
```

```
        End If
    End Sub
```

单击标准工具栏中的“启动调试”▶按钮，启动运行程序，对程序进行测试与调试。用户权限管理窗体的修改功能运行结果如图 11.10 所示。

图 11.10 用户权限管理的修改功能运行结果

【工作过程四】 用户权限管理窗体的关闭功能。

项目运行时，单击用户权限管理窗体中的“关闭”工具按钮，可以将该窗体关闭。FrmUserRight窗体中的“关闭”工具按钮的程序代码如下：

```
Private Sub BtnExit_Click(ByVal sender As System.Object, ByVal e As _
  System.EventArgs) Handles BtnExit.Click
        conn.Close()
        Me.Close()
End Sub
```

单击标准工具栏中的“启动调试”▶按钮，启动运行程序，对程序进行测试与调试。

【工作过程五】 完善 MDIForm 主窗体中的程序代码。

协同报价管理系统采用分级管理，不同的用户拥有不同的操作权限。如果用户是系统管理员，则可以使用系统的所有功能，并对用户进行管理；如果用户是内部操作员，则可以使用除了系统管理功能以外的所有功能；如果用户是供应商用户，则只能使用协同报价功能。为了实现用户权限管理，需要修改 MDIForm 主窗体的 Load 事件程序代码。

修改后的 MDIForm 主窗体的 Load 事件代码如下：

```
Private Sub MDIForm_Load(ByVal sender As System.Object, ByVal e As _
  System.EventArgs) Handles MyBase.Load
        Call sqlcon()
```

```
        StsTime.Text = DateTime.Now.ToLongTimeString
        '如果用户是内部操作员,则将"系统管理"主菜单置灰;如果用户是供应商用户,则
        '将除"协同报价"主菜单之外的所有菜单置灰,另外也将 M_Tree 控件对象置灰
        If usertype = 1 Then
            mnuSystem.Enabled = False
        ElseIf usertype = 2 Then
            mnuSupply.Enabled = False
            mnuItem.Enabled = False
            mnuQuote.Enabled = False
            mnuReport.Enabled = False
            mnuSystem.Enabled = False
            M_Tree.Enabled = False
        End If
    End Sub
```

单击标准工具栏中的"启动调试" ▶ 按钮,启动运行程序,对程序进行测试与调试。内部操作员使用系统的操作界面如图 11.11 所示。

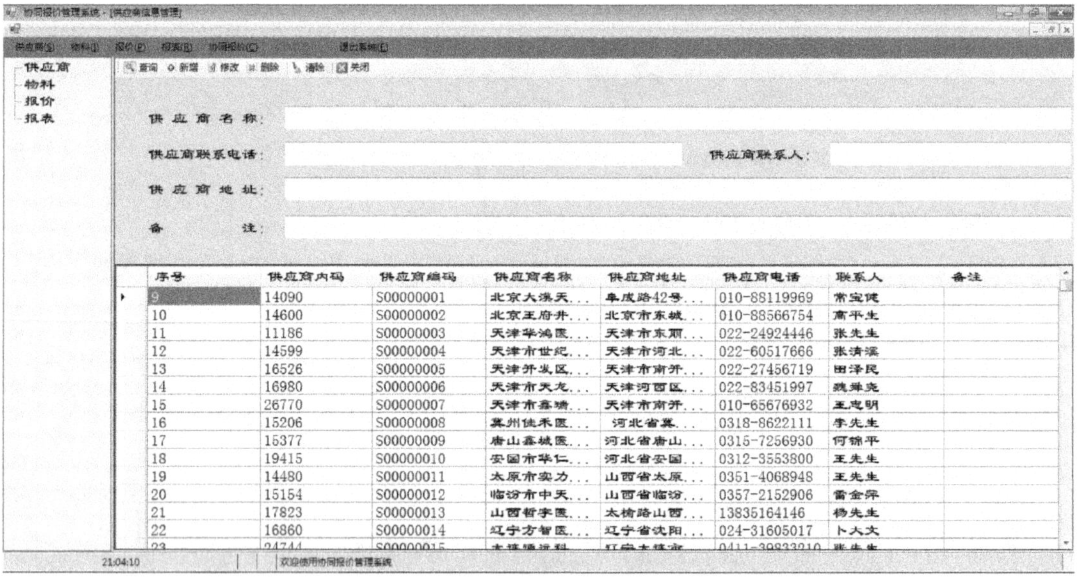

图 11.11　内部操作员使用系统的操作界面

供应商用户使用系统的操作界面如图 11.12 所示。

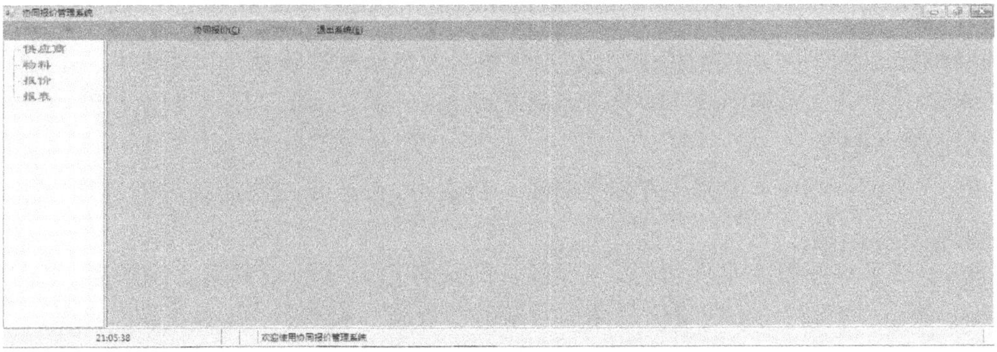

图 11.12　供应商用户使用系统的操作界面

11.4　工作实训营

训练实例

(1) 训练内容

① 在 MDIForm 主窗体中,单击"数据维护"主菜单下的"退货管理"菜单项后,将打开退货管理窗体。

② 设计"书店图书管理系统"的退货管理功能模块,退货管理的运行界面如图 11.13 所示。

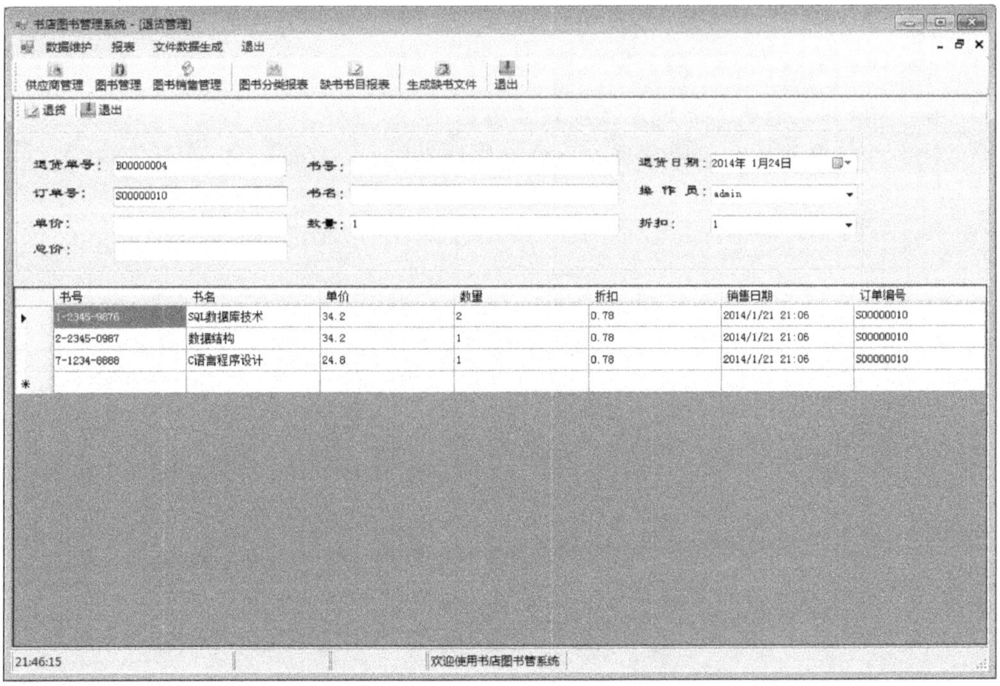

图 11.13　退货管理窗体运行界面

③ 退货窗体 Load 事件程序代码。项目运行时,打开退货管理窗体,将用户登录名显示到操作员文本框中,访问数据库,生成退货单号并显示到退货单号文本框中。

④ 在订单号文本框中输入销售订单号后按 Enter 键,DgvBookBack 数据控件中将显示该订单的销售记录。

⑤ 在 DgvBookBack 数据控件中指向某一行右击,在打开的快捷菜单中选择“删除”,可以删除该行信息。

⑥ 退货工具按钮的事件代码。项目运行时,客户退货的图书输入完毕后,单击“退货”工具按钮,即可将图书退货信息添加到图书退货表 BookBack 中,并更新库存量。

⑦ 关闭当前窗体功能。项目运行时,单击“退出”工具按钮即可关闭当前窗体。

⑧ 添加用户管理功能模块。

(2) 训练目的

① 掌握窗体界面的设计。

② 掌握生成退货单号的 SQL 数据命令。

③ 掌握用户管理功能模块设计。

④ 会编写相应的程序代码。

(3) 训练过程

提示:仿照教学内容完成训练实例。

习　题

简答题

1. 虚拟专用网络(VPN)的基本功能有哪些?
2. 在 Window 7 系统上如何设置虚拟专用网络(VPN)?
3. 什么是权限管理?权限管理的分类有哪些?

第12章 创建并使用 Web 服务

本章要点

1. 了解 Web 服务；
2. 创建 Web 服务；
3. 使用 Web 服务。

技能目标

1. 了解 Web 服务；
2. 掌握如何创建 Web 服务；
3. 掌握如何使用 Web 服务。

12.1 了解 Web 服务

(1) 什么是 Web Service

Web Service 是微软提出的基于互联网的开发模型，它是创建可互操作的分布式应用程序的平台，是基于网络的、分布式的模块化组件。它执行特定的任务，遵守具体的技术规范，这些规范使得 Web 服务能与其他兼容的组件进行互操作。

Web Service 的主要功能就是可以实现跨平台的功能调用。同时由于 Web Service 中使用 XML 来进行数据交换，所以在使用 Web Service 时不用担心防火墙的影响。由于 Web Service 集成了各种功能，并提供了一个友好的界面，所以 Web Service 能够实现软件的重用。

另外，Web Service 的调用非常简单。简而言之，调用互联网上的 Web Service 就如同调用本地的组件一样简单，就是通过 HTTP 协议来调用互联网上的组件，所以 Web Service 就是互联网上的组件调用。

(2) 与 Web Service 相关的标准和协议

Web Service 是通过一系列标准和协议来保证与程序之间的动态连接及实现其安全调用的。其中主要的标准和协议是 XML，WSDL，SOAP，HTTP，UDDI。下面简要介绍这些标准和协议。

① XML：Web Service 之间及 Web Service 和应用程序之间都是采用 XML 进行数据交

换的。由于 Web Service 是基于 XML 的,因此 Web Service 在具备 XML 带来的优势的同时,也拥有了 XML 带来的缺点。其中 XML 固有的最大缺点就是 Web Service 将大量占有 CPU 资源,因为 XML 数据要经过多步处理才能被系统使用,所以即使调用一个功能较小的 Web Service 也会感觉速度很慢,因此网络中对运行 Web Service 的主机要求是很高的。

② HTTP:应用程序是提供 HTTP 协议来调用 Web Service 的,所以 HTTP 在 Web Service 调用过程中起着通道的作用。

③ WSDL:是 Web Service 描述语言的简写。它是 XML 格式,其作用是描述 Web Service,指示应用程序与 Web Servie 交互的方法。当实现了某种 Web Service 服务时,为了使其他程序调用,就必须告诉此 Web Service 的接口,如服务名称、服务所在的机器名称、监听端口号以及传递参数的类型等。WSDL 就是规定了有关 Web Services 描述的标准。

④ UDDI:是"Universal Description, Discovery, and Integration"的缩写。简单来说,UDDI 用于集中存放和查找 WSDL 描述文件,起着目录服务器的作用。

⑤ SOAP:是"Simple Object Access Protocol"的缩写,即简单对象访问协议。SOAP 是一种消息传递的协议,它规定了 Web Services 之间传递信息的方式。

(3) 本章程序设计、调试和运行的环境

① 微软公司 Visual Studio 2008。

② .NET Framework SDK 3.5。

③ 配置并启动 IIS 服务。

12.2 创建 Web 服务

.NET 的出现推动了 Web Service 的发展,而 Visual Studio.NET 的出现又推动了 Web Service 的广泛应用。在 Visual Studio.NET 推出之前,编写一个 Web Service 是一项非常复杂的工作,同样调用这个 Web Service 也十分麻烦。由于 Visual Studio.NET 对 Web Service 提供了较强的支持,很多细致、烦杂的工作都由 Visual Studio.NET 自动完成了,这样就使得上述工作变得非常简单。甚至不了解 Web Service 及其相关的标准和协议,开发者也可以使用 Visual Studio.NET 编写 Web Service,并使用这个 Web Service。下面就来用VB.NET 实现一个 Web Service,此 Web Service 和数据库相关,数据库类型选用的是 SQL Server。此 Web Service 提供了两个函数功能调用:一是 Binding,用以实现数据绑定;二是 Update,用以更新数据库中的数据。

以下就是 VB.NET 实现此 Web Service 的具体步骤:

(1) 以管理员身份启动 Visual Studio 2008。

(2) 选择菜单"文件|新建网站"后,弹出"新建网站"对话框。

(3) 在"模板"列表框中选择"ASP.NET Web 服务",位置栏选择"http",并在其后的文本框中输入 http://localhost/DataWebSite,语言栏选择"Visual Basic",如图 12.1 所示。

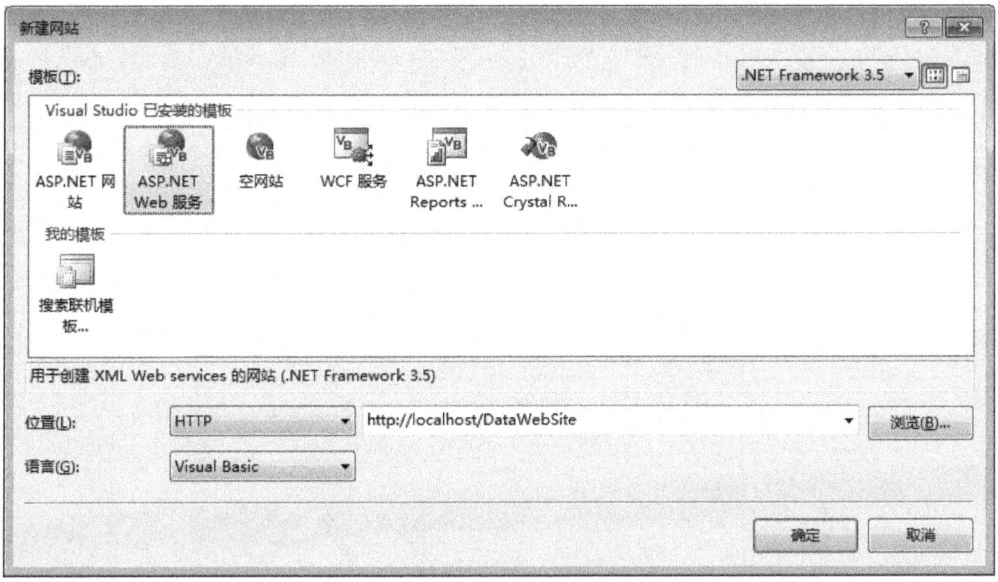

图 12.1　用于创建 XML Web Services 网站的对话框

（4）单击【确定】按钮，这样 Visual Studio 2008 就会在计算机 Internet 信息服务的默认目录中创建一个名称为“DataWebSite”的文件夹，里面存放的是此项目的文件，如图 12.2 所示。

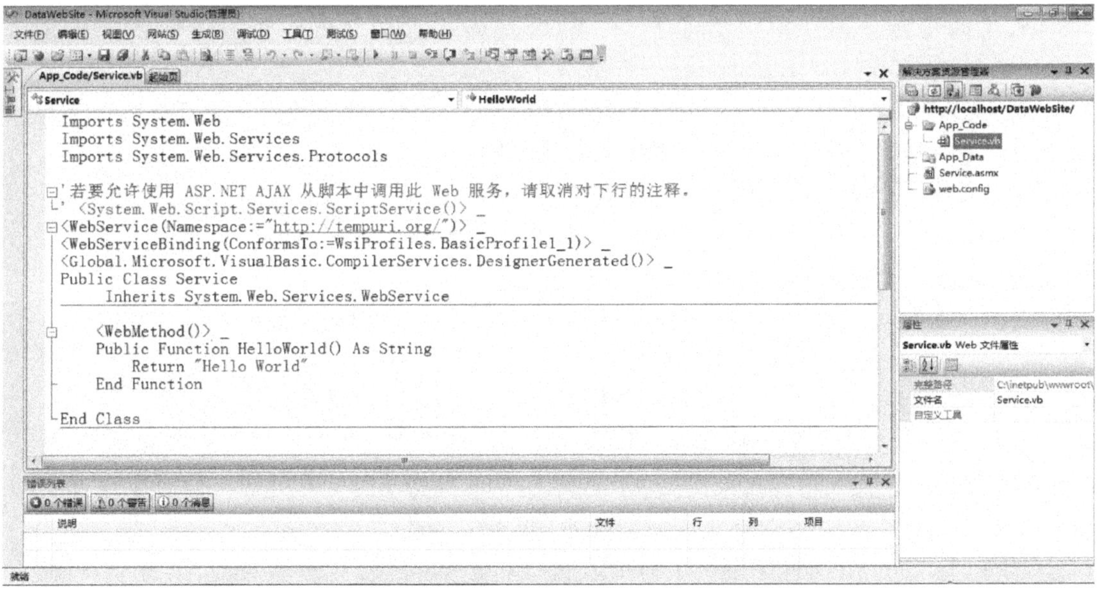

图 12.2　新建 XML Web Services 网站的界面

Web 服务创建后，包含以下文件：① Service. vb；② App_Data；③ Service. asmx；④ web. config。

Service. vb 文件包含了 Web 服务类及实现其功能的代码。创建 Web 服务时，Visual

Studio 2008 自动创建 Service. vb 文件,其中包含名为 Service 的 Web 服务类,这个类将使用 System. Web. Services 的命名空间,并继承 System. Web. Services. WebService 类。Service. vb 文件的代码如下:

```
Imports System.Web
Imports System.Web.Services
Imports System.Web.Services.Protocols

'若要允许使用 ASP.NET AJAX 从脚本中调用此 Web 服务,请取消对下行的注释
'<System.Web.Script.Services.ScriptService()>_
<WebService(Namespace:="http://tempuri.org/")>_
<WebServiceBinding(ConformsTo:=WsiProfiles.BasicProfile1_1)>_
<Global.Microsoft.VisualBasic.CompilerServices.DesignerGenerated()>_
Public Class Service
     Inherits System.Web.Services.WebService

    <WebMethod()>_
    Public Function HelloWorld() As String
        Return"Hello World"
    End Function

End Class
```

在上面代码中,在类声明之前有一行 WebService 的属性说明标签,如下:

```
<WebService(Namespace:="http://tempuri.org/")>_
```

此标签向调用者公布 Web 服务类及其有关属性说明,可选的属性说明项有:

① Description:提供一个 Web 服务的描述说明。

② Name:为 Web 服务指定一个名称。

③ Namespace:为 Web 服务指定一个 XML 命名空间。

比如,可以为上面的标签添加描述说明,改为:

```
<WebService(Namespace:="http://tempuri.org/",Description:="这里是一个
   用于查书店书目信息的 Web 服务")>_
```

(5) 在"App_code/Service. vb"文件中添加 Web Service 方法。

可以像一般自定义类一样,为 Web 服务类添加成员属性和方法。如果要想使某个公用方法能以 Web 服务的方式被访问,即定义为 Web 服务方法(访问点),只需要在方法的定义代码前,加上 Web 服务方法的说明标签(WebMethod)。

例如,Service. vb 文件中定义了一个返回"Hello Word"的 Web 服务方法,此 Web 服务方法如下:

```
<WebMethod()>_
Public Function HelloWorld() As String
    Return"Hello World"
End Function
```

还可以在Web服务方法的说明标签中，加入此Web服务方法的某些属性说明，下面是一些常用属性说明项：

① Description：提供这个方法的描述说明。

② MessageName：为这个Web服务方法指定一个对外名称，默认为函数名。

③ EnableSession：指定是否保存会话信息。

④ BufferResponse：指定是否缓存响应。

⑤ TransactionOption：说明此服务方法是否支持事务处理。

要在“App_code/Service.vb”文件中添加Web Service方法，可以在Service.vb文件中包含导入命名空间语句，然后添加Web服务方法，具体如下：

```
Imports System.Data
Imports System.Data.SqlClient

<WebMethod()>_
    Public Function FindSupplyByName(ByVal SplyName As String) As _
      DataSet
        Dim Conn As New SqlConnection("server = .;database = QuoteStore; _
          uid = sa;password = sa;trusted_connection = false;")
        Conn.Open()
        Dim daSupply As New SqlDataAdapter("Select * From cz_Supply where _
          Fname like" &"'% " & SplyName &"% '", Conn)
        Dim ds As New DataSet
        daSupply.Fill(ds,"Cust")
        Return ds
    End Function

    <WebMethod()>_
    Public Function Binding() As DataSet
        Dim Conn As New SqlConnection("server = .;database = QuoteStore; _
          uid = sa;password = sa;trusted_connection = false;")
        Conn.Open()
        Dim daSupply As New SqlDataAdapter("Select * From cz_Supply", _
          Conn)
        Dim ds As New DataSet
        daSupply.Fill(ds,"cz_Supply")
        Return ds
    End Function

    <WebMethod()>_
    Public Function Update(ByVal ds As DataSet) As DataSet
        Dim Conn As New SqlConnection("server = localhost;database = _
```

```
    QuoteStore;uid = sa;password = sa;trusted_connection = false;")
  Dim daSupply As New SqlDataAdapter("Select * From cz_Supply", _
    conn)
  Dim cbCust As New SqlCommandBuilder(daSupply)
  daSupply.Update(ds,"cz_Supply")
  Return ds
End Function
```

(6) 保存文件,然后单击"生成|生成网站",再单击"生成|发布网站",弹出如图 12.3 所示的对话框,设定网站的目标位置后,单击【确定】按钮。

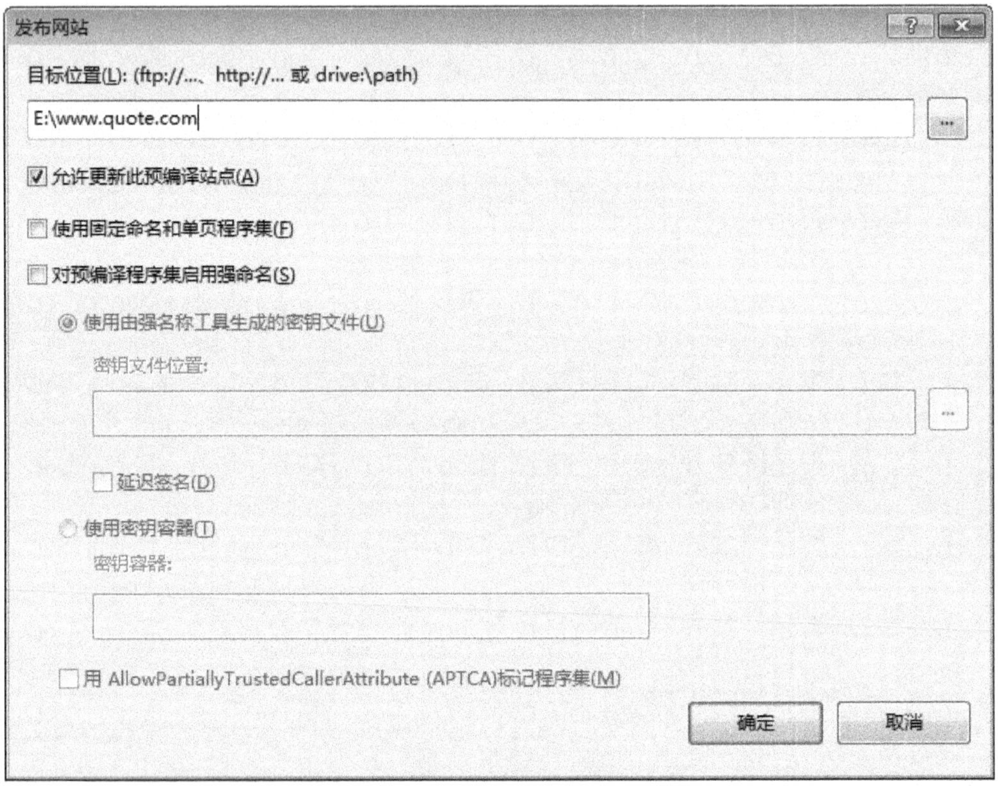

图 12.3 发布网站对话框

(7) 打开 IE 浏览器测试运行。在 IE 浏览器的地址栏中输入 http://localhost/DataWebSite/service.asmx,运行此 Web Service 就可以对外提供 Web 服务,如图12.4 所示。

下一节介绍 VB.NET 中使用这个 Web Service 提供的服务更新数据库的实现方法。

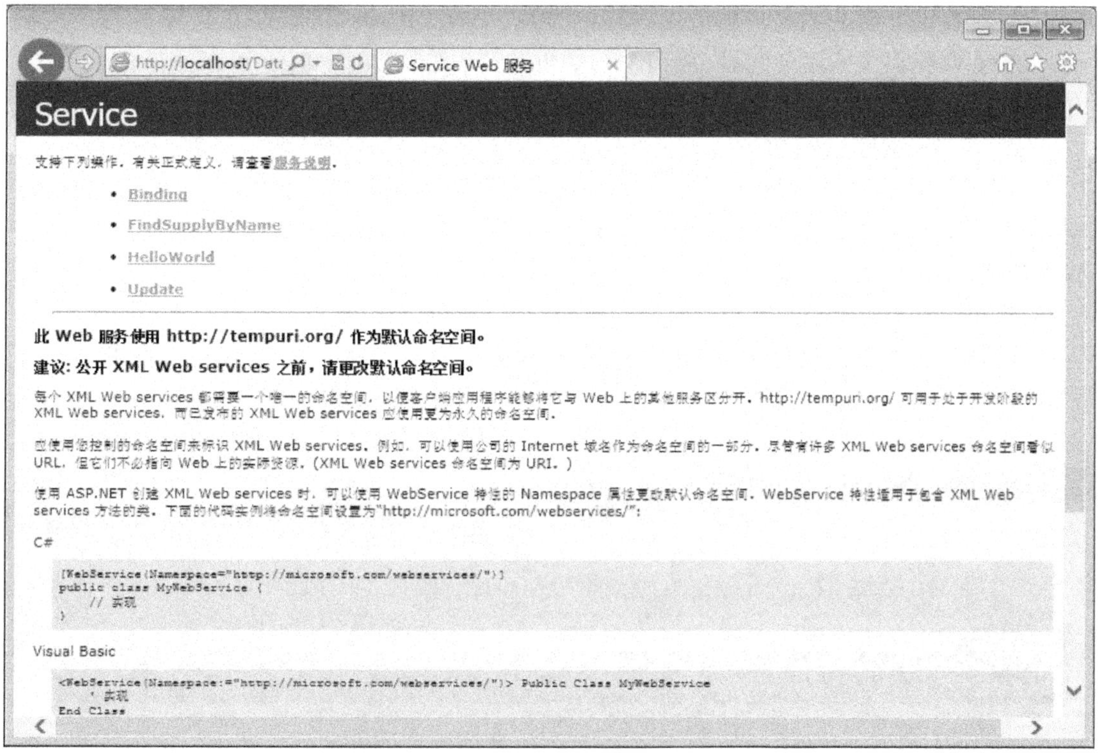

图 12.4　测试运行 Web 服务

12.3　使用 Web 服务

(1) 调用 Web 服务的方式

创建 Web 服务后就可以访问和使用 Web 服务了。调用 Web 服务可以有三种方法：SOAP,HTTP-GET,HTTP-POST。使用 SOAP 调用服务传递命令和参数，可以使用很多基于 XML 的数据类型，如 Array,class,DataSet,primitive,xmlNode 等。但如果使用 HTTP GET 或 HTTP POST，则只能使用这些协议所能处理的类型，一般就是 Primitive 基本类型和数组。此外，HTTP GET/POST 也只能发送名值对，不能传递复杂的数据类型。

需要查看相关的说明文件时，可以输入 http://www.hillfree.com/myservice.asmx?WSDL，这是一个 XML 文件。

① SOAP 方式

SOAP 即简单对象访问协议，在程序代码中调用 Web 服务是通过 SOAP 协议进行的，需要把 SOAP 的调用过程及解释封装为客户端的 Web 服务代理类，通过代理类访问 Web 服务。定义一个代理类，需要首先定义代理类的方法，并用它来代表要访问的 Web 服务所公布的方法。这样，当客户端应用程序创建了代理类的一个实例时，它就能够调用代理类方法来调用相应的 Web 服务方法，就好像 Web 服务方法是一个可在本地使用的组件一样。

为简化 Web 服务的客户端应用程序的开发，Visual Basic 2008 提供了 Web 引用的机制。通过 Web 引用的建立向导，可由 Visual Basic 2008 帮助用户创建 Web 服务的代理类，从而免去了用户自己编码定义代理类的麻烦，直接使用即可。

② HTTP-GET 方式

HTTP-GET 方式通过浏览器访问 Web 服务，把 Web 服务看作网站中的 Web 页面，方法是将网站地址、Web 服务页及 Web 服务方法名作为 URL 地址，并将所需的参数放在查询字符串中传递给 Web 服务。

③ HTTP-POST 方式

HTTP-POST 方式是从 Web 表单访问 Web 服务，通过 Web 页表单方式将参数按要求传递给 Web 服务页，调用 Web 服务。例如，单击图 12.4 中的 FindSupplyByName，打开如图 12.5 所示的页面，输入供应商名称，单击【调用】按钮，页面将调用 Web 服务方法 FindSupplyByName，查询此供应商。这个调用返回一个 XML 文档，文档中包含了服务结果。

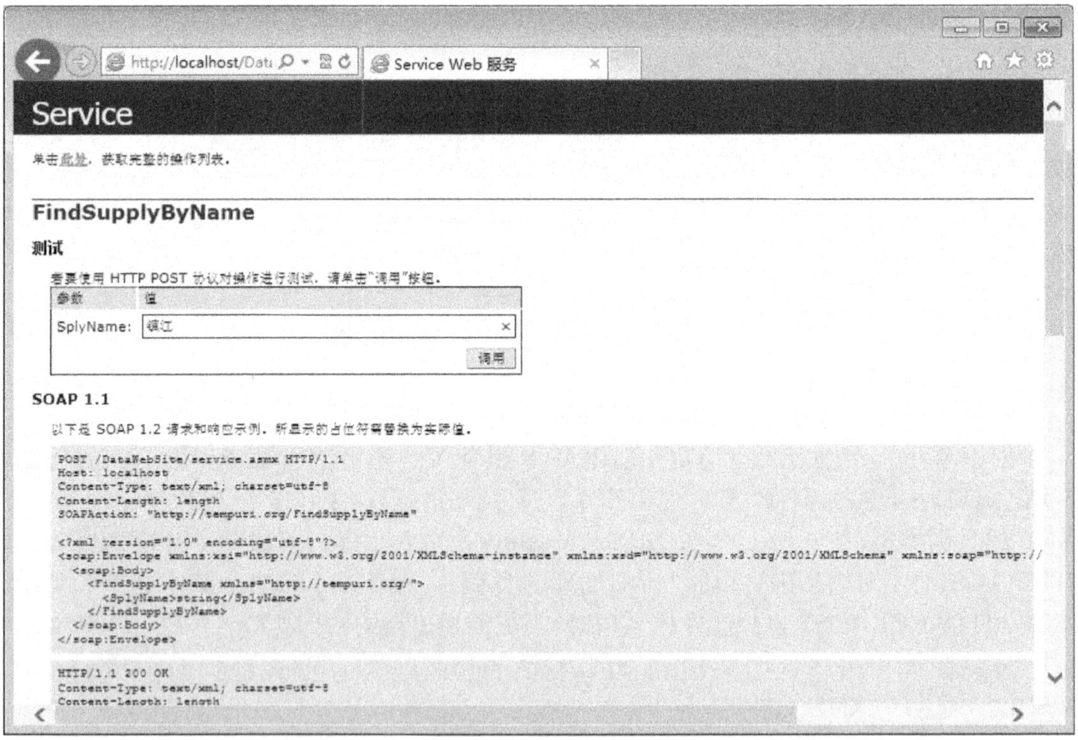

图 12.5　HTTP-POST 方式调用 Web 服务

(2) 使用 Web 服务

使用 Web 服务一般包括三个步骤。

① 发现服务。可使用 disco.exe 工具来发现 Web 站点的 Web 服务,如下:

```
disco http://localhost/service/day/fain.disco
```

② 生成服务的代理。可使用 wsdl.exe 工具生成 Web 服务代理类,如下:

```
'如果直接知道 wsdl 的 url,就不要发现那一步了
wsdl http://www.hillfree.com/service.asmx? wsdl
```

这样默认生成的是 C#的类。当然,如果已经有了 WSDL 文件就可以直接使用:

```
wsdl service.wsdl
```

接下来,可以直接使用该类文件,或将其编译为程序集使用。

简要介绍一下代理类:生成的代理类包含一个来自 System.Web.Services 的属性[WebServiceBindingAttribute]。该属性定义了这个类必须使用的接口。另外,此类是从 SoapHttpClientProtocol 继承而来的,它通过 SOAP 和 Web 服务远程通信。代理类中包含一个构造函数,它设置了 Web 服务的 URL。

③ 编写客户端程序,使用代理调用所需的服务。

下面介绍的这个数据库应用程序是通过使用上面的 Web Service 中提供的"Binding"服务,对程序中 DataGridView 控件实现数据绑定,提供使用 Web Service 中提供的"Update"服务,通过程序中的 DataGridView 控件修改数据库。Visual Basic 2008 中使用 Web Service 提供服务编写数据库应用程序的具体步骤如下:

- 以管理员身份启动 Visual Studio 2008。
- 选择"文件|新建项目"菜单项后,弹出"新建项目"窗口。
- 在"新建项目"窗口的左侧的"项目类型"列表框中单击"Visual Basic",在右侧的"模板"列表框中单击"Windows 窗体应用程序",在"名称"文本框中输入 TestWebService,在"位置"文本框中输入 E:\VBNETQuote,然后单击【确定】按钮,这样在"E:\VBNETQuote"中就创建了名称为"TestWebService"的文件夹,里面存放的就是 TestWebService 项目的所有文件。
- 鼠标箭头指向"解决方案资源管理器"中的 TestWebService 项目名右击,在弹出的菜单中选择"添加服务引用",在弹出的"添加服务引用"对话框中的"地址"文本框中输入 http://localhost/DataWebSite/Service.asmx 后,单击 ENTER 键,就可以得到如图 12.6 所示的界面。单击图 12.6 中的【确定】按钮,则在"TestWebService"项目中加入了 Web 引用。请注意"http://localhost/DataWebSite/Service.asmx"就是上面完成的 Web Service 对外提供服务的 URL 地址。

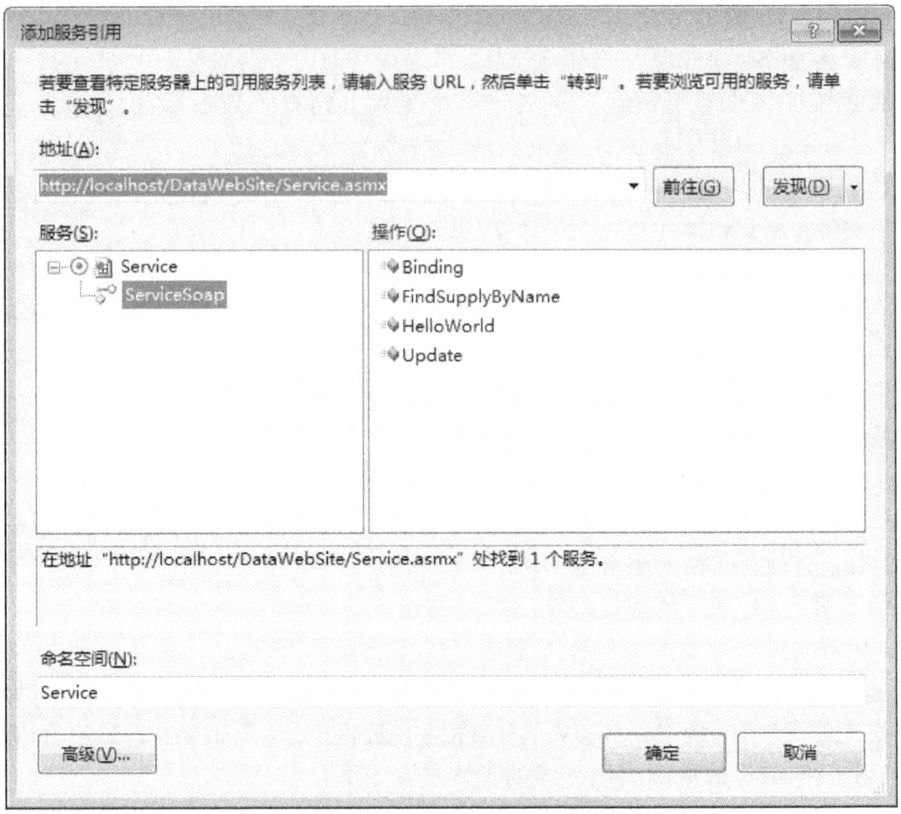

图 12.6　添加服务引用窗口

● 在"工具箱"的"所有 Windows 窗体"选项卡中往 Form1 窗体中放置 1 个 DataGridView 控件和 2 个 Button 控件,然后按照表 12.1 所示设置各个对象的属性。

表 12.1

对象	属性	属性值
Form1	Text	测试 Web Service
	MaximizeBox	False
	FormBorderStyle	FixedSingle
Button1	Text	绑定
	FlatStyle	Standard
Button2	Text	修改
	FlatStyle	Standard
DataGridView1	Name	DgvData

设置好各个控件的属性后,再按照如图 12.7 所示界面调整各个控件的位置。

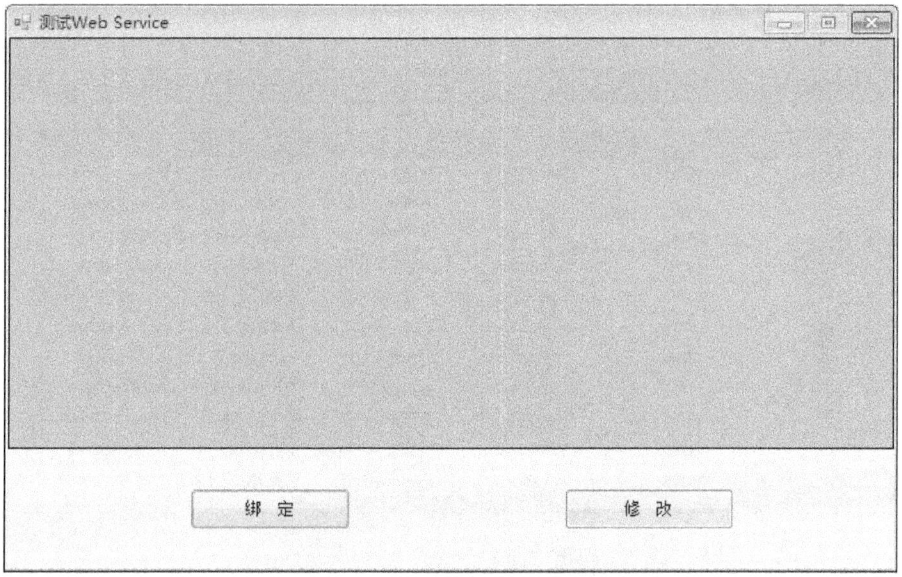

图 12.7　测试 Web 服务的窗体界面

● 双击【绑定】按钮打开 Form1. vb 的代码编辑窗口，并用下列代码替换 Form1. vb 中 Button1 的 Click 事件对应的程序代码，下列代码的功能是使用 Web Service 中提供的 "Binding" 服务对 DataGridView 组件实现数据绑定。

```
Private Sub Button1_Click(ByVal sender As System.Object, ByVal e As _
  System.EventArgs) Handles Button1.Click
      Dim MyService As New TestWebService.Service.ServiceSoapClient
      DgvData.DataSource = MyService.Binding()
      DgvData.DataMember = "cz_Supply"
End Sub
```

● 用下列代码替换 Form1. vb 中 Button2 的 Click 事件对应的程序代码，下列代码的功能是使用 Web Service 中提供的 "Update" 服务实现通过 DataGridView 修改数据库数据。

```
Private Sub Button2_Click(ByVal sender As System.Object, ByVal e As _
  System.EventArgs) Handles Button2.Click
      Dim MyService As New TestWebService.Service.ServiceSoapClient
      Dim ds As DataSet = DgvData.DataSource
      Dim dsChanges As DataSet = ds.GetChanges()
      If Not (dsChanges Is Nothing) Then
          ds.Merge(MyService.Update(dsChanges), True)
      End If
End Sub
```

● 至此，"TestWebService" 项目的全部工作就完成了。此时，单击快捷键 F5 运行程序，单击程序中的【绑定】按钮就会对程序中的 DataGridView 组件实现数据绑定；单击程序中的【修改】按钮，则程序会根据 DataGridView 中的内容来更新数据库。"TestWebService"

的运行界面如图 12.8 所示。

图 12.8 使用 Web 服务的运行界面

12.4 工作实训营

训练实例

(1) 训练内容

① 在书店图书管理系统中,创建 Web 服务 BkStoreWebService,并添加两个 Web 服务方法(FindBookByName 和 GetStockInfoOfProvider)。FindBookByName 方法根据提供的书名参数,在数据库中查找此书的库存量,返回库存量值。GetStockInfoOfProvider 方法根据给定的供应商名称,在数据库中查找与此供应商相关的书目信息,填写数据集,并把此数据集作为方法的结果返回给调用者。测试运行 Web 服务如图 12.9 所示。

② 实现从供应商端通过 Internet 远程访问书店的 Web 服务,调用书店 Web 服务的 GetStockInfoOfProvider 方法,查询书店中所有由此供应商提供的书目的当前信息,返回一个数据集,将规划的数据集与一个 DataGridView 控件绑定,在窗口中显示出来。运行结果如图 12.10 所示。

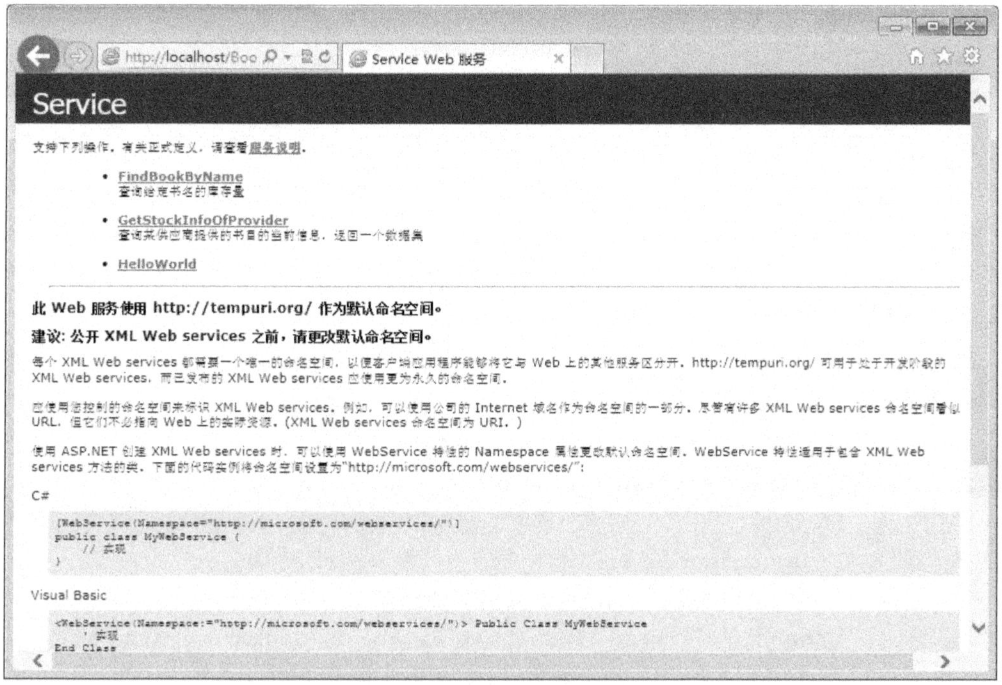

图 12.9　测试运行 Web 服务

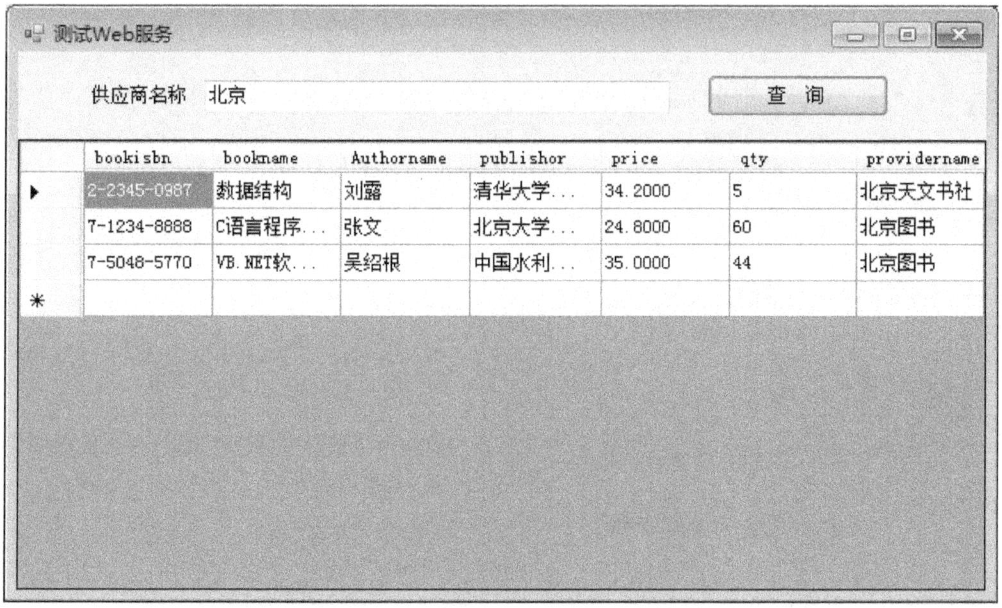

图 12.10　使用 Web 服务的运行界面

（2）训练目的

① 掌握 Web 服务的创建。

② 掌握 Web 服务的使用。

(3) 训练过程

提示:

① 配置并启动 IIS,创建 Web 服务。

以管理员身份启动 Visual Studio 2008,选择菜单"文件|新建网站"后,弹出"新建网站"对话框;在"模板"列表框中选择"ASP.NET Web 服务",位置栏选择"http",输入 http://localhost/BookWebSite,语言栏选择"Visual Basic";单击【确定】按钮,这样 Visual Studio 2008 就会在计算机 Internet 信息服务的默认目录中创建一个名称为"BookWebSite"的文件夹,里面存放的是此项目的文件。

在"App_code/Service.vb"文件中添加 FindBookByName 和 GetStockInfoOfProvider 这两个 Web Service 方法,代码如下:

```
<WebMethod(Description:="查询给定书名的库存量")>_
   Public Function FindBookByName(ByVal bkname As String) As _
     Integer
      Dim connstr As String
      Dim conn As SqlConnection, sqlcmd As SqlCommand
      connstr = "server = localhost;database = BookStore;uid = sa;" _
         + "password = sa;trusted_connection = false;"
      conn = New SqlConnection(connstr)
      conn.Open()
      sqlcmd = New SqlCommand("select sum(qty) from book where" _
         + "bookname = '"& bkname &"'", conn)
      Dim rd As SqlDataReader = sqlcmd.ExecuteReader()
      If rd.Read() Then
          FindBookByName = rd.GetInt32(0)
      Else
          FindBookByName = 0
      End If
      conn.Close()
   End Function

<WebMethod(Description:="查询某供应商提供书目的当前信息,返回一个数据集")>_
   Public Function GetStockInfoOfProvider(ByVal providername As _
     String) As DataSet
      Dim connstr As String, cmdstr As String
      Dim conn As SqlConnection, sqlcmd As SqlCommand
      Dim adptr As SqlDataAdapter, dtset As DataSet
      connstr = "server = localhost;database = BookStore;uid = sa;" _
         + "password = sa;trusted_connection = false;"
      conn = New SqlConnection(connstr)
      conn.Open()
```

```
        cmdstr ="select t1.bookisbn,t1.bookname,t1.Authorname, _
          +"t1.publishor,t1.price,t1.qty,t2.providername from book t1" _
          + "inner join provider t2 on t1.providerid = t2.providerid"_
          + "where providername like" &"'% " & providername &"% ' "
        sqlcmd = New SqlCommand(cmdstr, conn)
        adptr = New SqlDataAdapter(sqlcmd)
        dtset = New DataSet
        adptr.Fill(dtset,"book")
        GetStockInfoOfProvider = dtset
        conn.Close()
    End Function
```

② 以管理员身份启动 Visual Studio 2008，新建项目 BookWebService，鼠标箭头指向“解决方案资源管理器”中的 BookWebService 项目名右击，在弹出的菜单中选择“添加服务引用”，在弹出的“添加服务引用”对话框中的“地址”文本框中输入 http://localhost/BookWebSite/Service.asmx 后，单击 ENTER 键，然后单击“添加引用”按钮，则在“BookWebService”项目中加入了 Web 引用。请注意“http://localhost/BookWebSite/Service.asmx”就是上面完成的 Web Service 对外提供服务的 URL 地址。

在 Form1 窗体上放置 1 个 Label 控件、1 个 TextBox 控件、1 个 Button 控件和 1 个 DataGridView 控件，并设置各个对象的属性。双击 Button 控件为其编写事件处理代码：

```
Private Sub BtnQuery_Click(ByVal sender As System.Object, ByVal e As _
  System.EventArgs) Handles BtnQuery.Click
       Dim MyService As New BookWebService.Service.ServiceSoapClient
       DgvBook.DataSource = MyService.GetStockInfoOfProvider _
         (Txtsplyname.Text)
       DgvBook.DataMember ="Book"
End Sub
```

>>> 工作实践常见问题解析

【常见问题1】如何解决 WebSenices 调用的时候，系统提示“已超过传入消息(65536)的最大消息大小配额。若要增加配额，请使用相应绑定元素上的 MaxReceivedMessageSize 属性”的问题?

【答】解决办法：设置客户端的 MaxReceivedMessageSize 等属性值即可。

代码设置如下：

```
ServiceClient service = new ServiceClient();
(service.Endpoint.Binding as NetTcpBinding).MaxReceivedMessageSize
   = int.MaxValue;
(service.Endpoint.Binding as NetTcpBinding).MaxBufferPoolSize =
   int.MaxValue;
(service.Endpoint.Binding as NetTcpBinding).MaxBufferSize = int.MaxValue;
```

也可以在配置文件中(app.config/web.config)设置如下代码：

```
<binding name ="KRServiceSOAP" closeTimeout ="00:01:00" openTimeout
  ="00:01:00"
  receiveTimeout ="00:10:00" sendTimeout ="00:01:00" allowCookies
    ="false"
  bypassProxyonLocal ="false" hostNameComparisonMode ="
    StrongWildcard"
  maxBufferSize ="2147483647" maxBufferPoolSize ="2147483647"
    maxReceivedMessageSize ="2147483647"
  messageEncoding ="Text" textEncoding ="utf-8" transferMode ="
    Buffered"
  useDefauItWebProxy ="true" >
   <readerQuotas maxDepth ="32" maxStringContentLength ="8192"
     maxArrayLength =" 16384"
      maxBytesPerRead ="4096" maxNameTableCharCount ="16384"/>
   <security mode ="Transport" >
      <transport clientCredentialType ="None" proxyCredentialType
          ="None"
          realm =""/>
      <message clientCredentialType ="UserName" algorithmSuite ="
         Default"/>
   </security>
   </binding>
```

只要 maxReceivedMessageSize 大于返回的量即可。

【常见问题2】如何处理在浏览器中浏览 Web Service 主页 http://localhost/NetDictService/Service. asmx 时出现"名称以无效字符开头。处理资源'http://localhost/NetDictService/Service. asmx'时出错"的问题?

【答】使用 aspnet_regiis 安装 ASP.NET 2.0 即可。选择"开始|运行"菜单命令,输入 C:\WINDOWS\Microsoft.NET\Framework\v2.0.50727\aspnet_regiis.exe -i。

习　题

简答题

1. Web Service 服务程序通常存放在什么位置?

2. 系统自动创建一个 Web Service 服务站点的前提是本机必须安装并启动 Windows 的什么组件?

3. Web Service 服务采用的协议有哪些?

参考文献

[1] http://baike.so.com/doc/6752963.html
[2] http://baike.baidu.com/view/159530.htm
[3] http://baike.baidu.com/view/1736538.htm
[4] http://zhidao.baidu.com/link? url = SnL8zNKpLelGAUMI34B9pW9d2SNw-ZIyQgfY-fk2evA4yADvPhnl75cA_NvTMQSV_CYBkz458se0kjWqSQVBW6zXpoBc4JedwjsWC9S5w60K
[5] http://baike.baidu.com/view/159949.htm
[6] http://baike.baidu.com/view/1244067.htm
[7] http://blog.csdn.net/caowei880123/article/details/7919327
[8] http://baike.baidu.com/view/111493.htm
[9] http://wenku.baidu.com/view/fbf68f50f01dc281e53af034.html
[10] http://baike.baidu.com/view/275187.htm
[11] http://baike.baidu.com/view/414935.htm
[12] http://wenku.baidu.com/link? url = BBCYesllXep6C - KyxLYffFp_Fbg2cG92Sjbs-UTDT2iTJ1LLhHWdDJ9 - hBwDBkqRzJkJ8 - uELRfg3OMnUc7A9V0jYJ46WH2utLBdxQrX64ae
[13] http://www.doc88.com/p - 9631902152745.html
[14] http://ke.baidu.com/view/f35d306683c4bb4cf6ecd14c.html
[15] http://blog.sina.com.cn/s/blog_4d96ee050100osl7.html
[16] http://blog.csdn.net/jameszhou/article/details/4188547
[17] http://baike.so.com/doc/4263286.html
[18] http://jingyan.baidu.com/article/1612d50069bfd5e20e1eee81.html
[19] http://www.doc88.com/p - 90092090141543.html
[20] 吴绍根,廖永红,陈建潮. Visual Basic. NET 软件开发技术,中国水利水电出版社,2008
[21] 王趾成,贾永胜. Visual Basic. NET 开发应用教程,中国铁道出版社,2009
[22] 马宏锋. Visual Basic. NET 程序设计,西安电子科技大学出版社,2007
[23] 明日科技,高春艳,李俊民,刘彬彬. Visual Basic 数据库系统开发案例精选,人民邮电出版社,2006